化学工业出版社“十四五”普通高等教育规划教材·风景园林与园林类

风景园林工程预算

耿美云　孙　宇　马珂馨　主编

化学工业出版社

·北京·

内容简介

《风景园林工程预算》从园林、风景园林专业的学生培养目标出发，以编者所做过的园林工程为实例，诠释风景园林工程预算的意义以及编制和计算方法，内容衔接有序，图文并茂，各种生产使用表格、费率齐全，能够满足园林、风景园林类专业教学和职业岗位培训的使用需求。

全书内容分为三部分七章。第一部分即前五章对风景园林工程预算的基础概念及编制方法进行了详细介绍。后两部分即第六、七章，分别介绍了园林工程竣工结算与决算、计算机在园林工程预算中的应用。

本书可作为高等院校园林、风景园林专业的教材，也可作为从事风景园林工程建设和研究的人员的参考用书。

图书在版编目（CIP）数据

风景园林工程预算/耿美云，孙宇，马珂馨主编．—北京：化学工业出版社，2023.8

化学工业出版社“十四五”普通高等教育规划教材．风景园林与园林类

ISBN 978-7-122-43836-2

Ⅰ．①风… Ⅱ．①耿…②孙…③马… Ⅲ．①园林-建筑工程-建筑预算定额-高等学校-教材 Ⅳ．①TU986.3

中国国家版本馆 CIP 数据核字（2023）第 132360 号

责任编辑：尤彩霞　　文字编辑：张春娥
责任校对：宋　玮　　装帧设计：关　飞

出版发行：化学工业出版社
（北京市东城区青年湖南街 13 号　邮政编码 100011）
印　　刷：北京云浩印刷有限责任公司
装　　订：三河市振勇印装有限公司
787mm×1092mm　1/16　印张 14¼　字数 352 千字
2024 年 2 月北京第 1 版第 1 次印刷

购书咨询：010-64518888　　售后服务：010-64518899
网　　址：http://www.cip.com.cn
凡购买本书，如有缺损质量问题，本社销售中心负责调换。

定　　价：69.00 元

序

随着建设“生态城市”“森林城市”等城市发展目标的制定，风景园林工程建设越来越受到相关部门的重视，人们对美好生活的追求不仅仅都是物质上的，还有一部分是从物质上转型为精神上，体现在风景园林工程方面，人们需要的是乔木、灌木、地被植物整体配置实现的立体绿化、复式布局，可以为人们创造出舒适宜人、优美如画的生活空间。风景园林工程艺术性建筑小品的点缀和补充，构成了富有广泛意境的五维空间，满足了人们现代生活的审美需求，成为当代人们追求的新时尚，因而促进了园林行业的蓬勃发展。高水平、高质量的园林工程建设，既能改善生态环境又能提高经济效益，这是两个文明建设成果的体现，还是人民高质量生活、工作环境建设的基础。风景园林艺术精品是通过风景园林工程建设、植树造林、栽花种草而构成完整的绿地系统和优美的风景园林小品艺术景观，达到净化空气、防止污染、调节局部气候、改善局部生态、美化环境的目的。风景园林工程不同于一般的工业、民用建筑等工程，它具有科学的内涵和艺术的外貌。每项工程各具特色，风格迥异，工艺要求也不相同，而且工程项目内容丰富，类别繁多，工程量大小也有很大不同，同时还受地域差别和气候条件的影响，因此，风景园林景观产品单位差价明显。根据设计文件的要求，对风景园林工程事先从经济上加以预算，在工程决策方面，比之于一般工程有更重要的意义。

《风景园林工程预算》内容广泛而实用，编者根据多年的园林工程实践经验总结了不同园林工程预算的编制方法，并分类详述。首先，本书从风景园林专业的学生培养要求出发，以编者所做过的园林工程为实例，诠释风景园林工程预算的意义以及编制和计算方法。其次，本书内容衔接有序，图文并茂，各种生产使用表格、费率齐全，能够满足风景园林以及园林专业教学和职业岗位培训的需要。

东北林业大学园林学院院长

教授

东北农业大学园艺园林学院风景园林系系主任

教授

2023年5月

前　言

风景园林工程预算是园林、风景园林专业的一门重要的专业课程。风景园林工程预算就是对风景园林工程项目的建设所需花费的全部费用进行计算，具体是对风景园林工程项目建设前、建设中、建设后所需的费用进行预算，这就需要对每一个项目的工程预算进行全过程的规划、控制、管理，具体任务是通过投资估算、设计概算和施工图预算来明确工程投资的总目标，在满足工期目标、质量要求和艺术欣赏的基础上，综合运用经济、技术、合同和管理等各种手段以确保园林工程项目费用目标的优化实现。

本教材结合党的二十大报告，在每章文前设有课程导引等思政元素，配有一些数字资源，对风景园林工程相关最新版本的法规、文件进行了解读，内容与时俱进。读者扫描章节中的二维码即可查看教材中的实例高清图纸。在推进美丽中国建设的道路上，本教材引导学生努力在推动绿色发展方面实现更大进展，结合学习生活中的实际情况，谈变化、说体会、话落实，共谋绿色发展之路，使学生深刻认识保护生态环境、实现绿色发展的重大意义，引导学生协同践行降碳、减污、扩绿等生活和工作方式以及执行生态优先、节约集约、绿色低碳的工程预算方式。

本教材着重介绍了以建设工程量清单计价法编制的风景园林工程预算，用最新的实际工程案例进行阐述，其内容与现今实际市场接轨，实用性更强。同时，对风景园林工程定额计价法进行了简要介绍，让学生了解其方法、原理。该教材根据最新的工程计价依据和工程计量依据等规范对相应内容进行了更新，更好地适应了现今社会需求，也更加有利于提高园林、风景园林专业学生的专业素养，为风景园林建设行业培养出更多的高技能实用型人才。

本书的主要特点如下:

1. 依据普通高等学校园林、风景园林专业的培养目标，结合实际就业岗位对从业者能力方面的要求，从概念阐述到实际案例，循序渐进地进行介绍，使读者容易掌握。

2. 本书内容充实，图文并茂，在语言表述上力求通俗易懂且知识量适中。对于实际案例的完成，其具体步骤表述细致全面，具有实际指导意义。

3. 本书分别介绍了风景园林工程定额计价法和风景园林工程工程量清单计价法，对比介绍各自的优点和不足，使读者在实际工作中做出良好的选择。

4. 本书应用学科领域内的最新科研成果，在计算机应用方面采用“广联达造价软件”的最新版本和定额库，这样更容易和市场接轨。

本书由耿美云、孙宇、马珂馨任主编，纪鹏任副主编，江远芳、李永晶、樊育含参编。

本教材中参考的资料和图纸等列入了参考文献，在此对相关作者表示衷心感谢。

由于编者水平有限，书中疏漏和不足在所难免，恳请使用本教材的广大师生给予批评和指正，以便我们补充完善。

编者

2023 年 6 月

目 录

第一章
风景园林工程预算概述

学习目标:

1. 理解风景园林工程的特征,掌握风景园林工程的内容,可以合理地对园林工程进行项目划分;
2. 理解风景园林工程预算的概念和作用;
3. 掌握风景园林工程预算的分类及区分方法;
4. 掌握编制风景园林工程预算的基本程序;
5. 了解风景园林工程量计算规则。

课程导引:

1. 通过展示风景园林工程与其他建设项目的差别,凸显风景园林工程预决算的独特性,诠释风景园林工程预决算在园林、风景园林专业领域的应用及其必要性,激发学生的学习兴趣和爱国情怀。
2. 通过对风景园林工程预算的划分,让学生了解到工程预算贯穿于整个项目的全过程,提升学生的责任心,培养学生的团队协作能力和沟通能力。
3. 通过对比预决算的编制程序及工程量计算等环节以及“三算”的对比,培养学生严谨细心、认真负责的工作态度,树立学生遵守行业标准、严守职业道德的信念,提高职业道德素养。

第一节　风景园林工程概述

风景园林工程是以市政工程原理为基础,以风景园林艺术理论为指导,研究造景技艺的一门课程。其研究的中心内容是如何在综合发挥园林的生态效益、社会效益和经济效益功能作用的前提下,处理风景园林中的工程设施与园林景观之间的矛盾。课程的研究范畴包括工程原理、工程设计、施工技术和养护管理,既涉及工程学的知识,也涉及生物学的知识,主要包括土方工程、假山工程、水景工程、铺地工程、绿化工程、给水排水工程、供电工程等。

一、风景园林工程的特征

风景园林工程的特点是以工程技术为手段,塑造园林艺术的形象。在风景园林工程中,如何运用新材料、新设备、新技术是当前研究的重大课题和主要方向。

1. 生命性特征

风景园林工程中的绿化工程，其所实施的对象大部分都是具有生命的活体。通过各种树木、彩叶地被植物、花卉、草皮的栽植与配置，利用各种苗木的特殊功能，来净化空气、吸尘降温、隔音杀菌、营造观光休闲园与美化环境空间。植物是园林最基本的构成要素，特别是在现代园林中植物所占比重越来越大，植物造景已成为造园的主要手段。为了保证园林植物的成活和生长，达到预期设计效果，栽植施工时就必须遵守一定的操作规程，养护中必须符合其生态要求，并要采取有力的管护措施。这就使得园林工程具有明显的生命性特征。

2. 艺术性特征

风景园林工程不单是一种工程，更是一种艺术，它是一门艺术工程，具有明显的艺术性特征。园林艺术涉及造型艺术、建筑艺术和绘画艺术、雕刻艺术、文学艺术等诸多艺术领域。园林工程产品不仅要按设计做好工程设施和构筑物的建设，还要讲究园林植物配置手法、园林设施和构筑物的美观舒适以及整体空间的协调。这些都要求采用特殊的艺术处理才能实现，而这些产品要求得以实现都体现在园林工程的艺术性之中。

3. 安全性特征

风景园林工程中的设施多为人们直接使用，现代园林场所又多是人们活动密集的地段、地点，这就要求园林设施应具足够的安全性。例如建筑物、驳岸、园桥、假山、石洞、索道等工程，必须严把质量关，保证结构合理、坚固耐用。同时，在绿化施工中也存在安全问题，例如大树移植注意地上电线、挖沟挑坑注意地下电缆，这些都表明园林工程施工不仅要注意施工安全，还要确保工程产品的安全耐用。

4. 时代性特征

风景园林工程是随着社会生产力的发展而发展的，在不同的社会时代条件下，总会形成与其时代相适应的园林工程产品。因而园林工程产品必然带有时代性特征。当今时代，随着人民生活水平的提高和人们对环境质量要求的不断提高，对城市的园林建设要求亦多样化，工程的规模越来越大，工程的内容越来越多，新技术、新材料、新时尚已深入到园林工程的各个领域，如以光、电、机、声为一体的大型音乐喷泉，新型的铺装材料，以及无土栽培、组织培养、液力喷植技术等新型施工方法的应用，形成了现代园林工程的又一显著特征。

5. 生物、工程、艺术的高度统一性特征

园林工程要求将园林生物、园林艺术与市政工程融为一体，以植物为主线，以艺驭术，以工程为陪衬，一举三得，并要求工程结构的功能和园林环境相协调，在艺术性的要求下实现三者的高度统一。同时园林工程建设的过程又具有实践性强的特点，要想变理想为现实、化平面为立体，建设者既要掌握工程的基本原理和技能，又要使工程园林化、艺术化。

二、园林工程的内容

《园林绿化工程消耗量定额》（ZYA2-31—2018）是完成规定计量单位分部分项工程、措

施项目所需的人工、材料、施工机械台班的消耗量标准，具体包括绿化工程、园路园桥工程、园林景观工程、屋面工程、喷泉及喷灌工程、边坡绿化生态修复工程及措施项目等。根据《园林绿化工程工程量计算规范》（GB 50858—2013）规定，将园林绿化工程分为绿化工程，园路、园桥工程，园林景观工程，措施项目四部分。

（1）绿化工程分 4 个分项工程，即绿地整理、栽植花木、绿地喷灌、措施项目。

（2）园路、园桥工程分 2 个分项工程，即园路、园桥工程，驳岸、护岸工程。

（3）园林景观工程分 7 个分项工程，即堆塑假山，原木、竹构建，亭廊屋面，花架，园林桌椅，喷泉安装及杂项。

（4）措施项目分 5 个分项工程，即脚手架工程，模板工程，树木支撑架、草绳绕树干、搭设遮阴（防寒）棚工程，围堰、排水工程，安全文明施工及其他措施项目。

根据园林工程兴建的程序，园林工程包括土方工程、给水及排水工程、水景工程、园路工程、假山工程、种植工程、园林供电工程等七个部分。中国园林为突出中华民族的传统民族风俗，以自然山水园中的山、水、石为重点，山中包含假山工程，而土方工程、给水及排水工程及园林供电工程与其他工程类相似，故本书以介绍假山工程、水景工程、园路工程和栽植工程的施工组织与管理为主要内容。

1. 假山工程

假山是中国传统园林的重要组成部分，因其独具中华民族文化的艺术魅力，而在各类园林中得到了广泛的应用。通常所说的假山，包括假山和置石两部分。

假山是以造景、游览为主要目的，以自然山水为蓝本，经过艺术概括、提炼、夸张，以自然山石为主要材料，用人工再造而成的山景或山水景物的统称。假山的布局多种多样，体量大小不一，形式千姿百态。与置石相比，假山具有体量大而集中、布局严谨、能充分利用空间、可观可游、令人有置身于自然山林之感的特点。假山根据堆叠材料的不同分为石山、石山带土、土山带石三种类型。

置石是以具有一定观赏价值的自然山石，进行独立造景或作为配景布置，主要表现山石的个体美或局部组合美，而不具备完整山形的山石景物。比之假山，置石体量较小，因而布置容易且灵活方便。置石多以观赏为主，且更多的是以满足一些特殊要求的某一具体功能方面的要求，而被广泛采用。置石依布置方式的不同可分为特置、对置、散置、群置等。

另外，还有近年流行的园林塑山，即采用石灰、砖、水泥等非石质性材料经过人工塑造的假山。园林塑山又可分为塑山和塑石两类。园林塑山在岭南园林中应用较早，经过不断的发展与创新，已作为一种专门的假山工艺，不仅遍及广东，而且也在全国各地开花结果。园林塑山根据其骨架材料的不同，又可分为砖骨架塑山和钢筋龙骨骨架塑山两种。砖骨架塑山，即以砖作为塑山的骨架，适用于大型塑山；钢筋龙骨骨架塑山，即以钢筋龙骨作为塑山的骨架，其形式变幻多样，适用于小型假山。随着科技的不断创新与发展，会有更多、更新的材料和技术工艺应用于假山工程中，从而形成更加现代化的园林假山产品。

2. 水景工程

水是万物之源，水体在园林造景中有着极为重要的作用。水景工程指园林工程中与水景相关工程的总称。所涉及的内容有水体类型、各种水体布置、驳岸、护坡、喷泉、瀑布等。

水无常态，其形态依自然条件而定，而形状可圆可方、可曲可直、可动可静，与特定的环境有关。这就为水景工程提供了广阔的应用前景，常见的园林水体多种多样，根据水体的形式可将其分为自然式、规则式或混合式三种，又可按其所处状态分为静态水体、动态水体和混合水体三种。

（1）静态水体

湖池属静态水体。湖面宽阔平静，具平远开朗之感。有天然湖和人工湖之分。天然湖是大自然给予人类的天然园林佳品，可在大型园林工程中充分利用。人工湖是人工依地势就低挖凿而成的水域，沿岸因境设景，可自成天然图画。人工湖形式多样，可由设计者任意发挥，一般面积较小，岸线变化丰富且具有装饰性，水较浅，以观赏为主，现代园林中的流线型抽象式水池更为活泼、生动，富于想象。

（2）动态水体

动态水体是水可流动性的充分利用，可以形成动态自然景观，补充园林中其他景观的静止、古板而形成流动变化的园林景观，给人以丰富的想象与思考，是现代园林艺术中常用的一种水体方式。常用的动态水体有溪涧、瀑布、跌水、喷泉等几种形式。

① 溪涧是连续的带状动态水体；溪浅而阔，涧深而窄；平面上蜿蜒曲折，对比强烈，立面上有缓有陡，空间分隔又开合有序；整个带状游览空间层次分明，组合合理，富于节奏感。

② 瀑布属动态水体，以落水景观为主。有天然瀑布和人工瀑布之分，人工瀑布是以天然瀑布为蓝本，通过工程手段修建的落水景观。瀑布一般由背景、上游水源、落水口、瀑身、承水潭和溪流几部分构成，瀑身是观赏的主体。

③ 跌水是指水流从高向低呈台阶状逐级跌落的动态水景。既是防止流水冲刷下游的重要工程设施，又是形成连续落水景观的手段。

④ 喷泉又称喷水，是用一定的压力使水喷出后形成各种喷水姿态，以形成升落结合的动水景观，既可观赏又能起到装饰点缀园景的作用。喷泉有天然喷泉和人工喷泉之分。人工喷泉设计主体各异，喷头类型多样，水型丰富多彩。随着电子工业的发展，新技术、新材料广泛应用，喷泉已成为集喷水、音乐、灯光于一体的综合性水景之一，在城镇、单位甚至私家园林工程中被广泛建造。

园林中的各种水体需要有稳定、美观的岸线，因而在水体的边缘多修筑驳岸或进行护坡处理。驳岸是一面临水的挡土墙，是支持陆地和防止岸壁坍塌的人工构筑物。按照驳岸的造型形式可分为规则式、自然式和混合式三种。护坡是保护坡面、防止雨水径流冲刷及风浪拍击的一种水利工程保护措施。目前常见的有草皮护坡、灌木（含花木）护坡、铺石护坡等。

（3）混合水体

混合水体是静态水体和动态水体交替穿插形成的水环境，是将静态水体湖、池与动态水体瀑布、跌水、喷泉等形式结合起来。混合水体既具有静态水体平静开朗之感，又具有动态水体的节奏感，能够给游人带来丰富的景观体验。

3. 园路工程

园路是贯穿全园的交通网络，是联系组织各个景区和景点的自然纽带，其可形成独特的风景线，因而成为组成园林风景的造景要素之一，能为游人提供活动和休息的场所。所以园路除了担负交通、导游、组织空间、划分景区的功能外，还具有造景作用。园路包括道路、广场、游憩场所等，多用硬质材料铺装。

园路一般由路基、路面和道牙（附属工程）三部分组成，常见园路类型有：

① 整体路面　包括水泥混凝土路面、沥青混凝土路面。

② 块料路面　包括砖铺地、冰纹路、乱石路、条石路、预制水泥混凝土方砖路、步石与汀步、台阶与蹬道等。

③ 碎料道路　包括花街铺地、卵石路、雕砖卵石路等。

4. 栽植工程

植物是绿化的主体，又是园林造景的主要要素。植物造景是造园的主要手段。因此，风景园林植物栽植自然成为风景园林绿化的基本工程。由于风景园林植物的品种繁多，习性差异较大，多数栽植场地立地条件较差，为了保证其成活和生长，达到设计效果，栽植时必须遵守一定的操作规程，才能保证工程质量。栽植工程分为种植、养护管理两部分。种植属短期施工工程，养护管理属长期、周期性工程。栽植施工工程一般分为现场准备、定点放线、起苗、苗木运输、苗木假植、挖坑、栽植和养护等。

第二节　风景园林工程预算简介

风景园林建设工程需要投入一定的人力、物力，经过工程施工创造出园林产品，如风景园林建筑、风景园林小品、园路、假山、绿化工程等。对于任何一项工程，都可以根据设计图纸在施工前确定工程所需要的人工、机械和材料的数量、规格和费用，预先计算出该项工程的全部造价。这正是风景园林工程预算所要研究的内容。风景园林工程预算涉及很多方面的知识，如阅读图纸、了解施工工序及技术、熟悉预算定额和材料价格、掌握工程量计算方法和取费标准等。

一、风景园林工程预算的范畴

1. 风景园林工程预算的一般概念

风景园林工程预算指在工程建设过程中，根据不同设计阶段的设计文件的具体内容和有关定额、指标及取费标准，预先计算和确定建设项目的全部工程费用的技术经济文件。简言之，是指对园林建设项目所需的人工、材料、机械等费用预先计算和确定的技术经济文件。

人们习惯上所称的“风景园林工程概预算”，一方面是指对风景园林建设中的不同阶段可能产生的消耗进行研究、预先计算、评估等工作；另一方面则是指对上述研究结果进行编辑、确认而形成的相关技术经济文件。

风景园林工程预算是园林建设经济学的重要组成部分，属于经济管理学科，是研究如何根据相关诸因素，事先计算出园林建设所需投入等方法的专业学科，其主要研究内容包括如下几方面：

① 影响风景园林工程预算的因素　影响园林工程预算的因素非常复杂，如工程特色、施工作业条件、施工技术力量条件、材料市场供应条件、工期要求等，对预算结果有直接影响；相关法规、文件，对园林工程预算的具体方法、程序等又均有相关的要求。因此，园林工程预算就涉及很多方面的知识，如识图、施工工序、施工技术、施工方法、施工组织管

理；与预算有关的法律法规；与建园相关的建设用材料价格、人员工资、机械租赁费；相关的计算方法和取费标准等。

② 风景园林工程预算的方法　根据不同的目的，需要的园林工程预算方法不尽相同。我国现行的工程预算计价方法有“清单计价”和“定额计价”两种（国际上多采用“清单计价”）。

对计算方法的研究主要包括：工程量计算、施工消耗（使用）量（指标）计算、价格计算、费用计算等。

③ 风景园林工程技术经济评价　主要是对规划设计方案进行的技术经济评价以及对施工方案进行的技术经济评价等。

2. 广义的风景园林工程预算

就学术范围而言，风景园林建设投入应包括自然资源的投入与利用，历史、文化、景观资源的投入与利用，以及社会生产力资源的投入与利用等。

广义的风景园林工程预算应包括对风景园林建设所需的各种相关投入量或消耗量，进行预先计算，获得各种技术经济参数；并利用这些参数，从经济角度对各种投入的产出效益和综合效益等进行比较、评估、预测等的全部技术经济的系统权衡工作和由此确定的技术经济文件。因此，从广义上来说，又称其为“园林经济”。

3. 综述

风景园林建设，不可能用简单、统一的价格、投入量进行精确的计算，为了达到风景园林建设的目标，保证投资效益，风景园林建设需要根据风景园林建设项目的特点，对拟建园林工程项目的各相关信息、资讯进行甄别、权衡处理，进而预先计算、确定工程项目所需的人工、材料、机械费用等技术经济参数。园林工程预算的主要工作内容包括事先计算工程投入（人工、材料、机械）、计算价格和确定技术经济指标等（在广义上，还包括对产出效益的预测）。目的是通过对建设的有关投入、产出效益进行权衡、比较，获得合理的工程投入量值或造价，主要包括以下内容。

（1）获得各种技术经济参数

① 计算工程投入　计算风景园林工程项目建设所需的人工、材料、机械等的用量。

② 计算价格　计算园林工程项目建设所需的相应费用（价格）。

（2）确定技术经济指标

对上述相关的计算结果进行系统权衡，确定与之相关的技术经济指标，以便于风景园林建设的管理。主要包括以下内容。

① 人工　人员、工种、数量、工资等的消耗指标（劳动定额指标）的确定。

② 材料　材料规格、数量、价格等的消耗指标（材料定额）的确定。

③ 机械　机械种类、配套、台班、价格等的消耗指标（机械台班定额）的确定。

④ 价格　确定各项费用及综合费用指标。

（3）从经济角度对可能的效益进行预测

① 自然资源投入与利用。

② 历史、人文、景观资源的投入与利用。

③ 社会生产力资源的投入与利用。

④ 园林施工企业、园林建设市场的经济预测。

⑤ 园林建设单位、部门对园林产品的效益评测。

二、风景园林工程预算的分类

风景园林工程预算按照园林建设项目的不同阶段所起到的作用及编制依据是不同的，常见的园林工程预算按照建设项目可分为立项估算、设计概算、施工图预算、施工预算、后期养护管理预算、工程结算和竣工决算。

1. 立项估算

用于项目建议或可行性研究阶段。具体是指建设单位向国家申请拟定建设项目或国家对拟定项目进行决策时，确定项目建设在规划、项目建议书、设计任务书等不同阶段的相应投资总额而编制的经济文件，是项目决策、筹资和控制造价的重要依据。

2. 设计概算

设计概算是由设计单位在初步设计阶段，根据初步设计图纸，按照有关工程概算定额（或概算指标）、各项费用定额（或取费标准）等有关资料，预先计算和确定项目从筹建到竣工验收整个过程中投入使用所需的全部费用的文件。

初步设计阶段对应的是设计概算，技术设计阶段的相应费用文件称修正概算。

设计概算是控制工程投资、进行建设投资包干的依据，是促使设计人员对设计项目负责、进行设计方案经济比较的依据，使其符合国家的经济技术指标，同时也是实行财政监督的依据。

3. 施工图预算

施工图预算是指工程设计单位或工程建设单位，根据已批准的施工图纸，在既定的施工方案前提下，按照国家颁布的各项工程预算定额、单位估价表及各种费用标准等有关资料，对工程造价的预先计算和确定。

施工图预算是确定园林工程施工造价，办理建设项目招标、投标及签订施工合同的主要依据；是拨付工程款和竣工决算的主要依据；是施工单位安排计划、组织生产以及进行经济核算和成本考核的依据。施工图预算在招标项目中可作为招标控制价。

4. 施工预算

施工预算是由施工单位内部编制的一种预算。施工前，在施工图预算的控制下，施工单位根据施工图计算工程量、施工定额、单位工程施工组织设计等资料，通过工料分析，预先计算和确定工程所需的人工、材料、机械台班消耗量及其相应费用。

施工预算是施工企业编制施工计划、组织施工的依据；是控制施工成本、开展定额经济管理、进行内部经济核算、签订内部承包合同的重要依据；是签发施工任务单和对劳动力、材料及机械设备调控的依据。通过施工预算与施工图预算对比分析，可以检查投资是否合理。

5. 后期养护管理预算

即根据园林绿化养护管理定额，对养护期内相关养护项目所需费用支出进行预算而编制的施工后期管理用的预算文件。

6. 竣工决算

竣工决算分为施工单位竣工决算和建设单位竣工决算两种类型，是反映建设项目实际造价和投资效果的文件。

竣工决算包括从筹建到竣工验收的全部建设费用，是竣工验收报告的重要组成部分；在核定新增固定资产价值，办理交付时使用；是考核建设成本、分析投资效果的依据。

竣工后的决算，业内人士称为“园林工程预决算”。

估算、概算、预算、后期养护管理预算等，业内人士称为“园林工程预算”。

设计概算、施工图预算、竣工决算简称“三算”。

① 设计概算　设计概算是基础，由设计单位主编。

② 施工图预算　由设计单位或工程建设单位编制。

③ 竣工决算　由建设单位或施工单位编制。

“三算”之间的关系：

设计概算价值不得超过计划任务书的投资估算额，施工图预算和竣工决算不得超过设计概算价值。三者都有独立的功能，在工程建设的不同阶段发挥各自的作用，在整个风景园林工程建设中起到决定性的作用。

三、风景园林工程项目的划分

一个风景园林建设项目是由多个基本的分项工程构成的，为了便于对工程进行管理，使工程预算项目与预算定额中的项目相一致，就必须对工程项目进行划分。一般可划分为以下几类：

1. 建设工程总项目

建设工程总项目是指在一个场地上或数个场地上，按照一个总体设计进行施工的各个工程项目的总和。如一个公园、一个游乐园、一个动物园等就是一个工程总项目。

2. 单项工程

单项工程是指在一个工程项目中，具有独立的设计文件，建成后可以独立发挥生产能力或工程效益的一组配套齐全的工程项目。单项工程从施工角度看是一个独立的施工系统，一般进行独立的预算及验收工作，它是工程项目的组成部分，一个工程项目中可以有几个单项工程，也可以只有一个单项工程。如一个综合性公园的工程项目中的土方工程、土建工程、水电安装工程、园林绿化工程、市政工程等都是单项工程。

3. 单位工程

单位工程是单项工程的组成部分，是指具有单独的设计文件，可以进行独立施工，但不能单独发挥作用的工程。如园林绿化工程中的水景工程、园林单体建筑工程、园路工程、种植工程、照明工程等都是单位工程。

4. 分部工程

分部工程一般是指按单位工程的各个部位或是按照使用不同的工种、材料和施工机械而划分的工程项目。它是单位工程的组成部分。如一般土建工程可划分为土石方、砖石、混凝土及钢筋混凝土、木结构及装修、屋面等分部工程。如前文所述，按照《园林绿化工程消耗量定额》规定，园林绿化工程可分为绿化工程、堆砌假山及塑假石山工程、园路及园桥工程、园林小品工程四部分；按照《园林绿化工程工程量计算规范》，园林绿化工程可以分为绿化工程、园路园桥工程、园林景观工程、措施项目四部分。

在分部工程中影响人工、材料、机械消耗量的因素有很多。例如同样在砖石工程的砌基础和砌墙体，它所消耗的人工、材料、机械差距很大，所以把分部工程再分解为若干个分项工程。

5. 分项工程

分项工程是分部工程的组成部分。按照分部工程划分的原则，根据选用不同的施工方法、不同的材料、不同的规格等因素，将分部工程再进一步划分为若干较细的部分，即为分项工程。分项工程是最基本的工程项目（图 1-1），是工程预算中最基本的计算单位，其显著特点是可以直接套用定额中的基价或综合单价。

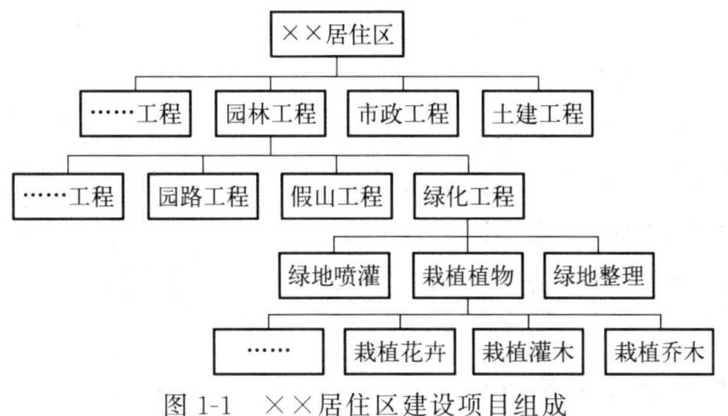

图 1-1　××居住区建设项目组成

例如，某公园绿化栽植工程如下。

建设项目是：某某公园。

单项工程是：某某树木园。

单位工程是：绿化工程。

分部工程是：栽植植物。

分项工程是：栽植乔木（裸根、胸径 6cm）。

第三节　编制风景园林工程预算书的作用及基本程序

一、编制风景园林工程预算书的作用

不同于一般的建设工程，从某种意义上说，风景园林产品具备一定的艺术性，属于艺术范畴。与一般的工业、民用建筑不同，园林产品每一项工程特色不同，风格各异，施工工艺要求也不完全相同，并且项目零星、地点分散、工程量大小不一、工作面大、花样繁多、形式各异，同时还受气候影响。因此，风景园林绿化产品不可能确定一个价格，必须根据设计图纸和技术经济指标，再结合风景园林工程建设自身特点，对风景园林工程事先从经济上进行预算、计算。

1. 风景园林工程预算是风景园林建设程序的必要工作

风景园林建设工程，作为基本建设项目中的一个类别，其项目实施的全过程，必须遵循工程建设程序。编制风景园林工程概预算，是风景园林建设程序中的重要工作内容。风景园林工程预算不仅关系到施工是否能遵循工程建设程序，还是合理组织施工，按时、保质、保

量地完成建设任务的重要环节，更是对工程建设进行财政监督、审计的重要依据。风景园林工程预算书，是风景园林建设中重要的经济文件。具体涉及内容如下：

（1）优选方案

风景园林工程预算是园林工程规划设计方案、施工方案等的技术经济评价的基础。

风景园林建设中规划设计或施工方案（施工组织计划、施工技术操作方案）的确定，通常要在多方案中进行比较、选择。风景园林工程预算，一方面通过事先计算，获得各个方案的技术经济参数，作为方案比较的重要内容；另一方面可确定技术经济指标，作为方案比较的基础或前提，有关方面据此来优选方案。因此，编制风景园林工程预算书是风景园林建设管理中进行方案比较、评估、选择的基本工作内容。

（2）风景园林建设管理的依据

风景园林工程预算书是风景园林建设过程中必不可少的技术经济文件，它也是对工程建设投资进行分配、管理、核算和监督的主要依据。

在风景园林建设的不同阶段或相应的环节中，根据有关规定，一般有估算、概算、预算等经济技术文件；而在项目施工完成后又有结算；竣工后，则有决算（此即为业内所说的“园林工程预决算”）。

2. 便于风景园林企业经济管理

风景园林预算是企业进行成本核算、定额管理等的重要参考依据。

企业参加市场经济运作、制定技术经济政策、参加投标（或接受委托）、进行风景园林项目施工、制订项目生产计划、安排调配施工力量、组织材料供应、实行经济核算、进行“两算”对比、考核工程财务等都必须进行风景园林预算的工作。

3. 制定技术政策的依据

技术政策是国家在一个时期对某个领域技术发展和经济建设进行宏观管理的重要依据。通过工程预算，事先计算出园林施工技术方案的经济效益，能对技术方案的采用、推广或者限制、修改提供具体的技术经济参数，相关管理部门可据此制定技术政策。

二、编制风景园林工程预算书的基本程序

编制风景园林工程预算书的一般步骤和顺序，概括起来是：①熟悉并掌握预算定额的使用范围、具体内容、工程量计算规则和计算方法，应取费用项目、费用标准和计算公示；②熟悉施工图及其文字说明；③参加技术交底，解决施工图中的疑难问题；④了解施工方案中的有关内容；⑤确定并准备有关预算定额；⑥确定分部工程项目；⑦列出工程细目；⑧计算工程量；⑨套用预算定额；⑩编制补充单价；⑪计算合计和小计；⑫进行工、料分析；⑬计算应取费用；⑭复核、计算单位工程总造价及单位造价；⑮填写编制说明书并装订签章。

以上这些工作步骤，前几项可以看作是编制工程预算的准备工作，是编制工程预算的基础。只有准备工作做好了，有了详细可靠的基础，才能把工程预算编制好。否则会影响预算的质量、拖延编制预算的时间。因此，为了准确、及时地编制出工程预算书，一定要做好上述每个步骤的工作，特别是各项准备工作。

风景园林工程预算书的具体编制程序如下。

1. 搜集各种编制依据资料

编制预算书之前，要搜集下列资料：施工图设计图纸、施工组织设计、预算定额、施工

管理费和各项取费定额、材料预算价格表、地方预决算资料、预算调价文件和地方有关技术经济资料等。

2. 熟悉施工图纸和施工说明书，参加技术交底，解决疑难问题

设计图纸和施工说明书是编制工程预算的重要基础资料，它们为选择套用定额子目、取定尺寸和计算各项工程量提供了重要的依据，因此，在编制预算书之前，必须对设计图纸（含设计变更）和施工说明书进行全面细致的熟悉和审查，并要参加技术交底，共同解决施工图纸和施工图中的疑难问题，从而掌握及了解设计意图和工程全貌，以免在选用定额子目和工程量计算上发生错误。针对要编制预算的工程内容，选定适当的预算定额及工程量计算规则。

3. 熟悉施工组织设计和了解现场情况

施工组织设计是由施工单位根据工程特点、施工现场的实际情况等各种有关条件编制而成，它是编制预算书的依据。所以，必须完全熟悉施工组织设计的全部内容，并深入现场，了解现场实际情况是否与设计一致才能准确编制预算。例如，了解现场地质情况、周围环境、土壤类别，以确定土方量和相应的施工方法（人工、机械），还有现场平面布置图等信息。

4. 学习并掌握好工程预算定额及其有关规定

预算定额是编制工程预算的基础资料和主要依据。为了提高工程预算的编制水平，正确地运用预算定额及其有关规定，必须熟悉现行预算定额的全部内容，了解和掌握定额子目的工程内容、施工方法、材料规格、质量要求、计量单位、工程量计算规则等，并能熟练地查找和正确地应用。

5. 确定工程项目、计算工程量

工程项目的划分，必须根据设计图纸和施工说明书，严格按照预算定额进行；计算工程量需要严格遵守工程量的计算规则和计算单位的规定，按照设计图纸、施工说明书提供的工程构造、设计尺寸和做法要求，结合现场施工的具体施工环境，对每个分项工程的工程量进行具体计算。这是工程预算编制工作中最繁重、细致的重要环节，作为编制预算的原始数据，工程量计算的正确与否直接影响预算的编制质量和速度。

（1）确定工程项目

在熟悉施工图纸及施工组织设计的基础上，要严格按定额的项目确定工程项目。为了防止丢项、漏项、重复计算的现象发生，在编排项目时应首先将工程分为若干分部工程，如基础工程、主体工程、门窗工程、园林建筑小品工程、水景工程、绿化工程等。

（2）计算工程量

根据施工顺序，依据定额规定的工程量计算规则，依次计算好分项工程的工程量，经核算无误后，按定额规定逐项汇总排列。正确地计算工程量，对制订基本建设计划、统计施工作业计划工作、合理安排施工进度、组织劳动力和物资的供应都是不可缺少的，所以工程量计算不单纯是技术计算工作，同时也是进行基本建设财务管理与会计核算的重要依据，它对工程建设效益分析也具有重要作用。

在计算工程量时应注意以下几点：

① 在根据施工图纸和预算定额确定工程项目的基础上，必须严格按照定额规定和工程量计算规则，以施工图所注位置与尺寸为依据进行计算，不能人为加大或缩小构件尺寸。

② 计算单位必须与定额中的计算单位一致，才能准确地套用预算定额中的预算单价。

③ 确定的建筑尺寸和苗木规格要准确，而且要便于核对。

④ 计算底稿要整齐，数字清楚，数值要准确，切忌草率零乱，辨认不清。对数字精确度的要求，工程量算至小数点后两位，钢材、木材及使用贵重材料的项目可算至小数点后三位，余数四舍五入。

⑤ 要按照一定的计算顺序计算，为了便于计算和审核工程量，防止遗漏或重复计算，计算工程量时除了按照定额项目的顺序进行计算外，也可以采用先外后内或先横后竖等不同的计算顺序。

⑥ 利用基数，连续计算。有些“线”和“面”是计算许多分项工程的基数，在整个工程量计算中要反复多次地进行运算，在运算中找出共性因素，再根据预算定额中分项工程量的有关规定，找出计算过程中各分项工程量的内在联系，就可以把繁琐工程进行简化，从而迅速准确地完成大量的计算工作。

6. 编制工程预算书

(1) 确定单位预算价值

填写预算单位时要严格按照预算定额中的子目及有关规定进行，使用单价要正确，每一分项工程的定额编号以及工程项目名称、规格、计量单位、单价均应与定额要求相符，要防止错套，以免影响预算的质量。

(2) 计算工程直接费

单位工程直接费是各个分部分项工程直接费的总和，分项工程直接费则是用分项工程量乘以预算定额中的工程预算单价而求得的。

(3) 计算其他各项费用

单位工程直接费计算完毕，即可计算其他直接费、间接费、计划利润、税金等费用。

(4) 计算工程预算总造价

汇总工程直接费、其他直接费、间接费、计划利润、税金等费用，最后求得工程预算总造价。

(5) 校核

工程预算编制完成后，应由相关人员对预算的各项内容逐项进行核对，消除差错，保证工程预算的准确性。

(6) 编写“工程预算书的编制说明”，填写工程预算书的封面，装订成册。

编制说明一般包括以下内容：

① 工程概况　通常要写明工程编号、工程名称、建设规模等。

② 编制依据　编制预算时所采用的图纸名称、标准图集、材料做法以及设计变更文件；采用的预算定额、材料预算价格及各种费用定额或有关文件的名称、文号等资料。

③ 其他有关说明　是指在预算表中无法表示且需要用文字做补充说明的内容。

工程预算书封面通常需填写的内容有：工程编号、工程名称、项目地点、建设单位名称、施工单位名称、建设规模、工程预算造价、编制单位及日期等。

7. 工料分析

通过工料分析，可以得出全部人工和各种材料的消耗量。工料分析是在编写预算时，根据分部、分项工程项目的数量和相应定额中的项目所列的用工及用料的数量，算出各工程项目所需的人工及用料数量，然后进行统计汇总，计算出整个工程的工料所需数量。它是施工企业经营管理必不可少的基础资料。

8. 复核、签章及审批

工程预算编制出来以后，由本企业的有关人员对所编制预算的主要内容及计算情况进行一次全面的核查核对，以便及时发现可能出现的差错并及时进行纠正，以提高工程预算的准确性。审核无误后按规定上报，经上级机关批准后再送交建设单位和建设银行进行审批。

第二章
风景园林工程定额

学习目标：

1. 掌握风景园林工程预算定额的性质，了解工程预算定额的作用与分类；
2. 了解概算定额和概算指标的定义；
3. 熟练掌握工程预算定额的直接套算；
4. 熟练掌握常见工程预算定额的换算方法。

课程导引：

1. 通过细致认真地学习风景园林工程预算定额和概算定额，培养严谨求实的科学态度、精密系统的学习方法和严肃认真的工作作风。

2. 通过在实际案例中具体应用预算定额，引导学生认真审题，培养学生独立思考的习惯和精益求精的学习态度，从而促使学生养成良好的学习习惯，提高独立思考和处理问题的能力，进而提升自身的道德修养。

第一节 概述

一、风景园林工程定额的概念

风景园林工程施工生产过程中，为完成某项工程某项结构构件，必须消耗一定数量的劳动力、材料和机具。在社会平均的生产条件下，用科学的方法和实践经验相结合，制定为生产质量合格的单位工程产品所必需的人工、材料、机械、资金消耗的数量标准，就称为工程定额。这种额度反映的是在一定的社会生产力发展水平的条件下，完成园林工程建设中的某一工程项目或结构构件所必须消耗的一定数量的人力、物力和财力资源，这些资源随着施工对象、施工方式和施工条件的变化而变化，体现在正常施工条件下人工、材料、机械等消耗的社会平均合理水平。工程定额除了规定有数量标准外，也要规定出它的工作内容、质量标准、生产方法、安全要求和适用的范围等。人们对各种工程进行计价，就是以各种定额为依据。随着社会市场经济的发展，定额由政府指令性的职能逐步改变成指导性功能，现在定额的名称多称为“计价依据”或“综合基价”。园林工程概预算定额是园林绿化工程建设造价管理的技术标准和依据，也是园林绿化工程施工的标准或尺度。

二、风景园林工程定额的性质

1. 科学性

工程建设定额的科学性，第一表现在用科学的态度制定定额，充分考虑客观的施工生产和管理等方面的条件，尊重客观事实，力求定额水平合理；第二表现在定额的内容、范围、体系和水平上，要适应社会生产力的发展水平，反映出工程建设中的生产消费、价值等客观经济规律；第三表现在制定定额的基本方法、手段上，充分利用了现代管理科学的理论，通过严密的测定、分析，形成一套系统、完整、在实践中行之有效的方法；第四表现在定额的制定、颁布、执行、控制、调整等管理环节上，制定为执行和控制提供依据，而执行和控制为实现定额的目标提供组织保证，为定额的制定提供各种反馈信息。

2. 系统性

工程建设定额是相对独立的系统，它是由多种定额结合而成的有机整体。它的结构复杂，有鲜明的层次，有明确的目标。

工程建设定额的系统性是由工程建设的特点决定的。工程建设是庞大的实体系统，从整个国民经济来看，进行固定资产生产和再生产的工程建设，是一个有多项工程集合的整体，其中包括农林水利、轻纺、煤炭、电力、石油、冶金、化工、建材工业、交通运输、邮电工程以及商业物资、文教卫生体育、住宅工程等。工程建设定额是为这个实体系统服务的，工程建设本身的多种类、多层次就决定了以它为服务对象的工程建设定额的多种类、多层次。

3. 法令性与权威性

我国的各类定额都是由国家建设行政主管部门或其授权部门遵循一定的科学程序组织编制和颁发的，是在一定范围内有效地统一施工生产的消费指标。它同工程建设中的其他规范、规程一样具有法的性质，具有很大的权威性，反映统一的意志和统一的要求。因此，任何单位都必须严格遵照执行，不得随意改变定额的内容和水平，如需进行调整、修改和补充，必须经定额主管部门批准。只有这样，才能维护定额的权威性，发挥定额在工程建设管理中的作用。

4. 稳定性与时效性

工程建设定额水平是在一定时期技术发展和社会生产力水平的反映，在一段时间里，定额水平是相对稳定的。保持定额的相对稳定性是维护定额的权威性和有效贯彻执行定额所必需的。如果定额处于经常修改变动的状态，势必造成执行中的困难和混乱，使人们对定额的科学性、先进合理性和权威性产生怀疑，不认真对待定额，很容易导致定额权威性的丧失。工程定额的不稳定也会给定额的编制工作带来极大的困难。

工程建设定额的稳定性是相对的。当生产力向前发展时，定额会与已经发展的生产力不相适应。这样，它原有的作用就会逐步减弱以至消失，需要重新编制或修订，以保持定额水平的先进合理性。

5. 针对性与地域性

我国幅员辽阔，地域复杂，各地的自然资源条件和社会经济条件差异很大，生产领域中，由于所生产的产品形形色色、成千上万，并且每种产品的质量标准、安全要求、操作方法及完成内容各不相同，因此，针对每种产品（或工序）的资源消耗量的标准，一般来说是不能相互使用的，在园林绿化工程中这一点表现得尤为突出。

三、风景园林工程定额的分类

在园林工程建设过程中，由于使用对象和目的不同，园林工程定额的分类方法有很多。一般情况下，根据内容、用途和使用范围的不同，可将其分为以下几类（图 2-1）。

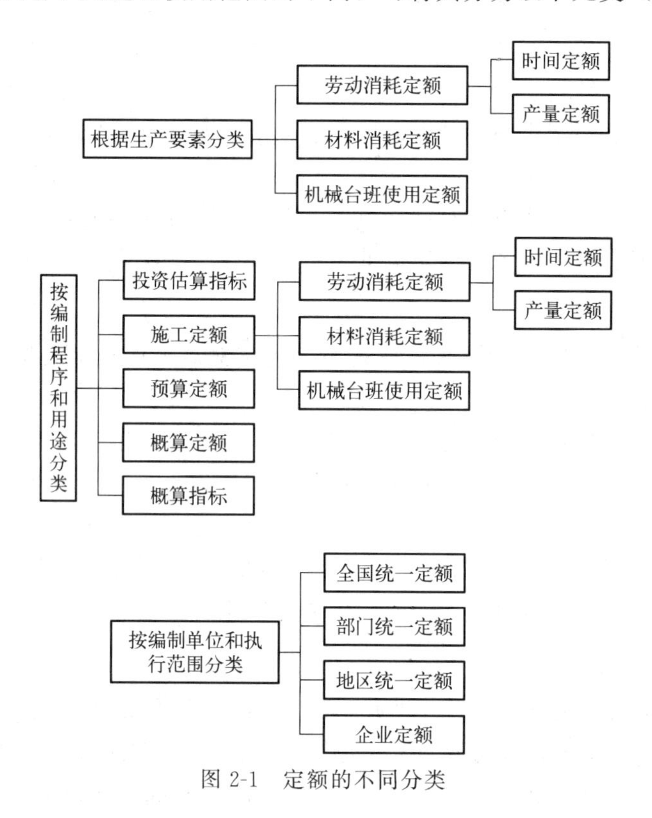

图 2-1　定额的不同分类

1. 按定额反映的生产要素分类

（1）劳动消耗定额

劳动消耗定额简称劳动定额（也称为人工定额），是指在合理的劳动组织条件下，工人以社会平均熟练程度和劳动强度在单位时间内生产合格产品的数量。劳动定额大多采用工作时间消耗量来计算劳动消耗的数量。所以劳动定额主要表现形式是时间定额和产量定额，时间定额和产量定额互为倒数。

（2）材料消耗定额

材料消耗定额是指在合理的施工条件下，生产质量合格的单位产品，所必须消耗的材料数量标准。包括净用在产品中的数量，也包括在施工过程中发生的合理的损耗量。

（3）机械台班使用定额

机械台班使用定额是指在合理的人机组合条件下，完成一定的合格产品所规定的施工机械消耗的数量标准。机械消耗定额的主要表现形式是机械时间定额，也以产量定额表现。

劳动定额、材料消耗定额和机械台班使用定额的制定应能最大限度地反映社会平均必须消耗的水平，它是制定各种实用性定额的基础，因此也称为基础定额。

2. 按编制程序和用途分类

按编制程序和用途可分为五种：投资估算指标、施工定额、预算定额、概算定额、概算指标。

(1) 投资估算指标

投资估算指标是在编制项目建设书可行性研究报告和编制设计任务书阶段，进行投资估算、计算投资需要量时使用的一种定额。它具有较强的综合性、概括性，往往以独立的单项工程或完整的工程项目为计算对象。它的编制基础仍然离不开预算定额和概算定额。

(2) 施工定额

施工定额主要用于编制施工预算，是施工企业的管理基础。施工定额由劳动定额、材料消耗定额和机械台班使用定额三部分组成。

(3) 预算定额

预算定额主要用于编制施工图预算，是确定一定计量单位的分项工程或结构构件的人工、材料、机械台班耗用量及其资金消耗的数量标准。

(4) 概算定额

概算定额即扩大结构定额，主要用于编制设计概算，是确定一定计量单位的扩大分项工程或结构构件的人工、材料、机械台班耗用量及其资金消耗的数量标准。

(5) 概算指标

概算指标主要用于投资估算或编制设计概算，是以每个建筑物或构筑物为对象，规定人工、材料、机械台班耗用量及其资金消耗的数量标准。

3. 按编制单位和执行范围分类

按编制单位和执行范围分类时，可分为全国统一定额、部门统一定额、地区统一定额及企业定额。

(1) 全国统一定额

全国统一定额指的是由国家建设行政主管部门组织制定、颁发的定额，不分地区，全国适用。

(2) 部门统一定额

部门统一定额是由中央各部委根据本部门专业性质不同的特点，参照全国统一定额的制定水平，编制出适合本部门工程技术特点以及施工生产和管理水平的一种定额，所以称为部门定额。在其行业内，全国通用，如水利工程定额等。

(3) 地区统一定额

地区统一定额是由各省、自治区、直辖市建设行政主管部门结合本地区经济发展水平和特点，在全国统一定额水平的基础上对定额项目做适当调整补充而形成的一种定额，其在本地区范围内执行，也称单位估价表。

(4) 企业定额

企业定额是由施工企业考虑本企业具体情况，参照国家、部门或地区定额水平制定的定额。企业定额只在企业内部使用，是企业素质的一个标志。企业定额一般应高于国家现行定额，才能满足生产技术发展、企业管理和市场竞争的需要。

4. 按专业不同分类

按专业性质不同划分，可分为建筑工程定额、安装工程定额、装饰装修工程定额、市政及园林绿化工程定额等。

第二节　风景园林工程预算定额

一、风景园林预算定额概念

风景园林预算定额是规定消耗在园林单位工程基本结构要素上的劳动力、材料和机械数量上的标准，是计算风景园林工程产品价格的基础。预算定额属于计价定额。风景园林预算定额是风景园林工程建设中的一项重要的技术经济指标，它反映了在完成单位分项工程时所消耗的活劳动和物化劳动的数量限制。这种限度最终决定着单项工程和单位工程的成本和造价。

二、预算定额的作用

1. 预算定额是编制施工图预算、确定和控制建筑安装工程造价的基础

施工图预算是施工图设计文件之一，是控制和确定园林建筑安装工程造价的必要手段。编制施工图预算，除设计文件决定的建设工程的功能、规模、尺寸和文字说明是计算分部分项工程量和结构构件数量的依据外，预算定额是确定一定计量单位工程人工、材料、机械消耗量的依据，也是计算分项工程单价的基础。

2. 预算定额是对设计方案进行技术经济比较、技术经济分析的依据

设计方案在设计工作中居于中心地位。设计方案的选择要满足功能、符合设计规范，既要技术先进又要经济合理。根据预算定额对方案进行技术经济分析和比较，是选择经济合理设计方案的重要方法。对设计方案进行比较，主要是通过定额对不同方案所需人工、材料和机械台班消耗量等进行比较。这种比较可以判别不同方案对工程造价的影响。对于新结构、新材料的应用和推广，也需要借助预算定额进行技术分项和比较，从技术与经济的结合上考虑普遍采用的可能性和效益。

3. 预算定额是施工企业进行经济活动分项的参考依据

实行经济核算的根本目的，是用经济的方法促使企业在保证质量和工期的条件下，用较少的劳动消耗取得预定的经济效果。目前，我国的预算定额仍决定着企业的收入，企业必须以预算定额作为评价企业工作的重要标准。企业可根据预算定额，对施工中的劳动、材料、机械的消耗情况进行具体的分析，以便找出低工效、高消耗的薄弱环节及其原因，为实现经济效益的增长由粗放型向集约型转变提供对比数据，促进企业提高在市场上的竞争能力。

4. 预算定额是编制标底、投标报价的基础

在市场经济条件下，预算定额作为编制标底的依据和施工企业报价基础的作用仍将存在，这是由它本身的科学性和权威性所决定的。

5. 预算定额是编制概算定额和估算指标的基础

概算定额和概算指标是在预算定额的基础上经综合扩大编制的，利用预算定额作为编制依据，不但可以节省编制工作中的人力、物力和时间，收到事半功倍的效果，还可以使概算定额和概算指标在水平上与预算定额一致，以免造成执行中的不一致。

三、预算定额的种类

1. 按专业性质分

预算定额，有建筑工程预算定额和安装工程预算定额两大类。建筑工程预算定额按适用对象又分为房屋建筑工程预算定额、水利建筑工程预算定额、市政工程预算定额、铁路工程预算定额、公路工程预算定额、土地开发整理项目预算定额、通信建设工程预算定额、房屋修缮工程预算定额、矿山井巷预算定额等。安装工程预算定额按适用对象又分为电气设备安装工程预算定额、机械设备安装工程预算定额、通信设备安装工程预算定额、化学工业设备安装工程预算定额、工业管道安装工程预算定额、工艺金属结构安装工程预算定额、热力设备安装工程预算定额等。

2. 从管理权限和执行范围分

预算定额可分为全国统一定额、行业统一定额和地区统一定额等。全国统一定额由国务院建设行政主管部门组织制定发布；行业统一定额由国务院行业主管部门制定发布；地区统一定额由省、自治区、直辖市建设行政主管部门制定发布。

3. 预算定额按物资要素区分

分为劳动定额、材料消耗定额和机械定额三种，它们之间互相依存形成一个整体，作为预算定额的组成部分，它们各自不具有独立性。

四、预算定额的编制原则

1. 社会平均水平原则

预算定额理应遵循价值规律的要求，按生产该产品的社会平均必要劳动时间来确定其价值。也就是说，在正常的施工条件下，以平均的劳动强度、平均的技术熟练程度，在平均的技术装备条件下，完成单位合格产品所需的劳动消耗量就是预算定额的消耗水平。

2. 简明适用的原则

预算定额要在适用的基础上力求简明。

3. 坚持统一性和因地制宜的原则

依据国家的方针政策和经济发展要求，统一制定编制方案，但由于各地区的经济发展不平衡，需适当地进行调整，颁发补充性的条例规定。

4. 专家编审责任制原则

编制定额应以专家为主，这是实践经验的总结，编制要有一支经验丰富、技术和管理知识全面、有一定政策水平的、稳定的专家队伍。通过他们的辛勤工作才能积累经验，保证编制定额的准确性。

5. 与公路建设相适应的原则

编制定额应与相应的公路建设要求相适应。

6. 贯彻国家政策、法规的原则

编制定额的过程中，应考虑国家的宏观经济调整政策以及地方性法规，促进经济发展。

五、预算定额手册的内容

预算定额手册由文字说明、定额项目表和附录三部分内容组成（图 2-2）。

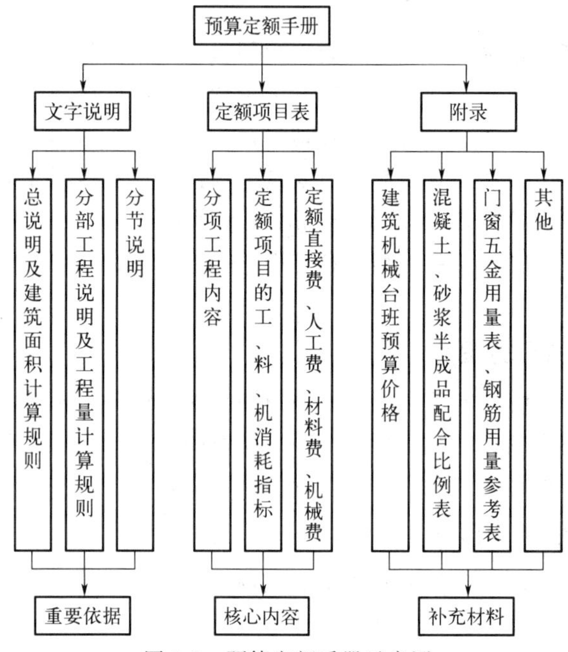

图 2-2　预算定额手册示意图

1. 文字说明

（1）总说明

在总说明中，主要阐述了定额的编制原则、指导思想、编制依据以及适用范围，同时说明了编制定额时已经考虑和没有考虑的因素、使用方法及有关规定等。因此，使用定额前应首先了解和掌握总说明。

（2）分部分项工程说明

分部工程说明在预算定额手册中称为“章”，是定额的重要组成部分。分部工程说明主要阐述了分部工程定额所包括的主要的分项工程及使用定额的一些基本规定，并阐述该分部工程中各分项工程的工程量计算规则和方法等。

（3）分节说明

分节说明主要阐述定额项目包括的主要工序。如黑龙江省现行预算定额栽植乔木（带土球）的工程内容包括：挖坑、栽植（落坑、扶正、回土、捣实、筑水围）、浇水、覆土、保墒、整形、清理等。

上述文字说明是预算定额正确使用的重要依据和原则，应用前必须仔细阅读，不然就会造成错套、漏套及重套定额。

2. 定额项目表

定额项目表列出每一单位分项工程中人工、材料、机械台班消耗量及相应的各项费用，是预算定额手册的核心内容。定额项目表由分项工程内容，定额计量单位，定额编号，项目预算单价，人工费、材料费、机械费及相应的消耗量，以及附注等组成。

3. 附录

附录列在定额手册的最后，其主要内容有建筑机械台班费用定额及说明，混凝土、砂浆配合比例表，材料名称、规格表，定额材料、成品、半成品损耗率表等。附录内容主要是在定额换算和编制补充预算定额时使用，是定额应用的重要补充资料。

六、预算定额项目的编制形式

预算定额手册根据园林结构及施工程序等，按照章、节、项目、子目等顺序排列。

分部工程为章，它是将单位工程中某些性质相近、材料大致相同的施工对象归纳在一起。如全国《仿古建筑及园林工程预算定额》（第一册通用项目）共分六章：第一章土石方、打桩、围堰，基础垫层工程；第二章砌筑工程；第三章混凝土及钢筋混凝土工程；第四章木作工程；第五章楼地面工程；第六章抹灰工程。

《仿古建筑及园林工程预算定额》第四册园林绿化工程共分四章：第一章园林工程；第二章堆砌假山及塑假石山工程；第三章园路及园桥工程；第四章园林小品工程。

分部工程以下，又按工程性质、工程内容、施工方法及使用材料，分成许多分项工程，如《仿古建筑及园林工程预算定额》第四册园林绿化工程第一章园林工程中，又分整理绿化地及起挖乔木（带土球）、栽植乔木（带土球）、起挖乔木（裸根）、栽植乔木（裸根）、起挖灌木（带土球）、栽植灌木（带土球）、起挖灌木（裸根）、栽植灌木（裸根）、起挖竹类（散生竹）、栽植竹类（散生竹）、起挖竹类（丛生竹）、栽植竹类（丛生竹）、栽植绿篱、露地花卉栽植、草皮铺种等 21 分项。

分项工程以下，再按工程性质、规格、不同材料类别等分成若干项目子目。如《仿古建筑及园林工程预算定额》第四册园林绿化工程第一章园林工程中整理绿化地及起挖乔木（带土球）分项工程分为整理绿化地 $10m^2$、起挖乔木（带土球）土球直径在 20cm 以内、起挖乔木（带土球）土球直径 30cm 以内、起挖乔木（带土球）土球直径在 40cm 以内、起挖乔木（带土球）土球直径在 120cm 以内等 11 个子目。草皮铺种分项工程分为散铺、满铺、直生带和播种 4 个子目。

在项目中，还可以按结构的规格再细分出许多子目。

为了查阅使用定额方便，定额的章、节、子目都应有统一的编号。章号用中文一、二、三等，或用罗马数字Ⅰ、Ⅱ、Ⅲ等，节号、子目号一般用阿拉伯数字 1、2、3 等表示。

定额编号通常有三种形式：

（1）三个符号定额项目编号法

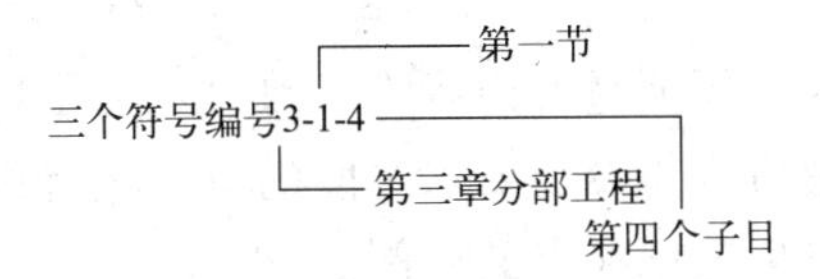

（2）两个符号定额项目编号法

子目
两个符号编号4-200
第四部分部工程

（3）阿拉伯数字连写的定额项目编号法

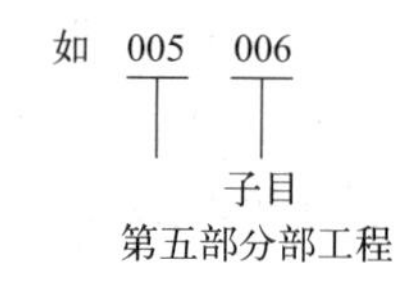

第三节 风景园林工程预算定额的使用要求

一、预算定额的具体应用

1. 预算定额的直接套用

施工图纸的分部分项工程内容，与所套用的相应定额项目内容一致时，则按定额的规定，直接套用定额。具体步骤为：根据施工图纸设计的分部分项工程内容，从定额目录中找出该分部分项工程所在定额中的页数；判断分项工程名称、规格、计量单位等内容与定额规定的名称、规格、计量单位等内容是否完全一致；定额单价的套用。

例 1 某公园值班室现浇 C_{20} 毛石混凝土带型基础 12.7m^3，试计算完成该分项工程的直接费及主要材料消耗量。

解：① 确定定额编号为 4-1。

② 计算分项工程直接费

分项工程直接费＝预算价格×工程量＝2438.99/10×12.7＝3097.52 元

③ 计算主要材料消耗量

材料消耗量＝定额规定的耗用量×工程量

水泥 32.5MPa＝2588.741×12.7＝32877.01kg

中砂＝3.884×12.7＝49.327m^3

碎石 40mm＝6.766×12.7＝85.928m^3

毛石＝2.72×12.7＝34.544m^3

塑料薄膜＝0.30×12.7＝3.81kg

2. 预算定额的换算

（1）定额换算的原因

当施工图纸的设计要求与定额项目的内容不一致时，为了能计算出设计要求项目的直接费及工料消耗量，必须对定额项目与设计要求之间的差异进行调整。这种使定额项目的内容适应设计要求的差异调整是产生定额换算的原因。

（2）定额换算的依据

预算定额具有法令性，为了保持预算定额的水平不改变，在说明中规定了若干条定额换算的条件，因此，在定额换算时必须执行这些规定才能避免人为改变定额水平的不合理现象。从定额水平保持不变的角度来解释，定额换算实际上是预算定额的进一步扩展与延伸。

(3) 预算定额换算的内容

定额换算涉及人工费和材料费的换算，特别是园林苗木等材料费及材料消耗量的换算占定额换算相当大的比重。人工费的换算主要是由用工量的增减而引起的，材料费的换算则是由材料耗用量的改变及材料代换而引起的。

(4) 预算定额换算的一般规定

常用的定额换算规定有以下几方面：

① 混凝土及砂浆的强度等级在设计要求中与定额不同时，按附录中半成品配合比进行换算。

② 定额中规定的抹灰厚度不得调整。如设计规定的砂浆种类或配合比与定额不同时，可以换算，但定额人工、机械不变。

③ 木楼地楞定额是按中距40cm，断面5cm×18cm，每100m^2 木地板的楞木313.3m计算的，如设计规定与定额不同时，楞木料可以换算，其他不变。

④ 定额中木地板厚度是按2.5cm毛料计算的，如设计规定与定额不同时，可按比例换算，其他不变。

⑤ 定额分部说明中的各种系数及工料增减换算。

(5) 预算定额换算的几种类型

① 砂浆的换算；

② 混凝土的换算；

③ 木材材积的换算；

④ 系数换算；

⑤ 运距换算；

⑥ 厚度换算；

⑦ 断面换算。

3. 预算定额的换算方法

(1) 混凝土的换算

构件混凝土的换算（混凝土强度和石子品种的换算）：这类换算的特点是混凝土的用量不发生变化，只换算强度或石子品种。其换算公式为：

换算价格=原定额价格+定额混凝土用量×(换入混凝土单价-换出混凝土单价)

例2 某工程构造梁，设计要求为C25钢筋混凝土现浇，试确定构造梁的单价。

解： ① 确定换算定额编号为4-59（塑性混凝土C20）

其单价为3039.60元/10m^3，混凝土定额用量16.13m^3/10m^3。

② 确定换入、换出混凝土的单价（塑性混凝土）

查定额表附录二：

C25混凝土单价225.23元/m^3（425#水泥）

C20混凝土单价206.72元/m^3（425#水泥）

③ 计算换算单价

4-59换 3039.60+16.13×(225.23-206.72)=3338.17元/10m^3

④ 换算小结

A. 先选择换算定额编号及其单价，确定混凝土品种及其骨料粒径、水泥标号。

B. 根据确定的混凝土品种（塑性混凝土还是低流动性混凝土、石子粒径、混凝土强度），从附录中查换出、换入混凝土的单价。

C. 计算换算价格。

D. 确定换入混凝土品种须考虑下列因素：

a. 是塑性混凝土还是低流动性混凝土；

b. 根据规范要求确定混凝土中石子的最大粒径；

c. 根据设计要求，确定采用砾石、碎石及混凝土的强度。

（2）砂浆的换算

定额规定允许换算的条件：因砂浆标号不同引起定额单价变动的砌筑砂浆或抹灰砂浆，必须进行换算。

换算后定额基价＝换算前定额基价＋定额砂浆用量×(换入砂浆单价－换出砂浆单价)

例3 某工程空花墙，设计要求用黏土砖，M7.5混合砂浆砌筑，试计算该分项工程预算价格。

解：① 确定换算定额的编号为3-113（M5混合砂浆）

价格为：2210.14元/10m^3

砂浆用量为：18.75m^3/10m^3（425＃水泥）

② 确定换入、换出砂浆的单价

查定额表附录二：

M7.5混合砂浆单价161.43元/m^3（中砂）

M5混合砂浆单价145.78元/m^3（中砂）

③ 计算换算单价

3-113换＝2210.14＋18.75×(161.43－145.78)＝2503.58元/10m^3

（3）系数换算

系数换算是按定额说明中规定的系数乘以相应定额的基价（或定额中工料之一部分）后，得到一个新单价的换算。

例4 某工程平基土方，施工组织设计规定为机械开挖，在机械不能施工的死角有湿土121m^2需人工开挖，试计算完成该分项工程的直接费。

解：根据土石方分部说明，得知人工挖湿土时，按相应定额项目乘以系数1.18计算，机械不能施工的土石方，按相应人工挖土方定额乘以系数1.5。

① 确定换算定额编号及单价

定额编号1-1，单价166.95元/100m^2。

② 计算换算单价

1-1换＝166.95×1.18×1.5＝295.50元/100m^2

③ 计算完成该分项工程的直接费

295.50×1.21＝357.56元

（4）运距换算

在定额中，由于受到篇幅的限制，对各种项目的运输定额，一般分为基本定额和增加定额，即超过最大运距时另行计算。

例5 人工运土方1000m^3，运距80m，计算定额直接工程费。

解：① 套定额4-48人工运土方，运距20m以内定额基价6.5元/m^3。

② 套定额4-49，每增加20m定额基价为0.8元/m^3，(80－20)/20＝3，即增加60m定

额基价为：

$0.8\times3=2.4$ 元/m^3

③ 定额基价为：

$6.5+2.4=8.9$ 元/m^3

④ 直接工程费合计

$1000\times8.9=8900$ 元

（5）断面换算

在预算定额中，木结构的构件断面，是根据不同设计标准通过综合加权计算确定的，在编制工程预算过程中，设计断面与定额断面不符时，按定额规定进行换算。

例6 古式木短窗扇，万字式，设计边挺断面为6cm×8cm，计算定额基价。

解：① 设计边挺断面6cm×8cm为净料，加刨光损耗，毛料断面为6.5cm×8.5cm。

② 窗扇边挺定额毛料规格为5.5cm×7.5cm，定额边挺毛料用量为$0.2564m^3/10m^2$。

③ 截面积换算公式

定额杉枋材增减量=（设计截面积/定额截面积－1）×定额边挺毛料用量，即

$$枋材增加量=[(6.5\times8.5)\div(5.5\times7.5)-1]\times0.2564=0.087m^3/10m^2$$

④ 套定额8-222，基价$=4056+0.087\times1139=4155$ 元/$10m^2$

二、预算定额应用中的其他问题

1. 预应力钢筋的人工时效费

预算定额一般未考虑预应力钢筋的人工时效费，如设计要求进行人工时效者，应按分部说明的规定，单独进行人工时效费调整。

2. 钢筋的量差及价差调整

（1）钢筋量差调整

因为各种钢筋混凝土构件所承受的荷载不同，因而其钢筋用量也不会相同。但编制定额时，不可能反映每一个具体钢筋混凝土构件的钢筋耗用量，而只能综合确定出一个含钢量。这个含钢量表示定额中的钢筋耗用量。在编制施工图预算时，每个工程的实际钢筋用量与按定额含钢量分析计算的钢筋量不相等。因此，在编制施工图预算时，必须对钢筋进行量差调整。定额规定，钢筋量差调整及价差调整，不以个别构件为对象，而是以单位工程中所有不同类别钢筋混凝土构件的钢筋总量为对象进行调整。钢筋量差调整的公式如下：

单位工程构件钢筋量差=单位工程设计图纸钢筋净用量×（1+损耗率）－单位工程构件定额分析钢筋总消耗量

说明：这里的构件分别是指现浇构件、装配式构件、先张法预应力构件、后张法预应力构件。这几种构件要分别进行调整。各类构件中钢筋的损耗率一般在定额总说明中予以规定。

（2）钢筋价差调整

钢筋的预算价格具有时间性，几乎每年都有不同程度的变化。而预算定额却具有相对稳定性，一般在几年内不变。在这种情况下，定额中的钢筋预算价格与实际的钢筋价格就有一个差额。所以在编制施工图预算时，要进行钢筋的实际价格与预算价格的调整。

第四节　风景园林工程概算

一、概算定额

1. 概算定额的概念

概算定额，是在预算定额的基础上，确定完成合格的单位扩大分项工程或单位扩大结构构件所需消耗的人工、材料和机械台班的数量标准限额，所以概算定额又称作“扩大结构定额”或“综合预算定额”。

概算定额是设计单位在初步设计阶段或扩大初步设计阶段确定工程造价，编制设计概算的依据。

概算定额是预算定额的合并与扩大。它将预算定额中有联系的若干个分项工程项目综合为一个概算定额项目。如砖基础概算定额项目，就是以砖基础为主，综合了平整场地、挖地槽、铺设垫层、砌砖基础、铺设防潮层、回填土及运土等预算定额中的分项工程项目。

2. 概算定额的作用

① 是初步设计阶段编制概算、扩大初步设计阶段编制修正概算的主要依据；

② 是对设计项目进行技术经济分析比较的基础资料之一；

③ 是建设工程主要材料计划编制的依据；

④ 是编制概算指标的依据；

⑤ 是控制施工图预算的依据；

⑥ 是工程结束后，进行竣工决算的依据，主要是分析概预算执行情况，考核投资效益。

3. 概算定额的编制方法

（1）定额计量单位确定

概算定额计量单位基本上按预算定额的规定执行，但是单位的内容扩大，仍用米（m）、平方米（m^2）和立方米（m^3）等。

（2）确定概算定额与预算定额的幅度差

由于概算定额是在预算定额的基础上进行适当的合并与扩大，因此，在工程量取值、工程的标准和施工方法确定上需综合考虑，且定额与实际应用必然会产生一些差异。这种差异国家允许预留一个合理的幅度差，以便依据概算定额编制的设计概算来控制施工图预算。概算定额与预算定额之间的幅度差，国家规定一般控制在5%以内。

（3）定额小数取位

概算定额小数取位与预算定额相同。

4. 概算定额手册的内容

概算定额手册的内容基本上是由文字说明、定额项目表和附录三部分组成。

（1）文字说明部分

文字说明部分有总说明和分章说明。在总说明中，主要有阐述概算定额的编制依据、原则、目的和作用，包括内容、使用范围、应注意的事项等。分章说明简要阐述本章包括的工作内容、工程量计算规则以及注意事项等。

（2）定额项目表

① 定额项目的划分　概算定额项目一般按以下两种方法划分。

a. 按工程结构划分：一般是按土石方、基础、墙、梁板柱、门窗、楼地面装饰、构筑物等工程结构划分。

b. 按工程部位（分部）划分：一般是按基础、墙体、梁柱、楼地面、屋盖、其他工程部位等划分，如基础工程中包括了砖、石、混凝土基础等项目。

② 定额项目表组成　定额项目表是概算定额手册的主要内容，由若干分节定额组成。各节定额由工程内容、定额表及附注说明组成。定额表中列有定额编号，计量单位，概算价格，人工、材料、机械台班消耗量指标，综合了预算定额的若干项目与数量。

（3）附录

主要是一些相关的补充性文件介绍。

二、概算指标

1. 概算指标的概念

概算指标通常以整个建筑物或构筑物为对象，以建筑面积、体积或成套设备装置的台或组为计量单位而规定的人工、材料、机械台班的消耗量标准和造价指标。它是较概算定额综合性更大的指标。该指标以每 $100m^2$ 建筑面积或各构筑物体积为单位而规定人工及主要材料数量和造价指标。

从上述概念中可以看出，概算定额与概算指标的主要区别有：

① 确定各种消耗量指标的对象不同　概算定额是以单位扩大分项工程或单位扩大结构构件为对象，而概算指标则是以整个建筑物（如 $100m^2$ 或 $1000m^3$ 建筑物）和构筑物为对象。因此，概算指标比概算定额的综合性更强、内容更广。

② 确定各种消耗量指标的依据不同　概算定额以现行预算定额为基础，通过计算之后才综合确定出各种消耗量指标，而概算指标中各种消耗量指标的确定，则主要来自各种预算或结算资料。

③ 适用于同阶段的深度要求不同　初步设计或扩大初步设计阶段，当设计具有一定深度时，可根据概算定额编制设计概算；当设计深度不够、编制依据不齐全时，可用概算指标编制概算。

2. 概算指标的作用

① 在设计深度不够的情况下，往往用概算指标来编制初步设计概算。

② 概算指标是设计单位进行设计方案比较、分析投资经济效果的尺度。

③ 概算指标是建设单位确定工程概算造价、申请投资拨款、编制基本建设计划和申请主要材料的依据。

3. 概算指标的表现形式

概算指标的表现形式分为综合概算指标和单项概算指标两种。

① 综合概算指标　综合概算指标是指按工业或民用建筑及其结构类型而制定的概算指标。综合概算指标的概括性较大，其准确性、针对性不如单项指标。

② 单项概算指标　单项概算指标是指为某种建筑物或构筑物而编制的概算指标。单项

概算指标的针对性较强，故指标中对工程结构形式要作介绍。只要工程项目的结构形式及工程内容与单项指标中的工程概况相吻合，编制出的设计概算就比较准确。

4. 概算指标的应用

概算指标的应用比概算定额具有更大的灵活性，由于它是一种综合性很强的指标，不可能与拟建工程的建筑特征、结构特征、自然条件、施工条件完全一致，因此在选用概算指标时要慎重，选用的指标与设计对象在各个方面应尽量一致或接近，不一致的地方要进行换算，以提高准确性。

（1）概算指标的直接套用

设计对象的结构特征与概算指标一致时，可以直接套用。直接套用时应注意：拟建工程的建设地点与概算指标中的工程地点在同一地区，拟建工程的外形特征和结构特征与概算指标中工程的外形特征、结构特征应基本相同，拟建工程的建筑面积、层数与概算指标中工程的建筑面积、层数相差不大。

（2）概算指标的调整

用概算指标编制工程概算时，往往不容易选到与概算指标中工程结构特征完全相同的概算指标，实际工程与概算指标的内容存在着一定的差异。在这种情况下，需对概算指标进行调整，调整的方法如下。

① 每 $100m^2$ 造价调整　调整的思路如同定额换算，即从原每 $100m^2$ 概算造价中，减去每 $100m^2$ 建筑面积需换出结构构件的价值，加上每 $100m^2$ 建筑面积需换入结构构件的价值，即得 $100m^2$ 修正造价调整指标，再将每 $100m^2$ 造价调整指标乘以设计对象的建筑面积，即得出拟建工程的概算造价。

计算公式为：

每 $100m^2$ 建筑面积造价调整指标＝所选指标造价＋每 $100m^2$ 换入结构构件的价值－每 $100m^2$ 换出结构构件的价值

式中，每 $100m^2$ 换出结构构件的价值＝原指标中每 $100m^2$ 结构构件工程量×地区概算定额基价

每 $100m^2$ 换入结构构件的价值＝拟建工程中每 $100m^2$ 结构构件工程量×地区概算定额基价

例 7　某拟建工程，建筑面积为 $3580m^2$，按图算出一砖外墙为 $646.97m^2$、木窗 $613.72m^2$，所选定的概算指标中，每 $100m^2$ 建筑面积有一砖半外墙 $25.71m^2$、钢窗 $15.50m^2$，每 $100m^2$ 概算造价为 29767 元，试求调整后每 $100m^2$ 概算造价及拟建工程的概算造价。

解： 概算指标调整详见表 2-1，则每 $100m^2$ 建筑面积调整概算造价＝29767＋2272－3392＝28647 元，拟建工程的概算造价为：$\frac{3580}{100}\times 28647=1025563$ 元。

表 2-1　概算指标调整计算表

序号	概算定额编号	构件	单位	数量	单价	复价	备注
换入部分							
1	2-78	一砖外墙	m^2	18.07	88.31	1596	$\frac{646.97}{3580\div 100}=18.07$
2	4-68	木窗	m^2	17.14	39.45	676	$\frac{613.72}{3580\div 100}=17.14$
小计						2272	

续表

序号	概算定额编号	构件	单位	数量	单价	复价	备注
换出部分							
3	2-78	一砖半外墙	m^2	25.71	87.20	2242	
4	4-90	钢窗	m^2	15.50	74.20	1150	
小计						3392	

② 每 $100m^2$ 中工料数量的调整　调整的思路是从所选定指标的工料消耗量中，换出与拟建工程不同的结构构件的工料消耗量，换入所需结构构件的工料消耗量。

关于换出、换入的工料数量，是根据换出、换入结构构件的工程量乘以相应的概算定额中工料消耗指标得到的。根据调整后的工料消耗量和地区材料预算价格、人工工资标准、机械台班预算单价，计算每 $100m^2$ 的概算基价，然后依据有关取费规定，计算每 $100m^2$ 的概算造价。

这种方法主要适用于不同地区的同类工程编制概算。用概算指标编制工程概算，工程量的计算工作很小，也节省了大量的定额套用和工料分析工作，因此比用概算定额编制工程概算的速度要快，但是准确性差一些。

第三章
风景园林工程预算费用组成

学习目标：

1. 了解风景园林工程造价结构；
2. 熟练掌握风景园林工程预算费用项目组成；
3. 熟练掌握风景园林工程预算费用中各部分的计算程序。

课程导引：

1. 通过对风景园林工程预算费用组成的介绍，培养学生自觉学习与精准取费计算的能力；培养学生主动学习新规范、新规程，以及培养创新发展的能力；培养学生遵守国家建筑法规、标准和严谨负责的态度。

2. 通过对实际案例的讲解，增强学生在进行取费计算时的规范意识，同时能提高学生熟练运用所学知识的能力和养成认真负责的工作态度。

第一节　预算费用的组成

风景园林建设工程费用是指直接发生在园林工程施工生产过程中的费用，施工企业和项目经理部在组织管理施工生产经营活动中间接地为工程支出的费用，以及按国家规定收取的利润和缴纳的税金等的总称。

风景园林建设工程是园林施工企业按预定生产目的创造的直接生产成果，它必须通过施工企业的生产活动才能实现。理论上讲，园林建设工程费用以园林工程价值为基础，由三大部分组成，即施工企业转移的生产资料的费用、施工企业职工的劳动报酬和必要的费用以及施工企业缴纳税金后自存的利润等。

风景园林建设工程的费用一般是由直接费、间接费、利润、税金和其他费用五部分组成。

一、直接费

直接费是指施工中直接用于某工程的各项费用总和，由直接工程费和其他直接费用（措施费）组成。

1. 直接工程费

直接工程费是指在施工过程中耗费的构成工程实体的各项费用，包括人工费、材料费、施工机械使用费和其他直接工程费。

（1）人工费

人工费是指向直接从事工程施工的生产工人开支的各项费用。

① 基本工资　是指发给生产工人的基本工资。

② 工资性补贴　是指按规定标准发放的煤电补贴、粮油补贴、自来水补贴、电价补贴、燃料补贴、燃气补贴、市内交通补贴、住房补贴、集中供暖补贴、寒区补贴、地区津贴、林区津贴和流动施工津贴等。

③ 辅助工资　是指生产工人年有效施工天数以外非作业天数的工资，包括职工学习、培训期间的工资，调动工作、探亲、休假期间的工资，因气候影响的停工工资，女工哺乳时间的工资，病假在六个月以内的工资及产、婚、丧假期的工资。

④ 职工福利费　是指按规定标准计提的职工福利费用。

⑤ 生产工人劳动保护费　是指按标准发放的劳动防护用品的购置费及修理费、徒工服装补贴、防暑降温措施费用以及在有碍身体健康环境中施工的保健费等。

（2）材料费

材料费是指在施工过程中耗费的构成工程实体的原材料、辅助材料、构配件、零件、半成品的费用，内容包括以下各项：

① 材料原价（或供应价格）。

② 材料运杂费　是指材料自来源地运至工地仓库或指定堆放地点所发生的全部费用。

③ 运输损耗费　是指材料在运输装卸过程中不可避免的损耗。

④ 采购及保管费　是指在组织采购、供应和保管材料过程中所需要的各项费用，包括采购费、仓储费、工地保管费、仓储损耗等。

⑤ 检验试验费　是指对建筑材料、构件和建筑安装物进行一般鉴定、检查所发生的费用，包括自设试验室进行试验所耗用的材料和化学药品等费用；不包括新结构、新材料的试验费，以及建设单位对具有出厂合格证明的材料进行检验、对构件做破坏性试验及其他特殊要求检验试验的费用。

（3）施工机械使用费

施工机械使用费是指施工机械作业所发生的机械使用费以及机械安拆费和场外运费。

施工机械台班单价应由下列七项费用组成：

① 折旧费　指施工机械在规定的使用年限内，陆续收回其原值及购置资金的时间价值。

② 大修理费　指施工机械按规定的大修理间隔台班进行必要的大修理，以恢复其正常功能所需的费用。

③ 经常修理费　指施工机械除大修理以外的各级保养和临时故障排除所需的费用，包括为保障机械正常运转所需替换设备与随机配备工具、附件的摊销和维护费用，机械运转中日常保养所需润滑与擦拭的材料费用及机械停滞期间的维护和保养费用等。

④ 安拆费及场外运费　安拆费指施工机械在现场进行安装与拆卸所需的人工、材料、机械和试运转费用以及机械辅助设施的折旧、搭设、拆除等费用；场外运费指施工机械整体或分体自停放地点运至施工现场或由一施工地点运至另一施工地点的运输、装卸、辅助材料及架线等费用。

⑤ 人工费　指机上司机（司炉）和其他操作人员的工作日人工费及上述人员在施工机械规定的年工作台班以外的人工费。

⑥ 燃料动力费　指施工机械在运转作业中所消耗的固体燃料（煤、木柴）、液体燃料（汽油、柴油）及水、电等的费用。

⑦ 车船使用税　指施工机械按照国家规定和有关部门规定应缴纳的车船使用税、保险

费及年检费等。

2. 其他直接费用

其他直接费用一般是指措施费，措施费是指为完成工程项目施工，发生于该工程施工前和施工过程中非工程实体项目的费用，内容包括以下各项：

① 环境保护费　是指施工现场为达到环保部门要求所需要的各项费用。

② 文明施工费　是指施工现场文明施工所需要的各项费用。

③ 安全施工费　是指施工现场安全施工所需要的各项费用。

④ 临时设施费　是指施工企业为进行建筑工程施工所必须搭设的生活和生产用的临时建筑物、构筑物和其他临时设施费用等。

临时设施包括：临时宿舍、文化福利及公用事业房屋与构筑物，仓库、办公室、加工厂以及规定范围内道路、水、电、管线等临时设施和小型临时设施。

临时设施费用包括：临时设施的搭设、维修、拆除费或摊销费。

⑤ 夜间施工费　是指因夜间施工所发生的夜班补助费、夜间施工降效、夜间施工照明设备摊销及照明用电等费用。

⑥ 二次搬运费　是指因施工场地狭小等特殊情况而发生的二次搬运费用。

⑦ 大型机械设备进出场及安拆费　是指机械整体或分体自停放场地运至施工现场或由一个施工地点运至另一个施工地点，所发生的机械进出场运输和转移费用及机械在施工现场进行安装、拆卸所需的人工费、材料费、机械费、试运转费和安装所需的辅助设施的费用。

⑧ 混凝土、钢筋混凝土模板及支架费　是指混凝土施工过程中需要的各种钢模板、木模板、支架等的支、拆、运输费用及模板、支架的摊销（或租赁）费用。

⑨ 脚手架费　是指施工需要的各种脚手架搭、拆、运输费用及脚手架的摊销（或租赁）费用。

⑩ 已完工程及设备保护费　是指竣工验收前，对已完工程及设备进行保护所需费用。

⑪ 施工排水、降水费　是指为确保工程在正常条件下施工，采取各种排水、降水措施所发生的各种费用。

⑫ 冬、雨季施工增加费　指在冬、雨季施工期间，为保证工程质量，采取的保温、防护措施所增加费用，以及因工效和机械效率降低所增加的费用。对于措施费的计算，本书中只列通用措施费项目的计算方法，各专业工程的专用措施费项目的计算方法由国务院或各地区有关专业主管部门的工程造价管理机构自行制定。

二、间接费

由规费、企业管理费两部分组成。

1. 规费

规费是指政府有关部门规定必须缴纳的，应计入建筑安装工程造价的费用。内容包括以下各项：

① 养老保险费　是指企业按规定标准为职工缴纳的基本养老保险费。

② 医疗保险费　是指企业按规定标准为职工缴纳的基本医疗保险费。

③ 失业保险费　是指企业按规定标准为职工缴纳的失业保险费。

④ 工伤保险费　是指企业按规定标准为职工缴纳的工伤保险费。

⑤ 生育保险费　是指企业按规定标准为职工缴纳的生育保险费。

⑥ 住房公积金　是指企业按规定标准为职工缴纳的住房公积金。

⑦ 危险作业意外伤害保险费　是指按照《建筑法》规定，企业为从事危险作业的建筑安装施工人员支付的意外伤害保险费。

⑧ 工程排污费　是指企业按规定标准缴纳的工程排污费。

⑨ 工程定额测定费　指按规定支付给工程造价（定额）管理部门的定额测定费。

2. 企业管理费

企业管理费是指园林建设企业组织施工生产和经营管理所需费用。内容包括以下各项：

① 管理人员工资　是指管理人员的基本工资、工资性补贴、职工福利费、劳动保护费等。

② 办公费　是指企业管理办公用的文具、纸张、账表、印刷、邮电、书报、会议、水电、烧水和集体取暖（包括现场临时宿舍取暖）用煤等费用。

③ 差旅交通费　是指职工因公出差、调动工作的差旅费，住勤补助费，市内交通费和误餐补助费，职工探亲路费，劳动力招募费，职工离退休、退职一次性路费，工伤人员就医路费，工地转移费以及管理部门使用的交通工具的油料、燃料、养路费及牌照费。

④ 固定资产使用费　是指管理和试验部门及附属生产单位使用的属于固定资产的房屋、设备仪器等的折旧、大修、维修或租赁费。

⑤ 工具、用具使用费　是指管理使用的不属于固定资产的生产工具、器具、家具、交通工具和检验、试验、测绘、消防用具等的购置、维修和摊销费。

⑥ 劳动保险费　是指由企业支付离退休职工的易地安家补助费、职工退职金、六个月以上的病假人员工资、职工死亡丧葬补助费、抚恤费、按规定支付给离休干部的各项经费等。

⑦ 工会经费　是指企业按职工工资总额计提的工会经费。

⑧ 职工教育经费　是指企业为职工学习先进技术和提高文化水平，按职工工资总额计提的费用。

⑨ 财产保险费　是指施工管理用财产、车辆保险。

⑩ 财务费　是指企业为筹集资金而发生的各种费用。

⑪ 其他　包括技术转让费、技术开发费、业务招待费、绿化费、广告费、公证费、法律顾问费、审计费及咨询费等。

三、利润

利润是指施工企业完成所承包工程获得的盈利。

四、税金

税金是指国家税法规定的应计入建设工程造价内的营业税、城市维护建设税及教育费附加税等。一般是指企业按规定缴纳的房产税、车船使用税、土地使用税及印花税等。

五、其他费用

① 人工费价差　是指在施工合同中约定或施工实施期间各省（自治区、直辖市）建设行政主管部门发布的人工单价与本《费用定额》规定标准的差价。

② 材料费价差　是指在施工实施期间材料实际价格（或信息价格、价差数）与省（自

治区、直辖市）计价定额中材料价格的差价。

③ 机械费价差　是指在施工实施期间省（自治区、直辖市）建设行政主管部门发布的机械费价格与省（自治区、直辖市）计价定额中机械费价格的差价。

④ 暂列金额　是指发包人暂定并包括在合同价款中的一笔款项，用于施工合同签订时尚未确定或者不可预见的所需材料、设备、服务的采购，施工中可能发生的工程变更、合同约定调整因素出现时的工程价款调整以及发生的索赔、现场签证确认等的费用。

⑤ 暂估价　是指发包人提供的用于支付必然发生但暂时不能确定价格的材料单价以及专业工程的金额。

⑥ 计日工　是指承包人在施工过程中，完成发包人提出的施工图纸以外的零星项目或工作所需的费用。

⑦ 总承包服务费　是指总承包人为配合协调发包人进行的工程分包、自行采购的设备、材料等进行管理、服务（如分包人使用总包人的脚手架、垂直运输、临时设施、水电接驳等）以及施工现场管理、竣工资料汇总整理等服务所需的费用。

第二节　直接工程费的计算

直接费由人工费、材料费、施工机械使用费和其他直接工程费等组成。

直接工程费的计算可用下式表示：

直接工程费＝∑(预算定额基价×项目工程量)＋其他直接工程费

或　　直接工程费＝∑(预算定额基价×项目工程量)×(1＋其他直接工程费费率)

具体计算公式及计算方法请查阅国家及地区制定的费用定额规范有关规定，一般采用工程所在地区的地区统一费用定额规范有关规定计算。

一、人工费

人工费的计算，可用下式表示：

人工费＝∑(预算定额基价人工费×项目工程量)

具体计算公式及计算方法请查阅国家及地区制定的费用定额规范有关规定，一般采用工程所在地区的地区统一费用定额规范有关规定计算。

二、材料费

材料费的计算，可用下式表示：

材料费＝∑(预算定额基价材料费×项目工程量)

具体计算公式及计算方法请查阅国家及地区制定的费用定额规范有关规定，一般采用工程所在地区的地区统一费用定额规范有关规定计算。

三、施工机械使用费

施工机械使用费的计算，可用下式表示：

施工机械使用费＝∑(预算定额基价机械费×项目工程量)＋施工机械进出场费

具体计算公式及计算方法请查阅国家及地区制定的费用定额规范有关规定，一般采用工程所在地区的地区统一费用定额规范有关规定计算。

四、其他直接工程费

其他直接工程费是指在施工过程中发生的具有直接费性质但未包括在预算定额之内的费用。其计算公式如下：

其他直接工程费=(人工费+材料费+机械使用费)×其他直接工程费费率

具体计算公式及计算方法请查阅国家及地区制定的费用定额规范有关规定，一般采用工程所在地区的地区统一费用定额规范有关规定计算。

第三节　其他各项费用的计算

一、间接费

间接费包括企业管理费和规费。

企业管理费与规费的计算，是用直接费分别乘以规定的相应费率。其计算可用下式表示：

企业管理费=直接费×企业管理费费率

规费=直接费×规费费率

由于各地区的气候、社会经济条件和企业的管理水平等的差异，导致各地区各项间接费费率不一致，因此，在计算时，必须按照当地主管部门制定的标准执行。

二、利润

风景园林工程差别利润是指按规定应计入园林工程造价的利润，依据工程类别实行利润率。其计算可用下式表示：

利润=(直接工程费+间接费+贷款利息)×利润率

具体计算公式及计算方法请查阅国家及地区制定的费用定额规范有关规定，一般采用工程所在地区的地区统一费用定额规范有关规定计算。

三、税金

根据国家现行规定，税金是由营业税税率、城市维护建设税税率、教育费附加三部分构成。

应纳税额按直接工程费、间接费、差别利润及差价四项之和为基数计算。根据有关税法计算税金的公式如下：

应纳税额=不含税工程造价×税率

含税工程造价的公式如下：

含税工程造价=不含税工程造价×(1+税率)

税金列入工程总造价，由建设单位负担。

具体计算公式及计算方法请查阅国家及地区制定的费用定额规范有关规定，一般采用工程所在地区的地区统一费用定额规范有关规定计算。

四、材料费差价

市场经济条件下，部分原材料实际价格与预算价格不符，因此在确定单位工程造价时，必须进行差价调整。

材料差价是指材料的预算价格与实际价格的差额。

材料差价一般采用以下两种方法计算。

1. 国拨材料费差价的计算

国拨材料（如钢材、木材、水泥等）费差价的计算是用实际购入单价减去预算单价再乘以材料数量即为某材料费用的差价。将各种材料费用差价汇总，即为该工程的材料费用差价，列入工程造价。

材料费差价的计算，可用下式表示：

某种材料费差价＝(实际购入单价－预算定额材料单价)×材料数量

具体计算公式及计算方法请查阅国家及地区制定的费用定额规范有关规定，一般采用工程所在地区的地区统一费用定额规范有关规定计算。

2. 地方材料费差价的计算

为了计算方便，地方材料费差价的计算一般采用调价系数进行调整（调价系数由各地自行测定）。其计算方法可用下式表示：

差价＝定额直接费×调价系数

第四章

风景园林工程定额计价法编制风景园林工程施工图工程预算书

学习目标：

1. 理解施工图预算的概念和作用；
2. 了解风景园林工程定额计价投标报价编制表的组成；
3. 掌握风景园林绿化工程的工程量计算规则及运用；
4. 掌握园路、园桥工程工程量计算规则及运用；
5. 了解堆砌假山及塑山工程工程量计算规则；
6. 了解风景园林小品工程工程量计算规则。

课程导引：

1. 通过对定额计价法编制风景园林工程预算的介绍，让学生了解风景园林工程预算的重要性，培养他们具备良好的职业精神。

2. 通过对工程量计算规则及实例的学习，培养学生严谨求实的科学态度、严肃认真的职业操守，坚守职业道德底线和匠心精神，担负更多的社会责任。

3. 加强学生对本专业的深度了解，增强专业信心，坚定学习本专业的信念，树立学习目标，进而进行职业生涯发展规划。

第一节　风景园林工程施工图预算书的编制

一、施工图预算的概念和作用

1. 施工图预算的概念

施工图预算是指在施工图设计阶段，在设计概算的控制下，根据设计施工图纸，按照国家、地区或行业统一规定的各专业工程的工程量计算规则，计算和统计出工程量，并考虑实施施工图的施工组织设计确定的施工方案或方法对工程造价的影响，依据现行预算定额、单位估价表或计价表，市场人工、材料、机械价格及各种费用定额等有关资料确定的单位工程、单项工程及建设项目建筑安装工程造价的经济文件。

各单位或施工企业根据同一套图纸进行施工图预算的结果不可能完全一样，尽管施工图和建设主管部门规定的费用计算程序相同，但是工程量计算规则可能不同，编制者采用的施工方案或组织措施不可能完全相同；以及采用的定额水平不同，资源（人工、材料、机械）价格不同，均会导致预算结果不一样。

2. 施工图预算的作用

施工图预算作为建设工程建设程序中的一个重要的技术经济文件，是继初步设计概算后投资控制的进一步延伸和细化，是设计阶段对施工图设计进行技术经济分析对比、优化设计和控制工程造价的重要环节，是控制施工图设计不突破设计概算的重要措施。它在工程建设实施过程中具有重要的作用，可以归纳为以下几方面：

① 施工图预算是确定园林工程造价的依据；

② 施工图预算是办理工程竣工结算及工程招投标的依据；

③ 施工图预算是设计单位和施工单位签订施工合同的主要依据；

④ 施工图预算是建设银行拨付工程款或贷款的依据；

⑤ 施工图预算是施工企业考核工程成本的依据；

⑥ 施工图预算是设计单位对设计方案进行技术经济分析比较的依据；

⑦ 施工图预算是施工企业组织生产、编制计划、统计工作量和实物量指标的依据。

二、风景园林工程施工图工程预算书（定额计价投标报价编制表）的组成

一套完整的风景园林工程施工图工程预算书的编制包括封面、编制说明、工程项目投标报价汇总表、单项工程投标报价汇总表、单位工程投标报价汇总表、分部分项工程投标报价表、定额措施项目投标报价表、通用措施项目报价表、其他项目报价表、暂列金额明细表、材料暂估单价明细表、专业工程暂估价明细表、总承包服务费报价明细表、安全文明施工费报价表、规费和税金报价表、主要材料价格报价表、主要材料用量统计表等内容。

1. 封面

风景园林工程施工图工程预算书的封面主要包括工程名称、工程造价（大写、小写）、招标人、咨询人、编制人、复核人、编制时间、复核时间等（表 4-1）。

表 4-1　封面格式表

______________________________工程

工程造价______________________

招 标 人：______________________　咨 询 人：______________________

（单位盖章）　（单位资质专用章）

法定代表人　法定代表人

或其授权人：______________________　或其授权人：______________________

（签字或盖章）　（签字或盖章）

编　制　人：______________________　复　核　人：______________________

编制时间：　年　月　日　复核时间：　年　月　日

2. 编制说明

编制说明主要包括工程概况、编制依据、采用定额、工程类别（表 4-2）。

① 工程概况　应说明本工程的工程性质、工程编号、工程名称、建设规模等，包括的工程内容有绿化工程、园路工程、花架工程等。

② 编制依据　主要说明本工程施工图预算编制依据的施工图样、标准图集、材料做法以及设计变更文件。

③ 采用定额　主要说明本工程施工图预算采用的定额。

④ 企业取费类别　主要说明企业取费类别和工程承包的类型。

表 4-2　编制说明

总说明

工程名称：　　　　　　　　　　　　　　　　　　　　　　　　第　页　共　页

1. 工程概况 2. 编制依据 3. 采用定额 4. 工程类别

3. 工程项目投标报价汇总表

将各分项工程的工程费用分别填入工程汇总表中（表 4-3）。

表 4-3　工程项目投标报价汇总表

工程名称：　　　　　　　　　　　　　　　　　　　　　　　　第　页　共　页

序号	单项工程名称	金额/元	其中		
			暂估价/元	安全文明施工费/元	规费/元
合计					

4. 单项工程投标报价汇总表

单项工程投标报价汇总表见表 4-4。

表 4-4　单项工程投标报价汇总表

工程名称：　　　　　　　　　　　　　　　　　　　　　　　　第　页　共　页

序号	单位工程名称	金额/元	其中		
			暂估价/元	安全文明施工费/元	规费/元
合计					

5. 单位工程投标报价汇总表

单位工程投标报价汇总表见表 4-5。

表 4-5　单位工程投标报价汇总表

工程名称：　　　　　　　　　　　　　　　　　　　　　　　　第　页　共　页

序号	汇总内容	金额	其中:暂估价
1	分部分项工程		
1.1			
(A)	其中:计费人工费		
1.2			
2	措施费		
2.1	定额措施费		
(B)	其中:计费人工费		
2.2	通用措施费		
3	企业管理费		
4	利润		
5	其他费用		
5.1	暂列金额		
5.2	专业工程暂估价		
5.3	计日工		
5.4	总承包服务费		
6	安全文明施工费		
6.1	环境保护等五项费用		
6.2	脚手架费		
7	规费		
8	税金		
合计			

6. 分部分项工程投标报价表

分部分项工程投标报价表见表 4-6。

表 4-6　分部分项工程投标报价表

工程名称：　　　　　　　　　　　　　　　　　　　　　　　　第　页　共　页

序号	定额编号	分部分项工程名称	工程量		价值		其中					
							人工费		材料费		机械费	
			单位	数量	定额基价	总价	单价	金额	单价	金额	单价	金额
1												
2												
3												
本页小计												
合计												

7. 定额措施项目投标报价表

定额措施项目投标报价表见表 4-7。

表 4-7 定额措施项目投标报价表

工程名称： 第 页 共 页

序号	定额编号	分部分项工程名称	工程量		价值		其中					
							人工费		材料费		机械费	
			单位	数量	定额基价	总价	单价	金额	单价	金额	单价	金额
1												
2												
3												
本页小计												
合计												

8. 通用措施项目报价表

通用措施项目报价表见表 4-8。

表 4-8 通用措施项目报价表

工程名称： 第 页 共 页

序号	项目名称	计费基础	市政费率/%	园林绿化费率/%	金额
1	夜间施工费	(A)+(B)	0.11	0.08	
2	二次搬运费	(A)+(B)	0.14	0.08	
3	已完工程及设备保护费	(A)+(B)	0.11	0.11	
4	工程定位、复测、交点、清理费	(A)+(B)	0.14	0.11	
5	生产工具用具使用费	(A)+(B)	0.14	0.14	
6	雨季施工费	(A)+(B)	0.14	0.11	
7	冬季施工费	(A)+(B)	0.68	1.34	
8	检验试验费	(A)+(B)	2.00	1.14	
9	室内空气污染测试费	根据实际情况确定	按实际发生计算		
10	地上、地下设施，建筑物的临时保护设施费	根据实际情况确定	按实际发生计算		
合计					

注：A 表示计费人工费 53 元 / 工日；B 表示定额措施费中计费人工费。

9. 其他项目报价表

其他项目报价表见表 4-9。

表 4-9 其他项目报价表

工程名称： 第 页 共 页

序号	项目名称	计量单位	金额	备注
1	暂列金额			
2	暂估价			
2.1	材料暂估价			
2.2	专业工程暂估价			
3	总承包服务费			
合计				

10. 暂列金额明细表

暂列金额明细表见表 4-10。

表 4-10　暂列金额明细表

工程名称：　　　　　　　　　　　　　　　　　　第　页　共　页

序号	项目名称	计量单位	暂定金额	备注
1				
2				
3				
合计				

11. 材料暂估单价明细表

材料暂估单价明细表见表 4-11。

表 4-11　材料暂估单价明细表

工程名称：　　　　　　　　　　　　　　　　　　第　页　共　页

序号	材料名称、规格、型号	计量单位	单价/元	备注
1				
2				
3				

12. 专业工程暂估价明细表

专业工程暂估价明细表见表 4-12。

表 4-12　专业工程暂估价明细表

工程名称：　　　　　　　　　　　　　　　　　　第　页　共　页

序号	工程名称	工程内容	金额/元	备注
1				
2				
3				
合计				

13. 总承包服务费报价明细表

总承包服务费报价明细表见表 4-13。

表 4-13　总承包服务费报价明细表

工程名称：　　　　　　　　　　　　　　　　　　第　页　共　页

序号	项目名称	项目价值	计费基础	服务内容	费率/%	金额/元
1	发包人供应材料		供应材料费用			
2	发包人采购设备		设备安装费用			
3	发包人发包专业工程		专业工程费用			
合计						

14. 安全文明施工费报价表

安全文明施工费报价表见表 4-14。

表 4-14　安全文明施工费报价表

工程名称：　　　　　　　　　　　　　　　　　　　　　　　　　　第　页　共　页

序号	项目名称	计价基础	金额/元
1	环境保护等五项费用		
2	脚手架费		
	合计		

15. 规费、税金报价表

规费、税金报价表见表 4-15。

表 4-15　规费、税金报价表

工程名称：　　　　　　　　　　　　　　　　　　　　　　　　　　第　页　共　页

序号	项目名称	计算基础	费率/%	金额/元
1	规费	分部分项工程费＋措施费＋企业管理费＋利润＋其他费用		
1.1	养老保险费		2.86	
1.2	医疗保险费		0.45	
1.3	失业保险费		0.15	
1.4	工伤保险费		0.17	
1.5	生育保险费		0.09	
1.6	住房公积金		0.48	
1.7	危险作业意外伤害保险费		0.09	
1.8	工程排污费		0.05	
小计				
2	税金	分部分项工程费＋措施费＋企业管理费＋利润＋其他费用＋安全文明施工费＋规费	市区 3.41（哈尔滨 3.44）	
		合计		

16. 主要材料价格报价表

主要材料价格报价表见表 4-16。

表 4-16　主要材料价格报价表

工程名称：　　　　　　　　　　　　　　　　　　　　　　　　　　第　页　共　页

序号	材料编码	材料名称	规格、型号等特殊要求	单位	单价/元
1					
2					
3					

17. 主要材料用量统计表

主要材料用量统计表见表 4-17。

表 4-17　主要材料用量统计表

工程名称：　　　　　　　　　　　　　　　　　　　　　　　　　第　页　共　页

序号	材料编码	材料名称	规格、型号等特殊要求	单位	数量	单价/元	合计	备注
								供货商地址联系电话

三、风景园林工程施工图工程预算书的编制依据

① 施工图纸及其说明。

② 现行预算定额或地区计价表（定额）。

③ 施工组织设计或施工方案。

④ 费用计算规则及取费标准。

⑤ 预算工作手册和建材五金手册。

⑥ 批准的初步设计及设计概算。

⑦ 地区人工工资、材料及机械台班预算价格。

⑧ 造价管理部门发布的工程造价信息或市场价格信息。

⑨ 招标文件、施工承包合同。

⑩ 施工场地的勘察测量、自然条件和施工条件资料。

四、风景园林工程施工图工程预算书的编制程序

编制风景园林工程概预算的一般步骤和顺序为：熟悉并掌握预算定额的使用范围、具体内容、工程量计算规则和计算方法，应取费用项目、费用标准和计算公式；熟悉施工图及其文字说明；参加技术交底，解决施工图中的疑难问题；了解施工方案中的有关内容；确定并准备有关预算定额；确定分部工程项目；列出工程细目；计算工程量；套用预算定额；编制补充单价；计算合计和小计；进行工料分析；计算应取费用；复核、计算单位工程总造价及单位造价；填写编制说明书并装订签章。

第二节　风景园林绿化工程的工程量计算规则以及实例

风景园林工程主要包括绿化工程、园路园桥假山工程、园林景观小品工程等。影响工程预算的两大因素：一是工程量；二是预算定额基价。可在此基础上计算出工程造价。因此，工程量的计算是工程预算的基础和重要组成部分。

一、工程量计算的一般原则

预算人员应在熟悉图样、预算定额和工程量计算规则的基础上，根据施工图上的尺寸、

数量，准确地计算出各项工程的工程量，并填写工程量计算表格。为了保证工程量计算的准确性，通常要遵循以下原则。

1. 计算口径要一致，避免重复和遗漏

计算工程量时，根据施工图列出分项工程的口径（指分项工程包括的工作内容和范围），必须与预算定额中相应分项工程的口径一致。例如栽植绿篱，预算定额中已包括了开绿篱沟项目，则计算该项工程量时，不应另列开绿篱沟项目，造成重复计算。

2. 工程量计算规则要一致，避免错算

工程量计算必须与预算定额中规定的工程量计算规则（或工程量计算方法）相一致，保证计算结果准确。

3. 计量单位要一致

各分项工程量的计量单位，必须与预算定额中相应项目的计量单位一致。例如预算定额中，栽植绿篱分项工程的计量单位是延长米，而不是株数，则工程量单位也是延长米。

4. 按顺序进行计算

计算工程量时要按着一定的顺序（工序）逐一进行计算，既可以避免漏项和重算，又方便将来套定额。

5. 计算精度要统一

为了计算方便，工程量的计算结果统一要求为：除钢材（以吨为单位）、木材（以立方米为单位）取三位小数外，其余项目一般取两位小数。

二、风景园林绿化工程计价定额的相关规定

（1）除定额另有说明外，均已包括施工地点 50m 范围内的搬运费用。

（2）定额已包括施工后绿化地周围 2m 以内的清理工作，不包括种植前清除垃圾及其他障碍物，障碍物及种植前后的垃圾清运另行计算。

（3）定额不包括苗木的检疫及土壤测试等内容。

（4）伐树、树木修剪定额中所列机械如未发生，可从定额中扣除，其他不变。

（5）绿地整理

① 整理绿地是按人工整地编制的，包括整地范围内±30cm 的人工平整，超过±30cm 或需要采用机械挖填土方时，另行计算。

② 伐树定额，如树冠幅内外有障碍物（电线杆及电线等），人工乘以系数 1.67；如地面有障碍物（房屋等），人工乘以系数 2；如树冠幅内外及地面均有障碍物时，人工乘以系数 2.50。胸径是指离地 1.2m 处的树干直径，如伐树胸径与定额不同时，可按内差法计算。

（6）栽植花木

① 栽植花木定额中包括种植前的准备工作。

② 起挖或栽植树木定额均以一、二类土为准，如为三类土，人工乘以 1.34 系数；如为四类土，人工乘以 1.76 系数。

③ 冬季起挖或栽植树木，如有冻土，起挖树木按相应起挖定额人工乘以 1.87 系数，栽植树木按相应栽植定额人工乘以 0.6 系数，同时增加挖树坑项目，挖树坑按当地《××省建设工程计价依据（市政工程计价定额）》挖冻土相应定额执行。

④ 栽植以原土回填为准，如需换土，按换土定额计算（换土量按附表计算）。

⑤ 绿篱、攀缘植物、花草等如需计算起挖，则按照灌木起挖定额执行。

⑥ 栽植绿篱高度指剪后高度。

⑦ 露地花卉子目中五色草定额栽植未含五色草花坛抹泥造型，发生时另行计算。

⑧ 起挖花木项目中带土球花木的包扎材料，定额按草绳综合考虑，无论是用稻草还是用塑料编织袋（片）或塑料简易花盆包扎，均按照定额执行，不予换算。

（7）抚育

① 行道树浇水指公共绿化街道的浇水。补植浇水时，乘以系数 1.3。

② 绿地、小区庭院树木水车浇水按行道树浇水定额乘以系数 0.8。

③ 带刺灌木修剪按灌木修剪相应定额执行，人工乘以系数 1.43。

（8）其他

① 攀缘植物养护定额包括施有机肥，如实际未发生，应予扣除，其他不变。

② 药剂涂抹、注射以及药剂叶面喷洒定额中未包括药剂，药剂用量按照配比另行计算。

③ 树木涂白按涂 1m 高编制。

三、工程量计算规则

（1）嵌草栽植定额工程量按铺种面积计算，不扣除空隙面积。满铺草皮按实际绿化面积计算。

（2）抚育的工程量按实际栽植数量乘以需要抚育的次数进行计算。

（3）草坪施肥定额按施肥草坪面积以平方米计算。

（4）草绳绕树按草绳长度以米计算。

四、风景园林绿化工程工程量计算实例

计算如图 4-1 所示的部分绿地的绿化工程量。表 4-18 为图 4-1 的苗木规格。

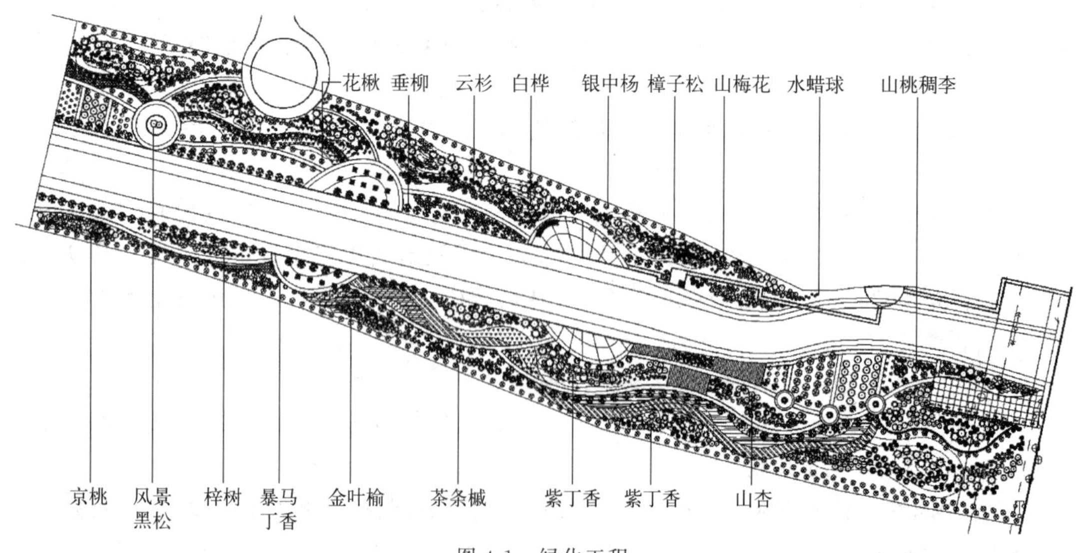

图 4-1　绿化工程

表 4-18 图 4-1 所示的苗木规格

序号	品种	规格/cm			数量	单位	备注
		胸径	高度	冠幅			
1	云杉		300		42	株	
2	樟子松		250～300		78	株	
3	风景黑松		250～300		4	株	
4	垂柳	8～10			146	株	
5	银中杨	8～10			263	株	
6	白桦	6～8			145	株	
7	花楸	6～8			49	株	
8	京桃	5～6			112	株	
9	金叶榆	5～6			15	株	
10	山桃稠李	6～8			52	株	
11	梓树	6～8			60	株	
12	山杏	8～10			97	株	
13	紫叶李	6～8			48	株	
14	暴马丁香		250～300		23	墩	7 分枝以上/株,5 株/墩
15	金银忍冬		150～180		78	墩	7 分枝以上/株,4 株/墩
16	紫丁香		150		233	墩	7 分枝以上/株,3 株/墩
17	山梅花		150		48	墩	7 分枝以上/株,4 株/墩
18	重瓣榆叶梅		120		261	墩	7 分枝以上/株,3 株/墩
19	茶条槭		120		140	墩	7 分枝以上/株,3 株/墩
20	连翘		120		205	墩	7 分枝以上/株,3 株/墩
21	多季玫瑰		100		128	墩	7 分枝以上/株,3 株/墩
22	锦带花		120		85	墩	7 分枝以上/株,3 株/墩
23	水蜡球		60～80		141	个	
24	珍珠绣线菊		60～80		877	m^2	20 株/m^2
25	小叶丁香篱		40～60		347	m^2	20 株/m^2
26	偃福来木篱		100～120		1232	m^2	20 株/m^2
27	马莲				80	m^2	20 株/m^2
28	玉簪				314	m^2	20 株/m^2
29	八宝景天				387	m^2	20 株/m^2
30	大花萱草				200	m^2	20 株/m^2
31	时令草花				320	m^2	20 株/m^2
32	水生植物				504	m^2	
33	草坪				26828	m^2	播种

园林绿化工程量计算的步骤如下所述。

1. 列出分项工程项目名称，与计算格式一致，按顺序进行排列

根据图 4-1 所示的部分绿地绿化施工图和园林绿化工程量计算规则并结合施工方案的有关内容，按照施工顺序计算工程量，逐一列出图 4-1 绿化施工图预算的分项工程项目名称（简称列项）。所列的分项工程项目名称必须与预算定额中相应项目的名称一致。填入工程量计算表，见表 4-19。说明：在绿化工程中，绿化苗木如果是市场购入的则不计算起苗费，直接计算苗木费即可。本案例按市场购入苗木计算（即不需列起挖苗项）。

表 4-19 工程量计算表（一）

序号		分项工程名称	单位	计算公式	工程量	备注
一、	整理绿地					
	1	清除草皮				
	2	整理绿化用地				
	3	换土				
二、	栽植花木					
	（一）	栽植乔木				
	1	云杉				
	2	樟子松				
	3	风景黑松				
	4	垂柳				
	5	银中杨				
	6	白桦				
	7	花楸				
	8	京桃				
	9	金叶榆				
	10	山桃稠李				
	11	梓树				
	12	山杏				
	13	紫叶李				
	（二）	栽植灌木				
	14	暴马丁香				
	15	金银忍冬				
	16	紫丁香				
	17	山梅花				
	18	重瓣榆叶梅				
	19	茶条槭				
	20	连翘				
	21	多季玫瑰				

续表

序号		分项工程名称	单位	计算公式	工程量	备注
	22	锦带花				
	23	水蜡球				
	(三)	栽植绿篱				
	24	珍珠绣线菊				
	25	小叶丁香篱				
	26	偃福来木篱				
	(四)	栽植花卉				
	27	马莲				
	28	玉簪				
	29	八宝景天				
	30	大花萱草				
	31	时令草花				
	32	水生植物				
	(五)	栽植草坪				
	33	草坪				
三、	抚育					
	(一)	浇水				
	1	绿地内树木水管浇水				
	2	绿篱浇水				
	3	草坪浇水				
	(二)	整形修剪				
	1	树木整形修剪				
	2	乔木疏枝修剪				
	3	亚乔木及灌木修剪				
	4	绿篱修剪				
	5	草坪修剪				
四、	其他					
	1	草坪除草及绿地施肥				
	2	树木松土施肥				
	3	树干涂白				

2. 列出工程量计算公式、计算过程以及计量单位，与定额要求工程量计算规则一致

分项工程项目名称列出后，根据施工图 4-1 所示的部位、尺寸和数量，按照工程量计算规则，分别列出工程量计算公式，调整计量单位，如果施工图上的计量单位与预算定额的计量单位不同，应换算一致。计算出工程量，数值精度要一致，一般保留小数点后面两位数字，填入表 4-20。

表 4-20　工程量计算表（二）

序号		分项工程名称	单位	计算公式	工程量	备注
一、	整理绿地					
	1	清除草皮	$10m^2$	$S=WL$	0	
	2	整理绿化用地	$100m^2$	$S=WL$	0	
	3	换土	m^3	$S=WL$	0	
二、	栽植花木					
	（一）	栽植乔木				
	1	云杉	株	42	42	
	2	樟子松	株	78	78	
	3	风景黑松	株	4	4	
	4	垂柳	株	146	146	
	5	银中杨	株	263	263	
	6	白桦	株	145	145	
	7	花楸	株	49	49	
	8	京桃	株	112	112	
	9	金叶榆	株	15	15	
	10	山桃稠李	株	52	52	
	11	梓树	株	60	60	
	12	山杏	株	97	97	
	13	紫叶李	株	48	48	
	（二）	栽植灌木				
	14	暴马丁香	株	115	115	
	15	金银忍冬	株	312	312	
	16	紫丁香	株	699	699	
	17	山梅花	株	192	192	
	18	重瓣榆叶梅	株	783	783	
	19	茶条槭	株	420	420	
	20	连翘	株	615	615	
	21	多季玫瑰	株	384	384	
	22	锦带花	株	255	255	
	23	水蜡球	个	141	141	
	（三）	栽植绿篱				
	24	珍珠绣线菊	m^2	877	877	
	25	小叶丁香篱	m^2	347	347	
	26	偃福来木篱	m^2	1232	1232	
	（四）	栽植花卉				
	27	马莲	m^2	80	80	
	28	玉簪	m^2	314	314	
	29	八宝景天	m^2	387	387	
	30	大花萱草	m^2	200	200	

续表

序号		分项工程名称	单位	计算公式	工程量	备注
	31	时令草花	m^2	320	320	
	32	水生植物	m^2	504	504	
	（五）	栽植草坪				
	33	草坪	m^2	26828	26828	
三、	抚育					
	（一）	浇水				
	1	绿地内树木水管浇水	100 株	5027/100	50.27	
	2	绿篱浇水	$100m^2$	2456/100	24.56	
	3	花卉浇水	$1000m^2$	1805/1000	1.805	
	4	草坪浇水	$100m^2$	26828/100	268.28	
	（二）	整形修剪				
	1	树木整形修剪	100 株	3916/100	39.16	
	2	乔木疏枝修剪	100 株	1111/100	11.111	
	3	绿篱修剪	$100m^2$	2456/100	24.56	
	4	草坪修剪	$100m^2$	26828/100	268.28	
四、	其他					
	1	草坪除草及绿地施肥	$100m^2$	26828/100	268.28	
	2	树木松土施肥	100 株	11111/100	111.11	
	3	树干涂白	株	11111	11111	

3. 校正核准

绿化工程工程量计算完毕并经校正核准后，就可以填写定额计价投标报价编制表。

总平面索引图

放线总平面图

绿化放线总平面图

竖向排水
总平面图

灯具布置与系统图
照明灯具布置平面图

照明用电配电
系统说明

LOGO 景墙施工图

方围树座椅平、立、剖面图

弧形廊架平、立面图

弧形廊架基础施工图

景观亭平、立、剖面图

景观亭基础施工图

休闲座椅平、立、剖面图

中央花坛施工图

亲水平台台阶施工图

围栏施工图

木栈道及木铺装施工图

铺装标准细部详图

第三节　园路、园桥工程工程量计算规则以及实例

园路即园林绿地中的道路，是联系园林绿地中各景区、景点的纽带和园林绿地脉络。园路的功能体现在既能引导游览路线，满足游人游览观赏、休息散步以及开展各种游园活动的需要，也是分隔、联系、组织、形成园林空间和园林景观的重要元素和手段，因而园路是风景园林造景的主要内容，也是风景园林景观的重要组成部分。

园桥的功能与园路一样，既是交通设施，可满足人、车通行，起交通联系作用，又是园林绿地中重要的水上景点，以其优美的造型构成园林景观，体现造景、赏景的功能。

所以掌握园路、园桥工程量计算规则，准确计算园路、园桥的工程量，是整个工程计价的基础。

一、园路工程

下面以《黑龙江省建设工程计价依据》（2019 年）为例简要介绍园路工程工程量计算规则。

1. 园路工程计价定额的相关规定

（1）园路工程中拼花卵石面层定额是以简单图案（如拼花、古钱、方胜等）编制的，如拼复杂图案（如人物、花鸟、瑞兽等），应另行计算。

（2）铺卵石路面定额包括选、洗卵石，清扫，养护等工作内容。

（3）路牙（路沿）材料与路面相同时，将路牙（路沿）的工作量并入路面内计算；如材料不同，可另行计算。

（4）定额中没有包括的路面、路牙铺设，道路伸缩缝及树池围牙等可参照市政道路定额中的相应项目计算。

（5）树池盖板定额中已包括铺放树皮及打药，如设计与定额不同，可扣除定额中的相应材料。

2. 园路工程量计算规则

（1）园路中拼花卵石面层定额以包含拼花图案的最小方形或矩形面积计算。

（2）室内地面以主墙间面积计算，不扣柱、垛、间壁墙所占面积，应扣除室内装饰件底座所占面积，室外地坪和散水应扣除 $0.5m^2$ 以上的树池、花坛、盖板沟、须弥座、照壁等新占面积。

（3）漫石子地面不扣除砖、瓦条拼花所占面积，若砌砖心应扣除砖心所占面积。

（4）用卵石拼花、拼字，均按花或字的外接矩形或圆形面积计算其工程量。

（5）贴陶瓷片按实铺面积计算，瓷片拼花或拼字时，按花或字的外接矩形或圆形面积计算，其工程量乘以系数0.8。

（6）路牙，按单侧长度以米计算。

（7）混凝土或砖石台阶，按图示尺寸以立方米计算。

（8）台阶和坡道的踏步面层，按图示水平投影面积以平方米计算。

（9）树穴盖板按平方米计算。

（10）园路土基整理路床工程量按整理路床的面积计算，不包括路牙面积，计量单位为平方米。

园路土基整理路床工作内容包括厚度在30cm以内挖土、填土、找平、夯实、整修，弃土2m以外。

（11）园路基础垫层工程量以基础垫层的体积计算，计量单位为立方米。基础垫层体积按垫层设计宽度两边各放宽5cm乘以垫层厚度计算。

园路基础垫层工作内容包括筛土、浇水、拌和、铺设、找平、灌浆、振实、养护。

（12）园路面层工程量按不同面层材料、面层厚度、面层花式，以面层的铺设面积计算，计量单位为平方米。

（13）各种园路面层和地坪按图示尺寸以平方米计算。坡道园路带踏步者，其踏步部分应予以扣除，并另按台阶相应定额子目计算。

园路面层工作内容包括放线、整修路槽、夯实、修平垫层、调浆、铺面层、嵌缝、清扫。

二、园桥工程

下面以《黑龙江省建设工程计价依据》（2019年）为例简要介绍园桥工程工程量计算规则。

1. 园桥工程计价定额的相关规定

（1）园桥

① 园桥包括基础、桥台、桥墩、护坡、石桥面等项目，如遇缺项可分别按《黑龙江省

建设工程计价依据（市政工程计价定额）》（2019 年）的相应项目定额执行，其合计工日乘以系数 1.25，其他不变。

② 园桥挖土方、垫层、勾缝及有关配件的制作、安装，按现行土建定额相应项目计算，石桥面砂浆嵌缝已包括在定额内，不另计算。

（2）步桥

① 步桥是指建造在庭园内的，主桥孔洞 5m 以内，供游人通行兼有观赏价值的桥梁。不适用在庭园外建造。

② 步桥桥基是按混凝土桥基编制的，已综合了条形、杯形和独立基础因素，除设计采用桩基础时可另行计算外，其他类型的混凝土桥基，均不得调整。

③ 步桥的土方、垫层、砖石基础、找平层、桥面、墙面勾缝、装饰、金属栏杆、防潮防水等项目，执行相应定额子目。

④ 预制混凝土望柱，执行本定额中园林建筑及小品工程的预制混凝土花架制作和安装相应定额子目。

⑤ 石桥的金刚墙细石安装项目中，已综合了桥身的各部位金刚墙的因素，不分雁翅金刚墙、分水金刚墙和两边的金刚墙，均按本定额执行。

⑥ 石桥桥身的旋石项目，执行金刚墙细石安装相应定额子目。

⑦ 细石安装定额是按青白石和花岗石两种石料编制的，如实际使用砖渣石、汉白玉石时，执行青白石相应定额子目，使用其他石料时，应另行计算。

⑧ 细石安装，如设计要求采用铁锔子或铁银锭时，其铁锔子或铁银锭应另行计算。

⑨ 石桥的抱鼓安装，执行栏板相应定额子目。

⑩ 石桥的栏板（包括抱鼓）、望柱安装，定额以平直为准，遇有斜栏板、斜抱鼓及其相连的望柱安装，另按斜形栏板、望柱安装定额执行。

⑪ 预制构件安装用的接头灌缝，执行《黑龙江省建设工程计价依据（市政工程计价定额）》（2019 年）（钢筋、铁件）相应定额子目。

2. 园桥工程量计算规则

（1）园桥

园桥毛石基础、桥台、桥墩、护坡按设计图示尺寸以立方米计算，细石混凝土、石桥按设计图示尺寸以平方米计算。

（2）步桥

① 桥基础、现浇混凝土柱（桥墩）、梁、拱旋、预制混凝土拱旋、望柱、门式梁、平桥板、砖石拱旋砌筑和内旋石、金刚墙方整石、旋脸石和水兽（首）石等，均以图示尺寸、以立方米计算。

② 现浇桥洞底板按图示厚度，以平方米计算。

③ 挂檐贴面石按图示尺寸，以平方米计算。

④ 型钢锔子、铸铁银锭以个计算。

⑤ 仰天石、地伏石、踏步石、牙子石均按图示尺寸，以米计算。

⑥ 河底海墁、桥面石分厚度，以平方米计算。

⑦ 石栏板（含抱鼓）按设计底边（斜栏板斜长）长度，以块计算。

⑧ 石望柱按设计高度，以根计算。

⑨ 预制构件的接头灌缝，除杯形基础以个计算外，其他均按构件的体积以立方米计算。

⑩ 预制平板桥支撑，按预制平板桥的体积以立方米计算。

⑪ 木桥板制作安装，按设计图示尺寸以面积（桥面板长乘以桥面板宽）计算；栏杆扶手按设计图示尺寸以长度计算。

第四节 堆砌假山及塑山工程工程量计算规则以及实例

堆砌假山是园林中以数量较多的山石堆叠而成的具有天然山体形态的假山造型，又称“迭石”（叠石）或“山”，也称叠山，是我国的一门古老艺术。它也是园林建设中不可缺少的组成部分，通过造景、托景、陪景、借景等手法，使园林环境千变万化，气魄更加宏伟壮观，景色更加宜人。它不是简单的山石堆垒，而是模仿真山风景，突出真山气势，具有林泉丘壑之美，是大自然景色在园林中的缩影。

下面以《黑龙江省建设工程计价依据》（2019 年）为例简要介绍假山及塑山工程计算规则。

一、假山及塑山工程工程计价定额的相关规定

① 堆砌石假山、塑假山定额中均未包括基础部分。

② 堆砌假山包括堆筑土山丘和堆砌石假山。

③ 假山顶部仿孤块峰石，是指人工叠造的独立峰石。在假山顶部突出的石块，不得执行人造独立峰定额。

④ 人造独立峰的高度是指从峰底着地地坪算至峰顶的高度。峰石、石笋的高度，按其石料长度计算。

⑤ 砖骨架塑假山定额中，未包括现场预制混凝土板的制作费用，包括混凝土板的现场运输及安装。

⑥ 钢骨架塑假山定额中，不包括钢骨架刷油费用。

⑦ 定额不包括采购山石的勘察、选石费用，发生时由建设单位负担，不列入工程造价。

⑧ 山石台阶是指独立的、零星的山石台阶踏步。

⑨ 定额中已包括了假山工程石料 100m 以内的运距，超过 100m 时，按人工石料定额执行。

二、假山及塑山工程量计算规则

1. 堆砌石假山的工程量

按下列公式以吨（t）为单位计算。假山工程量计算公式为：

$$W_1 = A \times H_1 \times R \times K_n \tag{4-1}$$

式中 W_1——假山质量，t；

A——假山平面轮廓的水平投影面积，m^2；

H_1——假山着地点至最高顶点的垂直距离，m；

R——石料比重：黄（杂）石 $2.6t/m^3$，湖石 $2.2t/m^3$；

K_n——折算系数：高度在 2m 以内时，$K_n=0.65$；高度在＞2m 并且≤4m 时，$K_n=0.56$。

2. 峰石、景石的工程量

按实际使用石料数量以吨（t）为单位计算。

$$W_2=L\times B\times H_2\times R \tag{4-2}$$

式中 W_2——山石单体质量，t；

L——长度方向的平均值，m；

B——宽度方向的平均值，m；

H_2——高度方向的平均值，m；

R——石料比重：黄（杂）石 $2.6t/m^3$。

3. 山皮料塑假山

按山皮料的展开面积以平方米（m^2）计算；骨架塑假山按外形的展开面积以平方米（m^2）计算。

第五节　风景园林小品工程工程量计算规则以及实例

风景园林附属小品工程是风景园林建设中不可缺少的重要元素，它包括喷泉、花架廊道、景墙景桥、花坛凉亭等，在风景园林中往往构成风景园林主景。

下面以《黑龙江省建设工程计价依据》(2019 年）为例简要介绍风景园林小品工程工程量计价定额的相关规定。

一、风景园林小品工程工程量计价定额的相关规定

（1）风景园林景观工程中土石方、混凝土结构等按 2019 年《黑龙江省建设工程计价依据（建筑工程计价定额）》中的相应项目执行。

（2）风景园林小品是指园林建设中的工艺点缀品，艺术性较强。

（3）定额中木材以自然状态干燥为准，如需烘干时，其费用另计。

（4）坐凳楣子、吊挂楣子级别划分：普通级包括灯笼锦、步步锦花式；中级包括盘肠、正万字、拐子锦、龟背锦花式；高级包括斜万字、冰裂纹、金钱如意心花式。

（5）麦草、山草、茅草、树皮屋面，不包括檩、桷，应另行计算。

（6）塑树根和树皮按一般造型考虑，如有特殊的艺术造型（如树枝、老松皮、寄生等）另行计算。

（7）塑楠竹、金丝竹按每条长度 1.5m 以上编制，如每条长度在 1.5m 以内时，工日乘以系数 1.5。

（8）古式木窗制作安装

① 木窗窗扇毛料规格为边挺 5.5cm×7.5cm，与设计不同时，可进行换算，其他不变。

② 木窗如做无框固定窗时，每平方米窗扇面积增加板方材 0.017m^2，其他不变。

③ 木长窗框毛料规格为上下坎 11.9cm×22cm，抱柎 9.5cm×10.5cm，与设计不同时，可进行换算，摇梗、楹子、窗闩等附属材料不变。

④ 木短窗框毛料规格为上下坎 11.5cm×11.5cm，抱柎 9.5cm×10.5cm，以下连楹为准。如用上下连楹时，每米增加板方材 0.001m^3；如全部用短楹，则每米扣除板方材 0.001m^3，其他不变。

二、风景园林小品工程工程量计算规则

(1) 原木构件定额中木柱、梁、檩按设计图示尺寸以立方米计算，包括榫长，定额中所注明的木材断面或厚度均以毛料为准，如设计图纸注明的断面或厚度为净料时，应增加刨光损耗，板、方材一面刨光增加 3mm，两面刨光增加 5mm，圆木每立方米体积增加 0.05m^3。

(2) 树皮、草类屋面按设计图示尺寸以斜面面积计算。

(3) 喷泉管道支架按吨计算。螺栓、螺母已包括在定额中，不计算工程量。

(4) 梁柱面塑松（杉）树皮及塑竹按设计图示尺寸以梁柱外表面积计算。

(5) 塑树根、楠竹、金丝竹分不同直径按延长米计算。塑楠竹、金丝竹直径超过 150mm 时，按展开面积计算，执行梁柱面塑竹定额。

(6) 树身（树头）和树根连塑，应分别计算工程量，套相应定额。

(7) 须弥座装饰按垂直投影面积以平方米计算。

(8) 古式木窗框制作按窗框长度以延长米计算。古式木窗按扇制作、古式木窗框扇安装均按窗扇面积以平方米计算。

第五章
工程量清单计价法编制园林工程预算

学习目标：

1. 了解“计价规范”的主要内容；
2. 掌握风景园林工程工程量清单的组成部分；
3. 掌握风景园林绿化工程量清单的计算规则；
4. 了解风景园林绿化工程工程量清单投标报价编制步骤；
5. 了解风景园林工程工程量清单计价法预算编制实例运用。

课程导引：

1. 学生通过对“计价规范”的学习，了解其指导思想和原则，树立规范意识和实事求是的工作作风。

2. 学生通过对风景园林绿化工程工程量清单投标报价编制的学习，了解我国的工程投标报价编制流程，以节俭务实的态度进行工程预算工作，提高职业技能，养成认真细致的学习和工作态度，激发其家国情怀和使命担当。

第一节 《建设工程工程量清单计价规范》的概况

我国自2003年7月1日开始推行工程量清单计价，随着我国市场建设的逐步发展完善以及与国际市场接轨的客观要求和工程项目管理体制的深层次变革，我国的工程造价管理模式也在不断演进。为规范建设工程造价计价行为，统一建设工程计价文件的编制原则和计价方法，根据《中华人民共和国建筑法》《中华人民共和国合同法》《中华人民共和国招标投标法》等法律法规，制定了《建设工程工程量清单计价规范》（GB 50500—2013）（本节以下简称《清单计价规范》）。

一、《清单计价规范》的指导思想和原则

《清单计价规范》是根据原建设部令第107号《建筑工程施工发包与承包计价管理办法》，在认真总结定额计价机制的基础上，不断深入分析当前建筑市场的热点和难点问题，着力解决当前存在的突出问题和矛盾，将原清单计价规范进行进一步的细化、调整和完善，并借鉴了国际惯例，结合国内造价管理实践，更具实用性，将合同价款争议的解决、工程造价鉴定和工程计价资料与档案纳入造价管理环节，使其更加贴近市场实际计价需要，其变化也显示了我国清单计价方法的应用正在逐渐完善。

编制中遵循的指导思想是按照政府宏观调控、市场竞争形成价格的要求，创造公平、公正、公开竞争的环境，以建立全国统一的、有序的建筑市场，既要与国际惯例接轨，又要考虑我国的实际情况。

编制《清单计价规范》坚持的原则如下所述。

1. 政府宏观调控、企业自主报价，市场竞争形成价格

按照政府宏观调控、市场竞争形成价格的指导思想，为规范发包方与承包方计价行为，确定了工程量清单计价的原则、方法和必须遵守的规则，包括统一项目编码、项目名称、计量单位、工程量计算规则等。留给企业自主报价、参与市场竞争的空间，将属于企业性质的施工方法、施工措施和人工、材料、机械的消耗量水平等由企业来确定，给企业充分选择的权利，以促进生产力的发展。

2. 与现行计价定额有机结合的原则

《清单计价规范》在编制过程中，仅对工程量清单编制的原则、内容，费用构成，招标控制价、投标报价的编制，合同价款约定、调整、价款期中支付，竣工结算与支付，合同解除的价款结算与支付、合同价款争议的解决，工程计价表格等作了规定，并没有规定相关子目的具体消耗量及相关的人、材、机的价格，而在具体的清单项目组价时，则是与各地的计价定额衔接。原因主要是预算定额是我国经过几十年实践的总结，这些内容具有一定的科学性和实用性。与工程预算定额有所区别的主要原因是：工程预算定额是按照计划经济的要求制定、发布、贯彻、执行的，其中有许多不适应计价规范编制的指导思想，主要表现在：①国家规定定额项目的原则是以工序为对象划分项目；②施工工艺、施工方法是根据大多数企业的施工方法综合取定的；③工、料、机消耗量是根据“社会平均水平”综合测定的；④取费标准是根据不同地区平均测算的。因此，企业报价就会表现为平均主义，企业不能结合项目具体情况、自身技术管理水平自主报价，不能充分调动企业加强管理的积极性。

3. 既考虑我国工程造价管理的现状，又尽可能与国际惯例接轨的原则

计价规范是根据我国当前工程建设市场发展的形势，逐步解决定额计价中与当前工程建设市场不相适应的因素，适应我国社会主义市场经济发展的需要，适应与国际接轨的需要，积极稳妥地推行工程量清单计价。因此，在编制中，既借鉴了世界银行、菲迪克（FDIC)、英联邦国家等的一些做法，同时也结合了我国现阶段的具体情况，例如实体项目的设置方面，就结合了当前按专业设置的一些情况；有关名词尽量沿用国内习惯，如措施项目就是国内的习惯叫法，国外叫开办项目；措施项目的内容就借鉴了部分国外的做法。

4. 应符合国家相关法律法规

工程量清单计价活动是政策性、经济性、技术性很强的一项工作，涉及国家的法律、法规和标准规范比较广泛。所以，本规范提出工程量清单计价活动，除遵循本规范外，还应符合国家有关法律、法规及标准规范的规定，主要指《建筑法》《合同法》《价格法》《招标投标法》和《建筑工程施工发包与承包计价管理办法》及直接涉及工程造价的工程质量、安全及环境保护等方面的工程建设强制性标准规范。

5. 附录是本规范的组成部分，与正文具有同等效力

附录是编制工程量清单的依据，主要体现在工程量清单中的12位编码的前9位应按附录中的编码确定，工程量清单中的项目名称应依据附录中的项目名称和项目特征设置，工程量清单中的计量单位应按附录中的计量单位确定，工程量清单中的工程数量应依据附录中的计算规则计算确定。

二、《清单计价规范》的主要内容

1. 总体组成

《清单计价规范》总体有16部分，具体包括总则、术语、一般规定、工程量清单编制、招标控制价、投标报价、合同价款约定、工程计量、合同价款调整、合同价款期中支付、竣工结算与支付、合同解除的价款结算与支付、合同价款争议的解决、工程造价鉴定、工程计价资料与档案、工程计价表格，以及11项附录。

2. 主要章节

《清单计价规范》共有16部分内容，这里选部分在风景园林工程中经常用到的主要内容作适当介绍，其他内容可结合《清单计价规范》自行学习参考。

（1）总则

总则部分介绍了计价规范的编制依据，规定其适用于建设工程发承包及实施阶段的计价活动，表明建设工程发承包及实施阶段的工程造价应由分部分项工程费、措施项目费、其他项目费、规费和税金组成，建设工程发承包及实施阶段的计价活动，除应符合计价规范外，尚应符合国家现行有关标准的规定。

（2）术语

该部分内容对计价规范涉及的工程量清单、分部分项工程、措施项目、综合单价、单价合同、工程变更、暂列金额、暂估价等术语作了明确的定义。

（3）一般规定

该部分主要是对计价方式、发包人提供材料和工程设备、承包人提供材料和工程设备、计价风险问题作了规定。

（4）工程量清单编制

招标工程量清单应由具有编制能力的招标人或受其委托、具有相应资质的工程造价咨询人编制。招标工程量清单必须作为招标文件的组成部分，其准确性和完整性由招标人负责。招标工程量清单应以单位（项）工程为单位编制，应由分部分项工程量项目清单、措施项目清单、其他项目清单、规费和税金项目清单组成。

（5）工程计量

工程量必须按照相关工程现行国家计量规范规定的工程量计算规则计算。单价合同的工程量必须以承包人完成合同工程应予计量的工程量确定。采用经审定批准的施工图纸及其预算方式发包形成的总价合同，除按照工程变更规定的工程量增减外，总价合同各项目的工程量应为承包人用于结算的最终工程量。

（6）合同价款期中支付

合同价款期中支付的内容包括预付款、安全文明施工费、进度款，具体规定有：包工包料工程的预付款支付比例不得低于签约合同价（扣除暂列金额）的10%，不宜高于签约合同价（扣除暂列金额）的30%。预付款应从每一支付期应支付给承包人的工程进度款中扣回，直到扣回的金额达到合同约定的预付款金额为止。承包人的预付款保函的担保金额根据预付款扣回的数额相应递减，但在预付款全部扣回之前一直保持有效。发包人应在预付款扣完后的14天内将预付款保函退还给承包人。

（7）合同价款争议的解决

计价规范对合同价款争议的解决提出了五种处理方法，以供选用，一是监理或造价工程师暂定，二是管理机构的解释认定，三是协商和解，四是调解，五是仲裁、诉讼。

（8）工程计价表格

计价规范规定工程计价表宜采用统一格式。各省、自治区、直辖市建设行政主管部门和行业建设主管部门可根据本地区、本行业的实际情况，在《清单计价规范》附录B至附录L计价表格的基础上补充完善。

（9）附录

附录部分包括如下内容：

附录A“物价变化合同价款调整方法”，附录B“工程计价文件封面”，附录C“工程计价文件扉页”，附录D“工程计价总说明”，附录E“工程计价汇总表”，附录F“分部分项工程和措施项目计价表”，附录G“其他项目计价表”，附录H“规费、税金项目计价表”，附录J“工程计量申请（核准）表，附录K“合同价款支付申请（核准）表”，附录L“主要材料、工程设备一览表”。

三、《清单计价规范》适用范围

1. 适用于建设工程招标投标的工程量清单计价活动

① 建设工程，包括建筑与装饰工程、仿古建筑工程、安装工程、市政工程、园林绿化工程和矿山工程、构筑物工程、城市轨道交通工程、爆破工程。

② 施工发承包计价活动，包括招标工程量清单编制、招标控制价编审、投标价编制、工程合同价款约定、工程计量与价款支付、索赔与现场签证、工程价款调整、竣工结算、合同解除以及工程计价争议处理等内容。

③ 管理主体建立的管理机制按照工程造价全过程控制目标，制定了一系列管理条文，建立起从招投标至竣工结算的工程造价全过程管理机制。具体包括：招标工程量清单编制、招标控制价、投标价、工程合同价款约定、工程计量与价款支付、索赔与现场签证、工程价款调整、竣工结算、合同解除的价款结算与支付以及工程计价争议处理等管理制度。

2. 规定了强制实行工程量清单计价的范围

本规范从资金来源方面，规定了强制实行工程量清单计价的范围。“国有资金”是指国家财政性的预算内或预算外资金。国家机关、国有企事业单位和社会团体的自有资金及借贷资金，国家通过对内发行政府债券或向外国政府及国际金融机构举借主权外债所筹集的资金也应视为国有资金。“国有资金投资为主”的工程是指国有资金占总投资额50%以上或虽不足50%但国有资产投资者实质上拥有控股权的工程。“大、中型建设工程”的界定按国家有关部门的规定执行。

四、《清单计价规范》的特点

1. 强制性

强制性主要表现在以下两个方面。

第一是由建设主管部门按照强制性国家要求批准颁布，规定使用国有资金投资的建设工程发承包，必须采用工程量清单计价。国有投资的项目包括国有资金投资的工程建设项目、国有融资资金投资的工程建设项目、国有资金为主的工程建设项目。

(1) 国有资金投资的工程建设项目包括：

① 使用各级财政预算资金的项目；

② 使用纳入财政管理的各种政府性专项建设资金的项目；

③ 使用国有企事业单位自有资金，并且国有资产投资者实际拥有控制权的项目。

(2) 国有融资资金投资的工程建设项目包括：

① 使用国家发行债券所筹资金的项目；

② 使用国家对外借款或者担保所筹资金的项目；

③ 使用国家政策性贷款的项目；

④ 国家授权投资主体融资的项目；

⑤ 国家特许的融资项目。

(3) 国有资金为主的工程建设项目包括：

① 国有资金占投资总额50%以上的工程建设项目；

② 国有资金占投资总额虽不足50%但国有投资者实质上拥有控股权的工程建设项目；

③ 国有资金投资为主体的大中型建设工程。

第二是明确工程量清单是招标文件的组成部分，并规定了招标人在编制工程量清单时必须载明项目编码、项目名称、项目特征、计量单位和工程量。

2. 全面性

计价规范从一般规定、工程量清单编制、投标报价、工程计量，直至工程计价表格等都作了全面规定。

3. 竞争性

竞争性的表现：一是计价规范中的措施项目，在工程量清单中列“措施项目”一栏，具体采用措施，如模板、脚手架、临时设施、施工排水等详细内容由投标人根据企业的施工组织设计，视具体情况报价，因为这些项目在各个企业间各有不同，所以是企业竞争项目，是留给企业竞争的空间；二是计价规范中人工、材料和施工机械没有具体的消耗量，投标企业可以依据企业定额和市场价格信息，也可以参照建设行政主管部门发布的社会平均消耗量定额进行报价，计价规范将报价权交给了企业。

4. 专业性

专业性表现在计价规范仅对建设工程计价作了规定，而对于工程量计算则区分不同专业，进行了工程量计算规则的划分。

第二节　工程量清单的编制

一、工程量清单概述

1. 工程量清单的概念

工程量清单是建设工程的分部分项工程项目、措施项目、其他项目的名称和相应数量以及规费和税金项目等内容的明细清单。工程量清单是招标文件不可分割的一部分，应由具有编制能力的招标人或受其委托具有相应资质的中介机构，依据现行的计价规范，国家或省级、行业建设主管部门颁发的计价依据和办法，招标文件的有关要求，设计文件，与建设工程项目有关的标准、规范、技术资料和施工现场实际情况等进行编制。

2. 工程量清单的组成

工程量清单由分部分项工程量清单、措施项目清单、其他项目清单、规费项目清单、税金项目清单组成。分部分项工程量清单为不可调整的闭口清单，投标人对招标文件提供的分部分项工程量清单必须逐一计价，对清单所列内容不允许作任何更改、变动。措施项目清单为可调清单，投标人对招标文件中所列项目可根据企业自身特点作适当的变更、增减。

3. 工程量清单的作用

工程量清单是招投标活动中的一个信息载体，可为潜在的投标者提供拟建工程的必要信息。除此之外，还具有以下作用：

① 为投标者提供了一个公开、公平、公正的竞争环境。工程量清单由招标人统一提供，使投标者在报价时站在同一起跑线上，创造了一个公平的竞争环境。

② 是计价和询标、评标的基础。工程量清单由招标人提供，无论是招标控制价的编制还是企业投标报价，都必须在清单的基础上进行，同样也为今后的询标、评标奠定了基础，招标人利用工程量清单编制的招标控制价可供评标时参考。

③ 为支付工程进度款、竣工结算及工程索赔提供了重要依据。在施工过程中，甲乙双方签订的相关合同条款以及工程量清单和工程完成情况为支付工程进度款、竣工结算及工程索赔提供重要依据。

4. 工程量清单的编制依据

①《建设工程工程量清单计价规范》(GB 50500—2013)。

② 招标文件及其补充通知、答疑纪要。

③ 建设工程设计文件。

④ 与拟建工程有关的工程施工规范和工程验收规范。

⑤ 施工现场情况、工程特点及常规施工方案。

⑥ 国家或省级、行业建设主管部门颁发的计价依据和办法。

⑦ 其他相关资料。

二、分部分项工程量清单的编制

分部分项工程量清单是由招标人按照“计价规范”中统一的项目编码、统一的项目名称、统一的计量单位和统一的工程量计算规则（即四个统一）进行编制。表 5-1 是分部分项工程量清单的项目设置。

表 5-1 分部分项工程量清单表

工程名称： 第 页 共 页

序号	项目编码	项目名称	项目特征描述	计量单位	工程量
		分部小计			

续表

序号	项目编码	项目名称	项目特征描述	计量单位	工程量
本页小计					
合计					

1. 项目编码

项目编码的设置：分部分项工程量清单的项目编码应采用12位阿拉伯数字表示，1～9位为“计价规范”中全国统一给定的编码，其中，1、2位为附录顺序码，3、4位为专业工程顺序码，5、6位为分部工程顺序码，7、8、9位为分项工程项目名称顺序码，10～12位为清单项目名称顺序码，由清单编制人根据设置的清单项目编制。同一招标工程的项目编码不得有重码。

分部分项工程量清单项目编码以五级编码设置，一、二、三、四级编码为全国统一，第五级编码应根据拟建工程的工程量清单项目名称由其编制人设置，并应自001起顺序编制。

第一级表示专业工程代码（分2位）：01—建筑与装饰工程，02—仿古建筑工程，03—通用安装工程，04—市政工程，05—园林绿化工程，06—矿山工程，07—构筑物工程，08—城市轨道交通工程，09—爆破工程，以后进入国标的专业工程代码以此类推；

第二级表示附录分类顺序码（分2位）：01—土石方工程，02—地基处理与边坡支护工程，03—桩基工程，04—砌筑工程，05—混凝土及钢筋混凝土工程等；

第三级表示分部工程顺序码（分2位）：01—打桩，02—灌注桩等；

第四级表示分项工程项目名称顺序码（分3位）：001—泥浆护壁成孔灌注桩，002—沉管灌注桩，003—干作业成孔灌注桩等；

第五级表示工程量清单项目名称顺序码（分3位）：001—混凝土强度等级为C25的矩形柱，002—混凝土强度等级为C30的矩形柱。

各级编码代表的含义如图5-1所示。

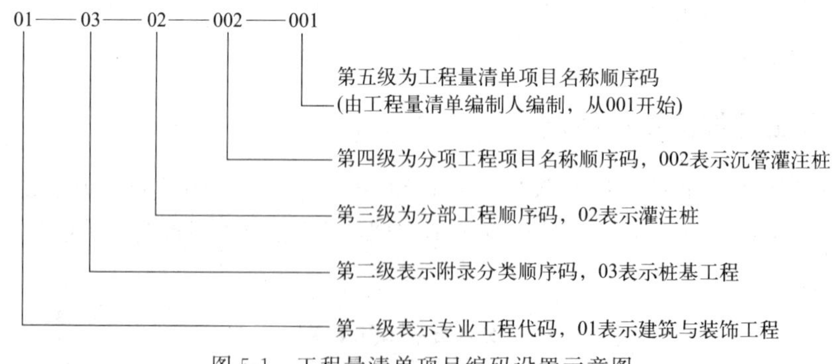

图5-1　工程量清单项目编码设置示意图

2. 项目名称

分部分项工程量清单项目名称编制时应注意以下几点：

① 以附录中项目名称为主体；

② 考虑该项目的规格、型号、材质等项目特征要求；

③ 结合拟建工程的实际情况。如挖一般土方、挖沟槽土方、挖基坑土方、沉管灌注桩、砖基础等。

3. 项目特征

项目特征是指构成分部分项工程量清单项目、措施项目自身价值的本质特征。分部分项工程和单价措施项目清单的项目特征应按《房屋建筑与装饰工程工程量计算规范》（GB 50854—2013）附录中的项目特征，结合技术规范、标准图集、施工图纸，按照工程结构、使用材质及规格或安装位置等予以详细而准确的表述和说明，以能满足确定综合单价的需要为前提。

4. 计量单位

分部分项工程量清单的计量单位应按“计价规范”附录中规定的计量单位确定，当计量单位有2个或2个以上时，应根据所编工程量清单项目的特征要求，选择最适宜表现该项目特征并方便计量的单位。计量单位全国统一规定，一定要严格遵守，规定如下：长度计算单位为“m”；面积计算单位为“m^2”；质量计算单位为“kg”；体积和容积计算单位为“m^3”；自然计算单位为台、套、个、组等。

例如，沉管灌注桩计量单位为“m”或“m^3”或“根”，当项目特征描述中说明单桩长度，那么计量单位选择“根”更适宜。在同一个建设项目（或标段、合同段）中，有多个单位工程的相同项目计量单位必须保持一致。

5. 工程数量

工程数量确定应该按照“计价规范”中指引的“工程量计算规则”规定来计算。工程量计算规则是指对清单项目工程量的计算规则，除另有说明外，所有清单项目的工程量应以实体工程为准，并以完成后的净值计算；投标人编制投标报价时，应在单价中考虑施工中的各种损耗和需要增加的工程量。工程数量的有效位数应遵守下列规定：

① 以“吨（t）”为单位，应保留小数点后三位数字，第四位小数四舍五入；

② 以“米（m）”“平方米（m^2）”“立方米（m^3）”为单位，应保留小数点后两位数字，第三位小数四舍五入；

③ 以“个”“项”等为单位，应取整数。

6. 补充项目

如遇到“计价规范”附录中缺项，在编制分部分项工程量清单时，可以由编制人做补充。

补充项目填写在相应分部分项工程量清单项目最后，并在“项目编码”栏中填写为“补××”，“××”为缺项项目顺序码，从01起依次排序。

三、措施项目清单的编制

措施项目清单内容包括：定额措施项目清单、通用措施项目清单。如表5-2、表5-3所示。

表 5-2　定额措施项目清单表

工程名称：　　　　　　　　　　　　　　　　　　　　　　　　　　　　　　第　页　共　页

序号	项目编码	项目名称	项目特征描述	计量单位	工程量	备注(列项条件)
1		特、大型机械设备进出场及安、拆费				拟建工程必须使用特大型机械
2		混凝土、钢筋混凝土模板及支架费				拟建工程中有混凝土及钢筋混凝土工程
3		垂直运输费				拟建工程使用垂直运输型机械
4		施工排水、降水费				依据水文地质资料，拟建工程的施工深度低于地下水位
5		建筑物(构筑物)超高费				拟建工程超过 20m(或 6 层)
6		各专业工程的措施项目				《清单计价规范》所列项目
		(其他略)				
		分部小计				
本页小计						
合计						

表 5-3　通用措施项目清单表

工程名称：　　　　　　　　　　　　　　　　　　　　　　　　　　　　　　第　页　共　页

序号	项目名称	计算基础	费率/%	金额/元	备注(列项条件)
1	夜间施工费				正常情况下应计算
2	二次搬运				正常情况下应计算
3	已完工程及设备保护				正常情况下应计算
4	工程定位、复测、点交、清理费				正常情况下应计算
5	生产工具用具使用费				正常情况下应计算
6	雨季施工费				正常情况下应计算
7	冬季施工费				在冬季进行施工情况下应计算
8	检测试验费				不可竞争费用
9	室内空气污染测试费				根据实际情况确定
10	地上、地下设施，建(构)筑物的临时保护设施费				根据实际情况确定
合计					

措施项目是指为完成工程施工，发生于该工程施工准备和施工过程中的技术、安全、环境保护等方面的非工程实体项目的总称。措施项目中可以计算工程量的项目清单宜采用分部分项工程量清单的方式编制，列出项目编码、项目名称、项目特征、计量单位和工程量计算规则；不能计算工程量的项目清单，以“项”为计量单位。

措施项目清单的编制应考虑多种因素，除工程本身的因素外，还涉及水文、气象、环境、安全等和施工企业的实际情况。规范提供了措施项目作为列项的参考，对于表中未列的工程量清单编制人可做补充，补充项目应列在清单项目最后，并在序号栏中以“补”示之。措施项目清单以“项”为计量单位，相应数量为 1。

根据本省（自治区、直辖市）的实际情况，将安全、文明施工措施费不列入招标投标竞争范围，单列设立、专款专用，由各市建设行政主管部门根据实际情况自行制定其计价标准和管理办法，确保有足够的资金用于安全生产、文明施工上。

措施项目费为一次性报价，通常不调整。结算需要调整的，必须在招标文件和合同中明确。

招标人对拟建工程提出一些特殊要求，一般在其他项目清单上体现。其他项目清单主要根据拟建工程的实际情况，参照暂列金额、暂估价、计日工、总承包服务费等内容列项。其他项目清单格式如表5-4～表5-9所示。

表5-4　其他项目清单

工程名称：　　　　第　页　共　页

序号	项目名称	计量单位	金额	备注
1	暂列金额			
2	暂估价			
2.1	材料暂估价		—	
2.2	专业工程暂估价			
3	计日工			
4	总承包服务费			

注：材料暂估价进入清单项目综合单价，此处不汇总。

表5-5　暂列金额项目表

工程名称：　　　　第　页　共　页

序号	项目名称	计量单位	暂定金额/元	备注
1				
2				
3				
4				
5				
6				
合　计				

注：此表由招标人填写，如不能详列，也可只列暂定金额总额。

表5-6　材料暂估单价表

工程名称：　　　　第　页　共　页

序号	材料名称、规格、型号	计量单位	单价/元	备注
1				
2				
3				
4				
5				
6				

注：1. 此表由招标人填写，并在备注栏说明暂估价的材料拟用在哪些清单项目上。

2. 材料包括原材料、燃料、构配件。

表 5-7 专业工程暂估价表

工程名称： 第 页 共 页

序号	工程名称	工程内容	金额/元	备注
合计				

注：此表由招标人填写。

表 5-8 计日工表

工程名称： 第 页 共 页

序号	项目名称	单位	暂定数量
一、	**人工**		
1			
2			
人工小计			
二、	**材料**		
1			
2			
材料小计			
三、	**施工机械**		
1			
2			
施工机械小计			
总 计			

注：此表由招标人填写项目名称、数量。

表 5-9 总承包服务费项目表

工程名称： 第 页 共 页

序号	项目名称	计费基础/元	服务内容
1	发包人供应材料	供应材料费用	
2	发包人采购设备	设备安装费用	
3	发包人发包专业工程	专业工程费用	

注：此表由招标人填写服务项目的具体内容。

四、其他项目清单

其他项目清单是指分部分项工程量清单、措施项目清单所包含的内容以外，因招标人的特殊要求而发生的与拟建工程有关的其他费用项目和相应数量的清单。根据《清单计价规范》规定，其他项目清单应根据拟建工程具体情况，按照“暂列金额、暂估价、计日工、总承包服务费”等内容列项。若有不足部分，编制人可根据工程的具体情况进行补充。

（1）暂列金额的确定

暂列金额是由招标人的清单编制人预测后填写的，应详列项目名称、计量单位、暂定金额等。如不能详列，也可只列暂定金额总额，投标人应将上述暂定金额计入投标总价中。暂列金额包括在合同价内，但并不直接属承包人所有，而是由发包人暂定并掌握使用的一笔款项。

（2）暂估价的确定

暂估价包括材料暂估单价、工程设备暂估单价、专业工程暂估价。材料（工程设备）暂估单价表由招标人填写，并在备注栏说明暂估价的材料拟用在哪些清单项目上，投标人应将上述材料暂估单价计入相应的工程量清单项目综合单价报价中。以“项”为计量单位给出的专业工程暂估价一般应是综合暂估价，应当包括除规费、税金以外的管理费、利润等。

（3）计日工的确定

计日工的项目名称、数量按完成发包人发出的计日工指令的数量确定；编制招标控制价时，单价由招标人按有关计价规定确定；编制投标报价时，单价由投标人自主报价。所以，计日工是以完成零星工作所消耗的人工、材料、机械台班数量进行计量，并按照计日工表中填报的适用项目的单价进行计价支付。

（4）总承包服务费的确定

总承包服务费分为“发包人发包专业工程”和“发包人供应材料”两部分，如需总承包方履行合同中约定的相关总包管理责任，这时总包单位要协调与分包单位的工作连接，可按约定计取总承包服务费。

五、规费、税金项目清单的编制

规费项目清单应按照下列内容列项：工程排污费；社会保险费，包括养老保险费、失业保险费、医疗保险费、生育保险费、工伤保险费；以及住房公积金。出现未包含在上述规范中的项目，应根据省级政府或省级有关权力部门的规定列项。

税金项目清单应包括以下内容：营业税、城市建设维护税、教育费附加及地方教育附加，承包人负责缴纳。如国家税法发生变化或地方政府及税务部门依据职权对税种进行了调整，应对税金项目清单进行相应调整。

具体见表5-10。

表5-10　规费、税金报价表

工程名称：　　　　　　　　　　　　标段：　　　　　　　　　　　　第　页　共　页

序号	项目名称	计算基础	计算基数	计算费率/%	金额
1	规费	定额人工费			
1.1	社会保险费	定额人工费			
（1）	养老保险费	定额人工费			
（2）	失业保险费	定额人工费			
（3）	医疗保险费	定额人工费			
（4）	工伤保险费	定额人工费			
（5）	生育保险费	定额人工费			
1.2	住房公积金	定额人工费			
1.3	工程排污费	按工程所在地环境保护部门收取标准，按实计入			
2	税金	分部分项工程费＋措施项目费＋其他项目费＋规费－按规定不计税的工程设备金额			
合计					

编制人（造价人员）：　　　　　　　　　　　　　　　　复核人（造价工程师）：

第三节　园林绿化工程量清单项目及计算规则

一、绿化工程工程量清单项目设置及工程量计算规则

《园林绿化工程工程量计算规范》(GB 50858—2013)(本节以下简称《计算规范》)附录A绿化工程，包括绿地整理、栽植花木、绿地喷灌等工程项目。

1. 绿地整理(《计算规范》附录A.1)

绿地整理工程量清单项目设置、项目特征描述的内容、计量单位、工程量计算规则，按照表5-11的规定执行。

表5-11　绿地整理(编码：050101)

项目编码	项目名称	项目特征	计量单位	工程量计算规则	工作内容
050101001	砍伐乔木	树干胸径	株	按数量计算	1. 砍伐 2. 废弃物运输 3. 场地清理
050101002	挖树根(蔸)	地径			1. 挖树根 2. 废弃物运输 3. 场地清理
050101003	砍挖灌木丛及根	丛高或蓬径	1. 株 2. m^2	1. 以株计量，按数量计算 2. 以平方米计量，按面积计算	1. 砍挖 2. 废弃物运输 3. 场地清理
050101004	砍挖竹及根	根盘直径	株(丛)	按数量计算	
050101005	砍挖芦苇(或其他水生植物)及根	根盘丛径	m^2	按面积计算	
050101006	清除草皮	草皮种类			1. 除草 2. 废弃物运输 3. 场地清理
050101007	清除地被植物	植物种类			1. 清除植物 2. 废弃物运输 3. 场地清理
050101008	屋面清理	1. 屋面做法 2. 屋面高度		按设计图示尺寸以面积计算	1. 原屋面清扫 2. 废弃物运输 3. 场地清理
050101009	种植土回(换)填	1. 回填土质要求 2. 取土运距 3. 回填厚度 4. 弃土运距	1. m^3 2. 株	1. 以立方米计量，按设计图示回填面积乘以回填厚度以体积计算 2. 以株计量，按设计图示数量计算	1. 土方挖、运 2. 回填 3. 找平、找坡 4. 废弃物运输

续表

项目编码	项目名称	项目特征	计量单位	工程量计算规则	工作内容
050101010	整理绿化用地	1. 回填土质要求 2. 取土运距 3. 回填厚度 4. 找平找坡要求 5. 弃渣运距	m^2	按设计图示尺寸以面积计算	1. 排地表水 2. 土方挖、运 3. 耙细、过筛 4. 回填 5. 找平、找坡 6. 拍实 7. 废弃物运输
050101011	绿地起坡造型	1. 回填土质要求 2. 取土运距 3. 起坡平均高度	m^3	按设计图示尺寸以体积计算	1. 排地表水 2. 土方挖、运 3. 耙细、过筛 4. 回填 5. 找平、找坡 6. 废弃物运输
050101012	屋顶花园基底处理	1. 找平层厚度、砂浆种类、强度等级 2. 防水层种类、做法 3. 排水层厚度、材质 4. 过滤层厚度、材质 5. 回填轻质土厚度、种类 6. 屋面高度 7. 阻根层厚度、材质、做法	m^2	按设计图示尺寸以面积计算	1. 抹找平层 2. 防水层铺设 3. 排水层铺设 4. 过滤层铺设 5. 填轻质土壤 6. 阻根层铺设 7. 运输

注：整理绿化用地项目包含厚度≤300mm 回填土，厚度>300mm 回填土，应按现行国家标准《房屋建筑与装饰工程工程量计算规范》GB 50854 相应项目编码列项。

2. 栽植花木（《计算规范》附录 A. 2）

栽植花木工程量清单项目设置、项目特征描述的内容、计量单位、工程量计算规则应按表 5-12 的规定执行。

表 5-12 栽植花木（编码：050102）

项目编码	项目名称	项目特征	计量单位	工程量计算规则	工作内容
050102001	栽植乔木	1. 种类 2. 胸径或干径 3. 株高、冠径 4. 起挖方式 5. 养护期	株	按设计图示数量计算	1. 起挖 2. 运输 3. 栽植 4. 养护
050102002	栽植灌木	1. 种类 2. 根盘直径 3. 冠丛高 4. 蓬径 5. 起挖方式 6. 养护期	1. 株 2. m^2	1. 以株计量，按设计图示数量计算 2. 以平方米计量，按设计图示尺寸以绿化水平投影面积计算	
050102003	栽植竹类	1. 竹种类 2. 竹胸径或根盘丛径 3. 养护期	株(丛)	按设计图示数量计算	
050102004	栽植棕榈类	1. 种类 2. 株高、地径 3. 养护期	株		

续表

项目编码	项目名称	项目特征	计量单位	工程量计算规则	工作内容
050102005	栽植绿篱	1. 种类 2. 篱高 3. 行数、蓬径 4. 单位面积株数 5. 养护期	1. m 2. m^2	1. 以米计量，按设计图示长度以延长米计算 2. 以平方米计量，按设计图示尺寸以绿化水平投影面积计算	1. 起挖 2. 运输 3. 栽植 4. 养护
050102006	栽植攀缘植物	1. 植物种类 2. 地径 3. 单位长度株数 4. 养护期	1. 株 2. m	1. 以株计量，按设计图示数量计算 2. 以米计量，按设计图示种植长度以延长米计算	
050102007	栽植色带	1. 苗木、花卉种类 2. 株高或蓬径 3. 单位面积株数 4. 养护期	m^2	按设计图示尺寸以绿化水平投影面积计算	
050102008	栽植花卉	1. 花卉种类 2. 株高或蓬径 3. 单位面积株数 4. 养护期	1. 株（丛、缸） 2. m^2	1. 以株（丛、缸）计量，按设计图示数量计算 2. 以平方米计量，按设计图示尺寸以水平投影面积计算	
050102009	栽植水生植物	1. 植物种类 2. 株高或蓬径或芽数/株 3. 单位面积株数 4. 养护期	1. 丛（缸） 2. m^2		
050102010	垂直墙体绿化种植	1. 植物种类 2. 生长年数或地（干）径 3. 栽植容器材质、规格 4. 栽植基质种类、厚度 5. 养护期	1. m^2 2. m	1. 以平方米计量，按设计图示尺寸以绿化水平投影面积计算 2. 以米计量，按设计图示种植长度以延长米计算	1. 起挖 2. 运输 3. 栽植容器安装 4. 栽植 5. 养护
050102011	花卉立体布置	1. 草本花卉种类 2. 高度或蓬径 3. 单位面积株数 4. 种植形式 5. 养护期	1. 单体（处） 2. m^2	1. 以单体（处）计量，按设计图示数量计算 2. 以平方米计量，按设计图示尺寸以面积计算	1. 起挖 2. 运输 3. 栽植 4. 养护
050102012	铺种草皮	1. 草皮种类 2. 铺种方式 3. 养护期	m^2	按设计图示尺寸以绿化投影面积计算	1. 起挖 2. 运输 3. 铺底砂（土） 4. 栽植 5. 养护
050102013	喷播植草（灌木）籽	1. 基层材料种类规格 2. 草（灌木）籽种类 3. 养护期			1. 基层处理 2. 坡地细整 3. 喷播 4. 覆盖 5. 养护
050102014	植草砖内植草	1. 草坪种类 2. 养护期			1. 起挖 2. 运输 3. 覆土（砂） 4. 铺设 5. 养护

续表

项目编码	项目名称	项目特征	计量单位	工程量计算规则	工作内容
050102015	挂网	1. 种类 2. 规格	m^2	按设计图示尺寸以挂网投影面积计算	1. 制作 2. 运输 3. 安放
050102016	箱/钵栽植	1. 箱/钵体材料品种 2. 箱/钵外型尺寸 3. 栽植植物种类、规格 4. 土质要求 5. 防护材料种类 6. 养护期	个	按设计图示箱/钵数量计算	1. 制作 2. 运输 3. 安放 4. 栽植 5. 养护

注：1. 挖土外运、借土回填、挖（凿）土（石）方应包括在相关项目内。
2. 苗木计算应符合下列规定：
1）胸径应为地表面向上 1.2m 高处树干直径。
2）冠径又称冠幅，应为苗木冠丛垂直投影面的最大直径和最小直径之间的平均值。
3）蓬径应为灌木、灌丛垂直投影面的直径。
4）地径应为地表面向上 0.1m 高处树干直径。
5）干径应为地表面向上 0.3m 高处树干直径。
6）株高应为地表面至树顶端的高度。
7）冠丛高应为地表面至乔（灌）木顶端的高度。
8）篱高应为地表面至绿篱顶端的高度。
9）养护期应为招标文件中要求苗木种植结束后承包人负责养护的时间。
3. 苗木移（假）植应按花木栽植相关项目单独编码列项。
4. 土球包裹材料、树体输液保湿及喷洒生根剂等费用包含在相应项目内。
5. 墙体绿化浇灌系统按本规范 A.3 绿地喷灌相关项目单独编码列项。
6. 发包人如有成活率要求时，应在特征描述中加以描述。

3. 绿地喷灌（《计算规范》附录 A.3）

绿地喷灌工程量清单项目设置、项目特征描述的内容、计量单位、工程量计算规则应按表 5-13 的规定执行。

表 5-13　绿地喷灌（编码：050103）

项目编码	项目名称	项目特征	计量单位	工程量计算规则	工作内容
050103001	喷灌管线安装	1. 管道品种、规格 2. 管件品种、规格 3. 管道固定方式 4. 防护材料种类 5. 油漆品种、刷漆遍数	m	按设计图示管道中心线长度以延长米计算，不扣除检查（阀门）井、阀门、管件及附件所占的长度	1. 管道铺设 2. 管道固筑 3. 水压试验 4. 刷防护材料、油漆
050103002	喷灌配件安装	1. 管道附件、阀门、喷头品种、规格 2. 管道附件、阀门、喷头固定方式 3. 防护材料种类 4. 油漆品种、刷漆遍数	个	按设计图示数量计算	1. 管道附件、阀门、喷头安装 2. 水压试验 3. 刷防护材料、油漆

注：1. 挖填土石方应按现行国家标准《房屋建筑与装饰工程工程量计算规范》GB 50854 附录 A 相关项目编码列项。
2. 阀门井应按现行国家标准《市政工程工程量计算规范》GB 50857 相关项目编码列项。

二、园路、园桥工程工程量清单项目设置及工程量计算规则（《计算规范》附录 B）

1. 园路、园桥工程（《计算规范》附录 B.1）

园路、园桥工程工程量清单项目设置、项目特征描述的内容、计量单位、工程量计算规则应按表 5-14 的规定执行。

表 5-14 园路、园桥工程（编码：050201）

项目编码	项目名称	项目特征	计量单位	工程量计算规则	工作内容
050201001	园路	1. 路床土石类别 2. 垫层厚度、宽度、材料种类 3. 路面厚度、宽度、材料种类 4. 砂浆强度等级	m^2	按设计图示尺寸以面积计算，不包括路牙	1. 路基、路床整理 2. 垫层铺筑 3. 路面铺筑 4. 路面养护
050201002	踏(蹬)道			按设计图示尺寸以水平投影面积计算，不包括路牙	
050201003	路牙铺设	1. 垫层厚度、材料种类 2. 路牙材料种类、规格 3. 砂浆强度等级	m	按设计图示尺寸以长度计算	1. 基层清理 2. 垫层铺设 3. 路牙铺设
050201004	树池围牙、盖板(箅子)	1. 围牙材料种类、规格 2. 铺设方式 3. 盖板材料种类、规格	1. m 2. 套	1. 以米计量，按设计图示尺寸以长度计算 2. 以套计量，按设计图示数量计算	1. 清理基层 2. 围牙、盖板运输 3. 围牙、盖板铺设
050201005	嵌草砖(格)铺装	1. 垫层厚度 2. 铺设方式 3. 嵌草砖(格)品种、规格、颜色 4. 漏空部分填土要求	m^2	按设计图示尺寸以面积计算	1. 原土夯实 2. 垫层铺设 3. 铺砖 4. 填土
050201006	桥基础	1. 基础类型 2. 垫层及基础材料种类、规格 3. 砂浆强度等级	m^3	按设计图示尺寸以体积计算	1. 垫层铺筑 2. 起重架搭、拆 3. 基础砌筑 4. 砌石
050201007	石桥墩、石桥台	1. 石料种类、规格 2. 勾缝要求 3. 砂浆强度等级、配合比	m^3	按设计图示尺寸以体积计算	1. 石料加工 2. 起重架搭、拆 3. 墩、台、券石、券脸砌筑 4. 勾缝
050201008	拱券石	1. 石料种类、规格 2. 券脸雕刻要求 3. 勾缝要求 4. 砂浆强度等级、配合比			
050201009	石券脸		m^2	按设计图示尺寸以面积计算	
050201010	金刚墙砌筑		m^3	按设计图示尺寸以体积计算	1. 石料加工 2. 起重架搭、拆 3. 砌石 4. 填土夯实
050201011	石桥面铺筑	1. 石料种类、规格 2. 找平层厚度、材料种类 3. 勾缝要求 4. 混凝土强度等级 5. 砂浆强度等级	m^2	按设计图示尺寸以面积计算	1. 石材加工 2. 抹找平层 3. 起重架搭、拆 4. 桥面、桥面踏步铺设 5. 勾缝
050201012	石桥面檐板	1. 石料种类、规格 2. 勾缝要求 3. 砂浆强度等级、配合比			1. 石材加工 2. 檐板铺设 3. 铁锔、银锭安装 4. 勾缝

续表

项目编码	项目名称	项目特征	计量单位	工程量计算规则	工作内容
050201013	石汀步(步石、飞石)	1. 石料种类、规格 2. 砂浆强度等级、配合比	m^3	按设计图示尺寸以体积计算	1. 基层整理 2. 石材加工 3. 砂浆调运 4. 砌石
050201014	木制步桥	1. 桥宽度 2. 桥长度 3. 木材种类 4. 各部位截面长度 5. 防护材料种类	m^2	按桥面板设计图示尺寸以面积计算	1. 木桩加工 2. 打木桩基础 3. 木梁、木桥板、木桥栏杆、木扶手制作、安装 4. 连接铁件、螺栓安装 5. 刷防护材料
050201015	栈道	1. 栈道宽度 2. 支架材料种类 3. 面层材料种类 4. 防护材料种类	m^2	按栈道面板设计图示尺寸以面积计算	1. 凿洞 2. 安装支架 3. 铺设面板 4. 刷防护材料

注：1. 园路、园桥工程的挖土方、开凿石方、回填等应按现行国家标准《市政工程工程量计算规范》GB 50857 相关项目编码列项。

2. 如遇某些构配件使用钢筋混凝土或金属构件时，应按现行国家标准《房屋建筑与装饰工程工程量计算规范》GB 50854 或《市政工程工程量计算规范》GB 50857 相关项目编码列项。

3. 地伏石、石望柱、石栏杆、石栏板、扶手、撑鼓等应按现行国家标准《仿古建筑工程工程量计算规范》GB 50855 相关项目编码列项。

4. 亲水（小）码头各分部分项项目按照园桥相应项目编码列项。

5. 台阶项目应按现行国家标准《房屋建筑与装饰工程工程量计算规范》GB 50854 相关项目编码列项。

6. 混合类构件园桥应按现行国家标准《房屋建筑与装饰工程工程量计算规范》GB 50854 或《通用安装工程工程量计算规范》GB 50856 相关项目编码列项。

2. 驳岸、护岸（《计算规范》附录 B. 2）

驳岸、护岸工程量清单项目设置、项目特征描述的内容、计量单位、工程量计算规则应按表 5-15 的规定执行。

表 5-15　驳岸、护岸（编码：050202）

项目编码	项目名称	项目特征	计量单位	工程量计算规则	工作内容
050202001	石（卵石）砌驳岸	1. 石料种类、规格 2. 驳岸截面、长度 3. 勾缝要求 4. 砂浆强度等级、配合比	1. m^3 2. t	1. 以立方米计量，按设计图示尺寸以体积计算 2. 以吨计量，按质量计算	1. 石料加工 2. 砌石(卵石) 3. 勾缝
050202002	原木桩驳岸	1. 木材种类 2. 桩直径 3. 桩单根长度 4. 防护材料种类	1. m 2. 根	1. 以米计量，按设计图示桩长(包括桩尖)计算 2. 以根计量，按设计图示数量计算	1. 木桩加工 2. 打木桩 3. 刷防护材料
050202003	满（散）铺砂卵石护岸(自然护岸)	1. 护岸平均宽度 2. 粗细砂比例 3. 卵石粒径	1. m^2 2. t	1. 以平方米计量，按设计图示尺寸以护岸展开面积计算 2. 以吨计量，按卵石使用质量计算	1. 修边坡 2. 铺卵石
050202004	点（散）布大卵石	1. 大卵石粒径 2. 数量	1. 块(个) 2. t	1. 以块(个)计量，按设计图示数量计算 2. 以吨计量，按卵石使用质量计算	1. 布石 2. 安砌 3. 成型

续表

项目编码	项目名称	项目特征	计量单位	工程量计算规则	工作内容
050202005	框格花木护岸	1. 展开宽度 2. 护坡材质 3. 框格种类与规格	m^2	按设计图示尺寸展开宽度乘以长度以面积计算	1. 修边坡 2. 安放框格

注：1. 驳岸工程的挖土方、开凿石方、回填等应按现行国家标准《房屋建筑与装饰工程工程量计算规范》GB 50854 附录 A 相关项目编码列项。

2. 木桩钎（梅花桩）按原木桩驳岸项目单独编码列项。

3. 钢筋混凝土仿木桩驳岸，其钢筋混凝土及表面装饰应按现行国家标准《房屋建筑与装饰工程工程量计算规范》GB 50854 相关项目编码列项，若表面“塑松皮”按本规范附录 C“园林景观工程”相关项目编码列项。

4. 框格花木护岸的铺草皮、撒草籽等应按本规范附录 A“绿化工程”相关项目编码列项。

三、园林景观工程工程量清单项目设置及工程量计算规则（《计算规范》附录 C）

1. 堆塑假山（附录 C. 1）

堆塑假山工程量清单项目设置、项目特征描述的内容、计量单位、工程量计算规则应按表 5-16 的规定执行。

表 5-16　堆塑假山（编码：050301）

项目编码	项目名称	项目特征	计量单位	工程量计算规则	工作内容
050301001	堆筑土山丘	1. 土丘高度 2. 土丘坡度要求 3. 土丘底外接矩形面积	m^3	按设计图示山丘水平投影外接矩形面积乘以高度的 1/3 以体积计算	1. 取土、运土 2. 堆砌、夯实 3. 修整
050301002	堆砌石假山	1. 堆砌高度 2. 石料种类、单块重量 3. 混凝土强度等级 4. 砂浆强度等级、配合比	t	按设计图示尺寸以质量计算	1. 选料 2. 起重机搭、拆 3. 堆砌、修整
050301003	塑假山	1. 假山高度 2. 骨架材料种类、规格 3. 山皮料种类 4. 混凝土强度等级 5. 砂浆强度等级、配合比 6. 防护材料种类	m^2	按设计图示尺寸以展开面积计算	1. 骨架制作 2. 假山胎模制作 3. 塑假山 4. 山皮料安装 5. 刷防护材料
050301004	石笋	1. 石笋高度 2. 石笋材料种类 3. 砂浆强度等级、配合比	支	1. 以块（支、个）计量，按设计图示数量计算 2. 以吨计量，按设计图示石料质量计算	1. 选石料 2. 石笋安装
050301005	点风景石	1. 石料种类 2. 石料规格、重量 3. 砂浆配合比	1. 块 2. t		1. 选石料 2. 起重架搭、拆 3. 点石
050301006	池、盆景置石	1. 底盘种类 2. 山石高度 3. 山石种类 4. 混凝土砂浆强度等级 5. 砂浆强度等级、配合比	1. 座 2. 个	1. 以块（支、个）计量，按设计图示数量计算 2. 以吨计量，按设计图示石料质量计算	1. 底盘制作、安装 2. 池、盆景山石安装、砌筑

续表

项目编码	项目名称	项目特征	计量单位	工程量计算规则	工作内容
050301007	山(卵)石护角	1. 石料种类、规格 2. 砂浆配合比	m^3	按设计图示尺寸以体积计算	1. 石料加工 2. 砌石
050301008	山坡(卵)石台阶	1. 石料种类、规格 2. 台阶坡度 3. 砂浆强度等级	m^2	按设计图示尺寸以水平投影面积计算	1. 选石料 2. 台阶砌筑

注：1. 假山（堆筑土山丘除外）工程的挖土方、开凿石方、回填等应按现行国家标准《房屋建筑与装饰工程工程量计算规范》GB 50854 相关项目编码列项。

2. 如遇某些构配件使用钢筋混凝土或金属构件时，应按现行国家标准《房屋建筑与装饰工程工程量计算规范》GB 50854 或《市政工程工程量计算规范》GB 50857 相关项目编码列项。

3. 散铺河滩石按点风景石项目单独编码列项。

4. 堆筑土山丘，适用于夯填、堆筑而成。

2. 原木、竹构件（附录 C. 2）

原木、竹构件工程量清单项目设置、项目特征描述的内容、计量单位、工程量计算规则应按表 5-17 的规定执行。

表 5-17　原木、竹构件（编码：050302）

<table>
<tr><th>项目编码</th><th>项目名称</th><th>项目特征</th><th>计量单位</th><th>工程量计算规则</th><th>工作内容</th></tr>
<tr><td>050302001</td><td>原木(带树皮)柱、梁、檩、椽</td><td rowspan="3">1. 原木种类
2. 原木直(梢)径(不含树皮厚度)
3. 墙龙骨材料种类、规格
4. 墙底层材料种类、规格
5. 构件联结方式
6. 防护材料种类</td><td>m</td><td>按设计图示尺寸以长度计算(包括榫长)</td><td rowspan="6">1. 构件制作
2. 构件安装
3. 刷防护材料</td></tr>
<tr><td>050302002</td><td>原木(带树皮)墙</td><td rowspan="2">m^2</td><td>按设计图示尺寸以面积计算(不包括柱、梁)</td></tr>
<tr><td>050302003</td><td>树枝吊挂楣子</td><td>按设计图示尺寸以框外围面积计算</td></tr>
<tr><td>050302004</td><td>竹柱、梁、檩、椽</td><td>1. 竹种类
2. 竹直(梢)径
3. 连接方式
4. 防护材料种类</td><td>m</td><td>按设计图示尺寸以长度计算</td></tr>
<tr><td>050302005</td><td>竹编墙</td><td>1. 竹种类
2. 墙龙骨材料种类、规格
3. 墙底层材料种类、规格
4. 防护材料种类</td><td rowspan="2">m^2</td><td>按设计图示尺寸以面积计算(不包括柱、梁)</td></tr>
<tr><td>050302006</td><td>竹吊挂楣子</td><td>1. 竹种类
2. 竹梢径
3. 防护材料种类</td><td>按设计图示尺寸以框外围面积计算</td></tr>
</table>

注：1. 木构件连接方式应包括：开榫连接、铁件连接、扒钉连接、铁钉连接。

2. 竹构件连接方式应包括：竹钉固定、竹篾绑扎、铁丝连接。

3. 亭廊屋面（附录 C. 3）

亭廊屋面工程量清单项目设置、项目特征描述的内容、计量单位、工程量计算规则应按表 5-18 的规定执行。

表 5-18　亭廊屋面（编码：050303）

项目编码	项目名称	项目特征	计量单位	工程量计算规则	工作内容
050303001	草屋面	1. 屋面坡度 2. 铺草种类 3. 竹材种类 4. 防护材料种类	m^2	按设计图示尺寸以斜面计算	1. 整理、选料 2. 屋面铺设 3. 刷防护材料
050303002	竹屋面			按设计图示尺寸以实铺面积计算(不包括柱、梁)	
050303003	树皮屋面			按设计图示尺寸以屋面结构外围面积计算	
050303004	油毡瓦屋面	1. 冷底子油品种 2. 冷底子油涂刷遍数 3. 油毡瓦颜色规格		按设计图示尺寸以斜面计算	1. 清理基层 2. 材料裁接 3. 刷油 4. 铺设
050303005	预制混凝土穹顶	1. 穹顶弧长、直径 2. 肋截面尺寸 3. 板厚 4. 混凝土强度等级 5. 拉杆材质、规格	m^3	按设计图示尺寸以体积计算。混凝土脊和穹顶的肋、基梁并入屋面体积	1. 模板制作、运输、安装、拆除、保养 2. 混凝土制作、运输、浇筑、振捣、养护 3. 构件运输、安装 4. 砂浆制作、运输 5. 接头灌缝、养护
050303006	彩色压型钢板(夹芯板)攒尖亭屋面板	1. 屋面坡度 2. 穹顶弧长、直径 3. 彩色压型钢(夹芯)板品种、规格 4. 拉杆材质、规格 5. 嵌缝材料种类 6. 防护材料种类	m^2	按设计图示尺寸以实铺面积计算	1. 压型板安装 2. 护角、包角、泛水安装 3. 嵌缝 4. 刷防护材料
050303007	彩色压型钢板(夹芯板)穹顶				
050303008	玻璃屋面	1. 屋面坡度 2. 龙骨材质、规格 3. 玻璃材质、规格 4. 防护材料种类			1. 制作 2. 运输 3. 安装
050303009	木(防腐木)屋面	1. 木(防腐木)种类 2. 防护层处理			

注：1. 柱顶石（磉蹬石）、磉筋混凝土屋面板、钢筋混凝土亭屋面板、木柱、木屋架、钢柱、钢屋架、屋面木基层和防水层等，应按现行国家标准《房屋建筑与装饰工程工程量计算规范》GB 50854 中相关项目编码列项。

2. 膜结构的亭、廊，应按现行国家标准《仿古建筑工程工程量计算规范》GB 50855 及《房屋建筑与装饰工程工程量计算规范》GB 50854 中相关项目编码列项。

3. 竹构件连接方式应包括：竹钉固定、竹篾绑扎、铁丝连接。

4. 花架（附录 C.4）

花架工程量清单项目设置、项目特征描述的内容、计量单位、工程量计算规则应按表 5-19 的规定执行。

表 5-19 花架（编码：050304）

项目编码	项目名称	项目特征	计量单位	工程量计算规则	工作内容
050304001	现浇混凝土花架柱、梁	1. 柱截面、高度、根数 2. 盖梁截面、高度、根数 3. 连系梁截面、高度、根数 4. 混凝土强度等级	m^3	按设计图示尺寸以体积计算	1. 模板制作、运输、安装、拆除、保养 2. 混凝土制作、运输、浇筑、振捣、养护
050304002	预制混凝土花架柱、梁	1. 柱截面、高度、根数 2. 盖梁截面、高度、根数 3. 连系梁截面、高度、根数 4. 混凝土强度等级 5. 砂浆配合比			1. 模板制作、运输、安装、拆除、保养 2. 混凝土制作、运输、浇筑、振捣、养护 3. 构件运输、安装 4. 砂浆制作、运输 5. 接头灌缝、养护
050304003	金属花架柱、梁	1. 钢材品种、规格 2. 柱、梁截面 3. 油漆品种、刷漆遍数	t	按设计图示尺寸以质量计算	1. 制作、运输 2. 安装 3. 油漆
050304004	木花架柱、梁	1. 木材种类 2. 柱、梁截面 3. 连接方式 4. 防护材料种类	m^3	按设计图示截面乘长度（包括榫长）以体积计算	1. 构件制作、运输、安装 2. 刷防护材料、油漆
050304005	竹花架柱、梁	1. 竹种类 2. 竹胸径 3. 油漆品种、刷漆遍数	1. m 2. 根	1. 以长度计量，按设计图示花架构件尺寸以延长米计算 2. 以根计量，按设计图示花架柱、梁数量计算	1. 制作 2. 运输 3. 安装 4. 油漆

注：花架基础、玻璃天棚、表面装饰及涂料项目应按现行国家标准《房屋建筑与装饰工程工程量计算规范》GB 50854 中相关项目编码列项。

5. 园林桌椅（附录 C. 5）

园林桌椅工程量清单项目设置、项目特征描述的内容、计量单位、工程量计算规则应按表 5-20 的规定执行。

表 5-20 园林桌椅（编码：050305）

项目编码	项目名称	项目特征	计量单位	工程量计算规则	工作内容
050305001	预制钢筋混凝土飞来椅	1. 座凳面厚度、宽度 2. 靠背扶手截面 3. 靠背截面 4. 座凳楣子形状、尺寸 5. 混凝土强度等级 6. 砂浆配合比	m	按设计图示尺寸以座凳面中心线长度计算	1. 模板制作、运输、安装、拆除、保养 2. 混凝土制作、运输、浇筑、振捣、养护 3. 构件运输、安装 4. 砂浆制作、运输、抹面、养护 5. 接头灌缝、养护
050305002	水磨石飞来椅	1. 座凳面厚度、宽度 2. 靠背扶手截面 3. 靠背截面 4. 座凳楣子形状、尺寸 5. 砂浆配合比			1. 砂浆制作、运输 2. 制作 3. 运输 4. 安装

续表

<table>
<tr><th>项目编码</th><th>项目名称</th><th>项目特征</th><th>计量单位</th><th>工程量计算规则</th><th>工作内容</th></tr>
<tr><td>050305003</td><td>竹制飞来椅</td><td>1. 竹材种类
2. 座凳面厚度、宽度
3. 靠背扶手截面
4. 靠背截面
5. 座凳楣子形状
6. 铁件尺寸、厚度
7. 防护材料种类</td><td>m</td><td>按设计图示尺寸以座凳面中心线长度计算</td><td>1. 座凳面、靠背扶手、靠背、楣子制作、安装
2. 铁件安装
3. 刷防护材料</td></tr>
<tr><td>050305004</td><td>现浇混凝土桌凳</td><td>1. 桌凳形状
2. 基础尺寸、埋设深度
3. 桌面尺寸、支墩高度
4. 凳面尺寸、支墩高度
5. 混凝土强度等级、砂浆配合比</td><td rowspan="7">个</td><td rowspan="7">按设计图示数量计算</td><td>1. 模板制作、运输、安装、拆除、保养
2. 混凝土制作、运输、浇筑、振捣、养护
3. 砂浆制作、运输</td></tr>
<tr><td>050305005</td><td>预制混凝土桌凳</td><td>1. 桌凳形状
2. 基础形状、尺寸、埋设深度
3. 桌面形状、尺寸、支墩高度
4. 凳面尺寸、支墩高度
5. 混凝土强度等级
6. 砂浆配合比</td><td>1. 模板制作、运输、安装、拆除、保养
2. 混凝土制作、运输、浇筑、振捣、养护
3. 构件运输、安装
4. 砂浆制作、运输
5. 接头灌缝、养护</td></tr>
<tr><td>050305006</td><td>石桌石凳</td><td>1. 石材种类
2. 基础形状、尺寸、埋设深度
3. 桌面形状、尺寸、支墩高度
4. 凳面尺寸、支墩高度
5. 混凝土强度等级
6. 砂浆配合比</td><td>1. 土方挖运
2. 桌凳制作
3. 桌凳运输
4. 桌凳安装
5. 砂浆制作、运输</td></tr>
<tr><td>050305007</td><td>水磨石桌凳</td><td>1. 基础形状、尺寸、埋设深度
2. 桌面形状、尺寸、支墩高度
3. 凳面尺寸、支墩高度
4. 混凝土强度等级
5. 砂浆配合比</td><td>1. 桌凳制作
2. 桌凳运输
3. 桌凳安装
4. 砂浆制作、运输</td></tr>
<tr><td>050305008</td><td>塑树根桌凳</td><td rowspan="2">1. 桌凳直径
2. 桌凳高度
3. 砖石种类
4. 砂浆强度等级、配合比
5. 颜料品种、颜色</td><td rowspan="2">1. 砂浆制作、运输
2. 砖石砌筑
3. 塑树皮
4. 绘制木纹</td></tr>
<tr><td>050305009</td><td>塑树节椅</td></tr>
<tr><td>050305010</td><td>塑料、铁艺、金属椅</td><td>1. 木座板面截面
2. 座椅规格、颜色
3. 混凝土强度等级
4. 防护材料种类</td><td>1. 制作
2. 安装
3. 刷防护材料</td></tr>
</table>

注：木制飞来椅按现行国家标准《仿古建筑工程工程量计算规范》GB 50855 相关项目编码列项。

6. 喷泉安装（附录 C.6）

喷泉安装工程量清单项目设置、项目特征描述的内容、计量单位、工程量计算规则应按

表 5-21 的规定执行。

表 5-21　喷泉安装（编码：050306）

项目编码	项目名称	项目特征	计量单位	工程量计算规则	工作内容
050306001	喷泉管道	1. 管材、管件、阀门、喷头品种 2. 管道固定方式 3. 防护材料种类	m	按设计图示管道中心线长度以延长米计算，不扣除检查（阀门）井、阀门、管件及附件所占的长度	1. 土（石）方挖运 2. 管材、管件、阀门、喷头安装 3. 刷防护材料 4. 回填
050306002	喷泉电缆	1. 保护管品种、规格 2. 电缆品种、规格		按设计图示单根电缆长度以延长米计算	1. 土（石）方挖运 2. 电缆保护管安装 3. 电缆敷设 4. 回填
050306003	水下艺术装饰灯具	1. 灯具品种、规格 2. 灯光颜色	套	按设计图示数量计算	1. 灯具安装 2. 支架制作、运输、安装
050306004	电气控制柜	1. 规格、型号 2. 安装方式	台		1. 电气控制柜（箱）安装 2. 系统调试
050306005	喷泉设备	1. 设备品种 2. 设备规格、型号 3. 防护网品种、规格			1. 设备安装 2. 系统调试 3. 防护网安装

注：1. 喷泉水池应按现行国家标准《房屋建筑与装饰工程工程量计算规范》GB 50854 中相关项目编码列项。
2. 管架项目应按现行国家标准《房屋建筑与装饰工程工程量计算规范》GB 50854 中钢支架项目单独编码列项。

7. 杂项（附录 C.7）

杂项工程量清单项目设置、项目特征描述的内容、计量单位、工程量计算规则应按表 5-22 的规定执行。

表 5-22　杂项（编码：050307）

项目编码	项目名称	项目特征	计量单位	工程量计算规则	工作内容
050307001	石灯	1. 石料种类 2. 石灯最大截面 3. 石灯高度 4. 砂浆配合比	个	按设计图示数量计算	1. 制作 2. 安装
050307002	石球	1. 石料种类 2. 球体直径 3. 砂浆配合比			
050307003	塑仿石音箱	1. 音箱石内空尺寸 2. 铁丝型号 3. 砂浆配合比 4. 水泥漆颜色			1. 胎模制作、安装 2. 铁丝网制作、安装 3. 砂浆制作、运输 4. 喷水泥漆 5. 埋置仿石音箱

续表

项目编码	项目名称	项目特征	计量单位	工程量计算规则	工作内容
050307004	塑树皮梁、柱	1. 塑树种类 2. 塑竹种类 3. 砂浆配合比 4. 喷字规格、颜色 5. 油漆品种、颜色	1. m^2 2. m	1. 以平方米计量，按设计图示尺寸以梁柱外表面积计算 2. 以米计量，按设计图示尺寸以构件长度计算	1. 灰塑 2. 刷涂颜料
050307005	塑竹梁、柱				
050307006	铁艺栏杆	1. 铁艺栏杆高度 2. 铁艺栏杆单位长度重量 3. 防护材料种类	m	按设计图示尺寸以长度计算	1. 铁艺栏杆安装 2. 刷防护材料
050307007	塑料栏杆	1. 栏杆高度 2. 塑料种类			1. 下料 2. 安装 3. 校正
050307008	钢筋混凝土艺术围栏	1. 围栏高度 2. 混凝土强度等级 3. 表面涂敷材料种类	1. m^2 2. m	1. 以平方米计量，按设计图示尺寸以面积计算 2. 以米计量，按设计图示尺寸以延长米计算	1. 制作 2. 运输 3. 安装 4. 砂浆制作、运输 5. 接头灌缝、养护
050307009	标志牌	1. 材料种类、规格 2. 镌字规格、种类 3. 喷字规格、颜色 4. 油漆品种、颜色	个	按设计图示数量计算	1. 选料 2. 标志牌制作 3. 雕凿 4. 镌字、喷字 5. 运输、安装 6. 刷油漆
050307010	景墙	1. 土质类别 2. 垫层材料种类 3. 基础材料种类、规格 4. 墙体材料种类、规格 5. 墙体厚度 6. 混凝土、砂浆强度等级、配合比 7. 饰面材料种类	1. m^3 2. 段	1. 以立方米计量，按设计图示尺寸以体积计算 2. 以段计量，按设计图示尺寸以数量计算	1. 土（石）方挖运 2. 垫层、基础铺设 3. 墙体砌筑 4. 面层铺贴
050307011	景窗	1. 景窗材料品种、规格 2. 混凝土强度等级 3. 砂浆强度等级、配合比 4. 涂刷材料品种	m^2	按设计图示尺寸以面积计算	1. 制作 2. 运输 3. 砌筑安放 4. 勾缝 5. 表面涂刷
050307012	花饰	1. 花饰材料品种、规格 2. 砂浆配合比 3. 涂刷材料品种			
050307013	博古架	1. 博古架材料品种、规格 2. 混凝土强度等级 3. 砂浆配合比 4. 涂刷材料品种	1. m^2 2. m 3. 个	1. 以平方米计量，按设计图示尺寸以面积计算 2. 以米计量，按设计图示尺寸以延长米计算 3. 以个计量，按设计图示数量计算	1. 制作 2. 运输 3. 砌筑安放 4. 勾缝 5. 表面涂刷

续表

项目编码	项目名称	项目特征	计量单位	工程量计算规则	工作内容
050307014	花盆（坛、箱）	1. 花盆（坛）的材质及类型 2. 规格尺寸 3. 混凝土强度等级 4. 砂浆配合比	个	按设计图示尺寸以数量计算	1. 制作 2. 运输 3. 安放
050307015	摆花	1. 花盆（钵）的材质及类型 2. 花卉品种与规格	1. m^2 2. 个	1. 以平方米计量，按设计图示尺寸以水平投影面积计算 2. 以个计量，按设计图示数量计算	1. 搬运 2. 安放 3. 养护 4. 撤收
050307016	花池	1. 土质类别 2. 池壁材料种类、规格 3. 混凝土、砂浆强度等级、配合比 4. 饰面材料种类	1. m^3 2. m 3. 个	1. 以立方米计量，按设计图示尺寸以体积计算 2. 以米计量，按设计图示尺寸以池壁中心线处延长米计算 3. 以个计量，按设计图示数量计算	1. 垫层铺设 2. 基础砌（浇）筑 3. 墙体砌（浇）筑 4. 面层铺贴
050307017	垃圾箱	1. 垃圾箱材质 2. 规格尺寸 3. 混凝土强度等级 4. 砂浆配合比	个	按设计图示尺寸以数量计算	1. 制作 2. 运输 3. 安放
050307018	砖石砌小摆设	1. 砖种类、规格 2. 石种类、规格 3. 砂浆强度等级、配合比 4. 石表面加工要求 5. 勾缝要求	1. m^3 2. 个	1. 以立方米计量，按设计图示尺寸以体积计算 2. 以个计量，按设计图示尺寸以数量计算	1. 砂浆制作、运输 2. 砌砖、石 3. 抹面、养护 4. 勾缝 5. 石表面加工
050307019	其他景观小摆设	1. 名称及材质 2. 规格尺寸	个	按设计图示尺寸以数量计算	1. 制作 2. 运输 3. 安装
050307020	柔性水池	1. 水池深度 2. 防水（漏）材料品种	m^2	按设计图示尺寸以水平投影面积计算	1. 清理基层 2. 材料裁接 3. 铺设

注：砌筑果皮箱、放置盆景的须弥座等，应按砖石砌小摆设项目编码列项。

8. 相关问题及说明（附录 C.8）

（1）混凝土构件中的钢筋项目应按现行国家标准《房屋建筑与装饰工程工程量计算规范》GB 50854 中相应项目编码列项。

（2）石浮雕、石镌字应按现行国家标准《仿古建筑工程工程量计算规范》GB 50855 附录 B 中相应项目编码列项。

四、措施项目（《计算规范》附录 D）

1. 脚手架工程（附录 D.1）

脚手架工程工程量清单项目设置、项目特征描述的内容、计量单位、工程量计算规则应按表 5-23 的规定执行。

表 5-23　脚手架工程（编码：050401）

项目编码	项目名称	项目特征	计量单位	工程量计算规则	工作内容
050401001	砌筑脚手架	1. 搭设方式 2. 墙体高度	m^2	按墙的长度乘墙的高度以面积计算(硬山建筑山墙高算至山尖)。独立砖石柱高度在 3.6m 以内时，以柱结构周长乘以柱高计算，独立砖石柱高度在 3.6m 以上时，以柱结构周长加 3.6m 乘以柱高计算 凡砌筑高度在 1.5m 及以上的砌体，应计算脚手架	1. 场内、场外材料搬运 2. 搭、拆脚手架、斜道、上料平台 3. 铺设安全网 4. 拆除脚手架后材料分类堆放
050401002	抹灰脚手架	1. 搭设方式 2. 墙体高度		按抹灰墙面的长度乘高度以面积计算(硬山建筑山墙高算至山尖)。独立砖石柱高度在 3.6m 以内时，以柱结构周长乘以柱高计算，独立砖石柱高度在 3.6m 以上时，以柱结构周长加 3.6m 乘以柱高计算	
050401003	亭脚手架	1. 搭设方式 2. 檐口高度	1. 座 2. m^2	1. 以座计量，按设计图示数量计算 2. 以平方米计量，按建筑面积计算	
050401004	满堂脚手架	1. 搭设方式 2. 施工面高度	m^2	按搭设的地面主墙间尺寸以面积计算	
050401005	堆砌(塑)假山脚手架	1. 搭设方式 2. 假山高度		按外围水平投影最大矩形面积计算	
050401006	桥身脚手架	1. 搭设方式 2. 桥身高度		按桥基础底面至桥面平均高度乘以河道两侧宽度以面积计算	
050401007	斜道	斜道高度	座	按搭设数量计算	

2. 模板工程（附录 D. 2）

模板工程工程量清单项目设置、项目特征描述的内容、计量单位、工程量计算规则应按表 5-24 的规定执行。

表 5-24　模板工程（编码：050402）

项目编码	项目名称	项目特征	计量单位	工程量计算规则	工作内容
050402001	现浇混凝土垫层	厚度	m^2	按混凝土与模板的接触面积计算	1. 制作 2. 安装 3. 拆除 4. 清理 5. 刷隔离剂 6. 材料运输
050402002	现浇混凝土路面				
050402003	现浇混凝土路牙、树池围牙	高度			

续表

项目编码	项目名称	项目特征	计量单位	工程量计算规则	工作内容
050402004	现浇混凝土花架柱	断面尺寸	m^2	按混凝土与模板的接触面积计算	1. 制作 2. 安装 3. 拆除 4. 清理 5. 刷隔离剂 6. 材料运输
050402005	现浇混凝土花架梁	1. 断面尺寸 2. 梁底高度			
050402006	现浇混凝土花池	池壁断面尺寸			
050402007	现浇混凝土桌凳	1. 桌凳形状 2. 基础尺寸、埋设深度 3. 桌面尺寸、支墩高度 4. 凳面尺寸、支墩高度	1. m^3 2. 个	1. 以立方米计量，按设计图示混凝土体积计算 2. 以个计量，按设计图示数量计算	
050402008	石桥拱券石、石券脸胎架	1. 胎架面高度 2. 矢高、弦长	m^2	按拱券石、石券脸弧形底面展开尺寸以面积计算	

3. 树木支撑架、草绳绕树干、搭设遮阴（防寒）棚工程（附录 D. 3）

树木支撑架、草绳绕树干、搭设遮阴（防寒）棚工程工程量清单项目设置、项目特征描述的内容、计量单位、工程量计算规则应按表 5-25 的规定执行。

表 5-25　树木支撑架、草绳绕树干、搭设遮阴（防寒）棚工程（编码：050403）

项目编码	项目名称	项目特征	计量单位	工程量计算规则	工作内容
050403001	树木支撑架	1. 支撑类型、材质 2. 支撑材料规格 3. 单株支撑材料数量	株	按设计图示数量计算	1. 制作 2. 运输 3. 安装 4. 维护
050403002	草绳绕树干	1. 胸径（干径） 2. 草绳所绕树干高度			1. 搬运 2. 绕杆 3. 余料清理 4. 养护期后清除
050403003	搭设遮阴（防寒）棚	1. 搭设高度 2. 搭设材料种类、规格	1. m^2 2. 株	1. 以平方米计量，按遮阴（防寒）棚外围覆盖层的展开尺寸以面积计算 2. 以株计量，按设计图示数量计算	1. 制作 2. 运输 3. 搭设、维护 4. 养护期后清除

4. 围堰、排水工程（附录 D. 4）

围堰、排水工程工程量清单项目设置、项目特征描述的内容、计量单位、工程量计算规则应按表 5-26 的规定执行。

表 5-26　围堰、排水工程（编码：050404）

项目编码	项目名称	项目特征	计量单位	工程量计算规则	工作内容
050404001	围堰	1. 围堰断面尺寸 2. 围堰长度 3. 围堰材料及灌装袋材料品种、规格	1. m^3 2. m	1. 以立方米计量，按围堰断面面积乘以堤顶中心线长度以体积计算 2. 以米计量，按围堰堤顶中心线长度以延长米计算	1. 取土、装土 2. 堆筑围堰 3. 拆除、清理围堰 4. 材料运输
050404002	排水	1. 种类及管径 2. 数量 3. 排水长度	1. m^3 2. 天 3. 台班	1. 以立方米计量，按需要排水量以体积计算，围堰排水按堰内水面面积乘以平均水深计算 2. 以天计量，按需要排水日历天计算 3. 以台班计算，按水泵排水工作台班计算	1. 安装 2. 使用、维护 3. 拆除水泵 4. 清理

5. 安全文明施工及其他措施项目（附录 D.5）

安全文明施工及其他措施项目工程量清单项目设置、计量单位、工作内容及包含范围应按表 5-27 的规定执行。

表 5-27　安全文明施工及其他措施项目（编码：050405）

项目编码	项目名称	工作内容及包含范围
050405001	安全文明施工	1. 环境保护：现场施工机械设备降低噪声、防扰民措施；水泥、种植土和其他易飞扬细颗粒建筑材料密闭存放或采取覆盖措施等；工程防扬尘洒水；土石方、杂草、种植遗弃物及建渣外运车辆防护措施等；现场污染源的控制、生活垃圾清理外运、场地排水排污措施；其他环境保护措施 2. 文明施工："五牌一图"；现场围挡的墙面美化（包括内外粉刷、刷白、标语等）、压顶装饰；现场厕所便槽刷白、贴面砖，水泥砂浆地面或地砖，建筑物内临时便溺设施；其他施工现场临时设施的装饰装修、美化措施；现场生活卫生设施；符合卫生要求的饮水设备、淋浴、消毒等设施；生活用洁净燃料；防煤气中毒、防蚊虫叮咬等措施；施工现场操作场地的硬化；现场绿化、治安综合治理；现场配备医药保健器材、物品和急救人员培训；用于现场工人的防暑降温、电风扇、空调等设备及用电；其他文明施工措施 3. 安全施工：安全资料、特殊作业专项方案的编制，安全施工标志的购置及安全宣传；"三宝"（安全帽、安全带、安全网）、"四口"（楼梯口、管井口、通道口、预留洞口）、"五临边"（园桥围边、驳岸围边、跌水围边、槽坑围边、卸料平台两侧），水平防护架、垂直防护架、外架封闭等防护；施工安全用电，包括配电箱三级配电、两级保护装置要求、外电防护措施；起重设备（含起重机、井架、门架）的安全防护措施（含警示标志）及卸料平台的临边防护、层间安全门、防护棚等设施；园林工地起重机械的检验检测；施工机具防护棚及其围栏的安全保护设施；施工安全防护通道；工人的安全防护用品、用具购置；消防设施与消防器材的配置；电气保护、安全照明设施；其他安全防护措施 4. 临时设施：施工现场采用彩色、定型钢板，砖、混凝土砌块等围挡的安砌、维修、拆除；施工现场临时建筑物、构筑物的搭设、维修、拆除，如临时宿舍、办公室、食堂、厨房、厕所、诊疗所、临时文化福利用房、临时仓库、加工场、搅拌台、临时简易水塔、水池等；施工现场临时设施的搭设、维修、拆除，如临时供水管道、临时供电管线、小型临时设施等；施工现场规定范围内临时简易道路铺设，临时排水沟、排水设施安砌、维修、拆除；其他临时设施搭设、维修、拆除
050405002	夜间施工	1. 夜间固定照明灯具和临时可移动照明灯具的设置、拆除 2. 夜间施工时施工现场交通标志、安全标牌、警示灯等的设置、移动、拆除 3. 夜间照明设备及照明用电、施工人员夜班补助、夜间施工劳动效率降低等
050405003	非夜间施工照明	为保证工程施工正常进行，在如假山石洞等特殊施工部位施工时所采用的照明设备的安拆、维护及照明用电等

续表

项目编码	项目名称	工作内容及包含范围
050405004	二次搬运	由于施工场地条件限制而发生的材料、植物、成品、半成品等一次运输不能到达堆放地点，必须进行的二次或多次搬运
050405005	冬雨季施工	1. 冬雨(风)季施工时增加的临时设施(防寒保温、防雨、防风设施)的搭设、拆除 2. 冬雨(风)季施工时对植物、砌体、混凝土等采用的特殊加温、保温和养护措施 3. 冬雨(风)季施工时施工现场的防滑处理，对影响施工的雨雪的清除 4. 冬雨(风)季施工时增加的临时设施、施工人员的劳动保护用品、冬雨(风)季施工劳动效率降低等
050405006	反季节栽植影响措施	因反季节栽植在增加材料、人工、防护、养护、管理等方面采取的种植措施及保证成活率措施
050405007	地上、地下设施的临时保护设施	在工程施工过程中，对已建成的地上、地下设施和植物进行的遮盖、封闭、隔离等必要保护措施
050405008	已完工程及设备保护	对已完工程及设备采取的覆盖、包裹、封闭、隔离等必要的保护措施

注：本表所列项目应根据工程实际情况计算措施项目费用，需分摊的应合理计算摊销费用。

第四节　工程清单投标报价编制

一、风景园林绿化工程工程量清单投标报价概述

风景园林绿化工程工程量清单报价应包括按照招标文件规定，完成园林工程工程量清单所列项目的全部费用，包括分部分项工程费、措施项目费、其他项目费、规费和税金。

1. 投标报价计算的依据

计价规范中指出，投标报价的编制依据包括：

①《建设工程工程量清单计价规范》(GB 50500—2013)；

② 国家或省级、行业建设主管部门颁发的计价办法；

③ 企业定额，国家或省级、行业建设主管部门颁发的计价定额和计价办法；

④ 招标文件、招标工程量清单及其补充通知、答疑纪要；

⑤ 建设工程设计文件及相关资料；

⑥ 施工现场情况、工程特点及投标时拟定的施工组织设计或施工方案；

⑦ 与建设项目相关的标准、规范等技术资料；

⑧ 市场价格信息或工程造价管理机构发布的工程造价信息；

⑨ 其他的相关资料。

对于工程量清单出现的漏项或设计变更引起的新的工程量清单项目，其相应综合单价由承包人提出，经发包人确认后作为结算的依据。

对于因工程量清单的工程数量有误或设计变更引起工程量增减，属合同约定幅度以内的，应执行原有的综合单价；属合同约定幅度以外的，其增加部分的工程量或减少后剩余部分的工程量的综合单价由承包人提出，经发包人确认后，作为结算的依据。

2. 投标报价应遵循的原则

（1）质量原则

“质量第一”对于任何产品生产和企业来说都是一项永恒的原则。承包企业在市场经济条件下既要保证产品质量，又要不断提高经济效益，是企业长期发展的基本目标和动力。因此，企业在投标报价中，应将这两者有机结合，不能为了中标尽力降价而不顾质量要求，而应该在保证质量的前提下，进行合理报价，并通过科学的施工管理来保证效益的实现。

（2）竞争原则和不低于成本原则

从市场学角度讲，竞争是市场经济的一个重要规律，有商品生产就会有竞争。建筑业市场是买方市场，队伍庞大，企业众多，市场竞争激烈多变。加之国外承包商的进入使得我国建筑市场的竞争进一步加剧，因此，投标中的竞争是必然的。这里讲的竞争原则，就是要求承包商在充分考虑自身的技术优势、管理优势后，确定出具有竞争性的投标报价，从而提高中标的可能性与可靠度。不过在提倡坚持竞争原则与合理低价中标的同时，还必须坚持不低于成本的原则。《中华人民共和国招标投标法》（简称《招标投标法》）第三十三条规定：“投标人不得以低于成本的报价竞标。”这样才能保证建筑市场的规范化运行。

（3）优势原则

具有竞争性的价格从何而来呢？关键来源于企业优势。例如，诚信、管理、营销、技术、专利、质量等，在众多投标者之中，一家企业不可能有方方面面的优势。但投标企业必须有自己的某些优势，这样通过“扬长避短”才有可能中标。

（4）风险与对策的原则

实行工程量清单计价后，一个明显的变革就是承包商要承担报价风险。因此，承包商在投标报价前必须注重风险研究，充分预测风险因素，采取有效的风险防范措施。

3. 建设项目投标总价的编制步骤

对照计价规范的格式，其编制的步骤是先计算各分部分项工程量对应的综合单价，然后算出分部分项工程量清单计价，再算出分部分项工程量清单计价合计。

二、园林绿化工程工程量清单投标报价编制步骤及相关概念

（1）填写“封面”（内容及格式见表5-28）

按照表5-28中规定的内容填写、签字、盖章。

（2）填写总说明（表5-29）

其具体内容如下：

① 工程概况，包括拟建工程的建设规模、工程特征、招标人要求的计划工期、施工现场实际情况、施工地区交通运输情况、自然地理条件（水质、气象等）、环境保护要求等。

② 工程招标和分包的范围。

③ 工程量清单编制采用的计价依据。

④ 工程质量、材料、施工等的特殊要求。

⑤ 综合单价中包含的风险因素、风险范围。

⑥ 措施项目的依据。

⑦ 其他有关内容的说明等。

(3) 工程项目投标报价汇总表（表 5-30）

表中单项工程名称和金额应该与单项工程费汇总表的内容一致。

(4) 单项工程投标报价汇总表（表 5-31）

(5) 单位工程投标报价汇总表（表 5-32）

(6) 分部分项工程量清单投标报价表（表 5-33）

综合单价：完成工程量清单中一个规定计量单位项目所需的人工费、材料费、机械使用费、管理费和利润，并考虑风险因素。

从综合单价的概念中可以看出，它是企业自主报价，企业能够给出综合单价不是一件容易的事。企业的综合单价形成和发展要经历由不成熟到成熟、由实践到理论的多次反复滚动的积累过程。在这个过程中，企业的生产技术在不断发展，管理水平和管理体制也在不断更新。企业定额的制定过程是一个快速互动的内部自我完善过程，编制企业定额，除了要有充分的资料积累外，还必须运用计算机等科学的手段和先进的管理思想作为指导。目前，由于大多数施工企业还未能形成自己的企业定额，在制定综合单价时，多是参考地区定额内各相应子目的工料消耗量，乘以自己在支付人工、购买材料、使用机械和消耗能源方面的市场单价，再加上由地区定额制定的按工程类别的不同计算综合管理费率。相当于把一个工程按清单内的细目划分变成一个个独立的工程项目套用定额，其实质仍旧是沿用了定额计价模式去处理，只不过表现形式不同而已。

(7) 定额措施项目清单报价表（表 5-34）

定额措施费包括以下内容：

① 特（大）型机械设备进出场及安、拆费：是指机械整体或分体自停放场地运至施工现场进行安装、拆卸所需的人工费、材料费、机械费、试运转费和安装所需的辅助设施的费用。

② 混凝土、钢筋混凝土模板及支架费：是指混凝土施工过程中需要的各种模板、支架等的支、拆、运输费用及模板、支架的摊销（或租赁）费用。

③ 垂直运输费：是指施工需要的垂直运输机械的使用费用。

④ 施工排水、降水费：是指为确保工程在正常条件下进行，采取各种排水、降水措施所发生的各项费用。

⑤ 建筑物（构筑物）超高费：是指建（构）筑物檐高超过 20m（或 6 层）时需要增加的人工和机械降效等费用。

⑥《建设工程工程量清单计价规范》(GB 50500—2013) 规定的各专业所列的各项措施费用（不包括室内空气污染测试费、脚手架费）。

(8) 通用措施项目清单报价表（表 5-35）

本表各项费用参照拟建工程所在地区的《费用定额》规定的标准计算。

(9) 其他项目清单报价表（表 5-36）

(10) 暂列金额报价明细表（表 5-37）

(11) 材料暂估单价明细表（表 5-38）

投标人按招标人提供的材料单价计入相应工程量清单综合单价报价中。

(12) 专业工程暂估价明细表（表 5-39）

(13) 计日工报价明细表（表 5-40）

(14) 总承包服务费报价明细表（表 5-41）

(15) 补充工程量清单项目及计算规则表（表 5-42）

(16）安全文明施工费报价表（表5-43）

(17）规费、税金报价表（表5-44）

规费是指政府和有关权力部门规定必须缴纳的，应计入建筑安装工程造价的费用。

招投标工程在编制招标控制价时，应按照拟建工程所在省（自治区、直辖市）的《费用定额》规定的标准计取，投标报价时，应按照招标文件中提供的金额计入投标报价。招标工程、非招标工程在结算时，应按照建设行政主管部门核定的标准计算。

规费内容包括：养老保险费、医疗保险费、失业保险费、工伤保险费、生育保险费、住房公积金、危险作业意外伤害保险费、工程排污费。

(18）分部分项工程量清单综合单价分析表（表5-45）

企业管理费和利润按照不低于拟建工程所在省（自治区、直辖市）的《费用定额》规定的标准下限值计算。

(19）定额措施项目工程量清单综合单价分析表（表5-46）

三、工程量清单投标报价格式

表5-28　投标总价封面

投　标　总　价

招　　标　　人：________________________________

工　程　名　称：________________________________

投标总价(小写)：________________________________

　　　　(大写)：________________________________

投　　标　　人：________________________________

（单位盖章）

法 定 代 表 人________________________________

或 其 授 权 人：________________________________

（签字或盖章）

编　　制　　人：________________________________

（造价人员签字、盖专用章）

编　制　时　间：　　年　月　日

注：摘自《黑龙江建设工程费用定额》(2019)。

表5-29　总说明

工程名称：　　　　　　　　　　　　　　　　　　第　　页　共　　页

注：摘自《黑龙江建设工程费用定额》(2019)。

表 5-30　工程项目投标报价汇总表

工程名称：　　　　　　　　　　　　　　　　　　　　　　　　　　　　　　第　页共　页

序号	单项工程名称	金额/元	其中		
			暂估价/元	安全文明施工费/元	规费/元
合计					

注：暂估价包括分部分项工程中的暂估价和专业工程暂估价。

摘自《黑龙江建设工程费用定额》(2019)。

表 5-31　单项工程投标报价汇总表

工程名称：　　　　　　　　　　　　　　　　　　　　　　　　　　　　　　第　页　共　页

序号	单项工程名称	金额/元	其中		
			暂估价/元	安全文明施工费/元	规费/元
合计					

注：暂估价包括分部分项工程中的暂估价和专业工程暂估价。

摘自《黑龙江建设工程费用定额》(2019)。

表 5-32　单位工程投标报价汇总表

工程名称：　　　　　　　　　　　　　　　　　　　　　　　　　　　　　　第　页　共　页

序号	汇总内容	金额/元	其中：暂估价/元
1	分部分项工程		
A	其中：计费人工费		
2	措施费		
2.1	定额措施费		
B	其中：计费人工费		
2.2	通用措施费		
3	其他费用		
3.1	暂列金额		
3.2	专业工程暂估价		
3.3	计日工		
3.4	总承包服务费		
4	安全文明施工费		
4.1	环境保护等五项费用		

续表

序号	汇总内容	金额/元	其中:暂估价/元
4.2	安全施工费		
5	规费		
6	税金		
合计=1+2+3+4+5+6			

注：摘自《黑龙江建设工程费用定额》(2019)。

表 5-33　分部分项工程量清单投标报价表

工程名称：　　　　　　　　　　　　　　　　第　页　共　页

序号	项目编码	项目名称	项目特征描述	计量单位	工程量	金额/元		
						综合单价	合价	其中:暂估价
		分部小计						
本页小计								
合　计								

注：摘自《黑龙江建设工程费用定额》，2019 年。

表 5-34　定额措施项目清单报价表

工程名称：　　　　　　　　　　　　　　　　第　页　共　页

序号	项目编码	项目名称	项目特征描述	计量单位	工程量	金额/元		
						综合单价	合价	其中:暂估价
		分部小计						
本页小计								
合计								

注：此表适用于以综合单价形式计价的定额措施项目。
摘自《黑龙江建设工程费用定额》(2019)。

表 5-35　通用措施项目清单报价表

工程名称：　　　　　　　　　　　　　　　　　　　　第　页　共　页

序号	项目名称	计费基础	费率/%	金额/元
1	夜间施工费	计费人工费		
2	二次搬运费	计费人工费		
3	已完工程及设施保护费	计费人工费		
4	工程定位、复测、点交、清理费	计费人工费		
5	生产工具用具使用费	计费人工费		
6	雨季施工费	计费人工费		
7	冬季施工费	计费人工费		
8	检验试验费	计费人工费		
9	室内空气污染测试费	根据实际情况确定		
10	地上、地下设施，建筑物的临时保护设施费	根据实际情况确定		
合计				

表 5-36　其他项目清单报价表

工程名称：　　　　　　　　　　　　　　　　　　　　第　页　共　页

序号	项目名称	计量单位	金额/元	备注
1	暂列金额			
2	暂估价		—	
2.1	材料暂估价			
2.2	专业工程暂估价			
3	计日工			
4	总承包服务费			
合计				

注：材料暂估价进入清单项目综合单价，此处不汇总。

摘自《黑龙江建设工程费用定额》，2019 年。

表 5-37　暂列金额报价明细表

工程名称：　　　　　　　　　　　　　　　　　　　　第　页　共　页

序号	项目名称	计量单位	暂定金额/元	备注
1				
2				
3				
4				
5				
6				
合计				

注：投标人按招标人提供的项目金额计入投标报价。

摘自《黑龙江建设工程费用定额》，2019 年。

表 5-38　材料暂估单价明细表

工程名称：　　　　　　　　　　　　　　　　　　　　第　页　共　页

序号	材料名称、规格、型号	计量单位	单价/元	备注

注：投标人按招标人提供的材料单价计入相应工程量清单综合单价报价中。

摘自《黑龙江建设工程费用定额》，2019 年。

表 5-39　专业工程暂估价明细表

工程名称：　　　　　　　　　　　　　　　　　　　　第　页　共　页

序号	工程名称	工程内容	金额/元	备注
合计				

注：投标人按招标人提供的专业工程暂估价计入投标报价中。

摘自《黑龙江建设工程费用定额》，2019 年。

表 5-40　计日工报价明细表

工程名称：　　　　　　　　　　　　　　　　　　　　第　页　共　页

序号	项目名称	单位	暂定数量	综合单价/元	合价/元
一、	**人工**				
1					
2					
人工小计					
二、	**材料**				
1					
2					
材料小计					
三、	**施工机械**				
1					
2					
施工机械小计					
总　　计					

注：项目名称、数量按招标人提供的填写，单价由投标人自主报价，计入投标报价。

表 5-41　总承包服务费报价明细表

工程名称：　　　　　　　　　　　　　　　　　　　　第　页　共　页

序号	项目名称	项目价值	计费基础	服务内容	费率/%	金额/元
1	发包人供应材料		供应材料费用			
2	发包人采购设备		设备安装费用			
3	发包人发包专业工程		专业工程费用			
合计						

注：投标人按招标人提供的服务项目内容，自行确定费用标准计入投标报价中。

表 5-42　补充工程量清单项目及计算规则表

工程名称：　　　　　　　　　　　　　　　　　　　　　　　　第　页　共　页

序号	项目编码	项目名称	项目特征	计量单位	工程量计算规则	工程内容

注：摘自《黑龙江建设工程费用定额》，2019 年。

表 5-43　安全文明施工费报价表

工程名称：　　　　　　　　　　　　　　　　　　　　　　　　第　页　共　页

序号	项目名称	金额/元
1	环境保护等五项费用	
(1)	环境保护费、文明施工费	
(2)	安全施工费	
(3)	临时设施费	
(4)	防护用品等费用	
2	脚手架费	
合计		

注：投标人应按招标人提供的安全文明施工费计入投标报价中。计算基础：分部分项工程费＋措施费＋其他费用。

表 5-44　规费、税金报价表

工程名称：　　　　　　　　　　　　　　　　　　　　　　　　第　页　共　页

序号	项目名称	计算基础	费率/%	金额/元
1	规费	分部分项工程费＋措施费＋其他费用		
1.1	养老保险费			
1.2	医疗保险费			
1.3	失业保险费			
1.4	工伤保险费			
1.5	生育保险费			
1.6	住房公积金			
1.7	危险作业意外伤害保险费			
1.8	工程排污费			
小计				
2	税金	分部分项工程费＋措施费＋其他费用＋安全文明施工费＋规费		
合计				

注：投标人应按招标人提供的规费计入投标报价中。

表 5-45 分部分项工程量清单综合单价分析表

工程名称： 第 页 共 页

项目编码		项目名称												计量单位					
综合单价组成明细																			
定额编号	定额名称	定额单位	数量	单价/元								合价/元							
				人工费	人工费价差	材料费	材料风险费	机械费	机械风险费	企业管理费	利润	人工费	人工费价差	材料费	材料风险费	机械费	机械风险费	企业管理费	利润
人工单价			小计																
元/工日			未计价材料费																
清单项目综合单价/元																			

材料费明细	主要材料名称、规格、型号	单位	数量	单价/元	合价/元	暂估单价	暂估合价
	其他材料费			—		—	
	材料费小计			—		—	

注：招标文件提供了暂估单价的材料，按照暂估的单价填入表内的“暂估单价”栏及“暂估合价”栏。

表 5-46 定额措施项目工程量清单综合单价分析表

工程名称： 第 页 共 页

项目编码		项目名称												计量单位					
综合单价组成明细																			
定额编号	定额名称	定额单位	数量	单价/元								合价/元							
				人工费	人工费价差	材料费	材料风险费	机械费	机械风险费	企业管理费	利润	人工费	人工费价差	材料费	材料风险费	机械费	机械风险费	企业管理费	利润
人工单价			小计																
元/工日			未计价材料费																
清单项目综合单价/元																			

材料费明细	主要材料名称、规格、型号	单位	数量	单价/元	合价/元	暂估单价	暂估合价
	其他材料费			—		—	
	材料费小计			—		—	

注：1. 此表适用于以综合单价形式计价的定额措施项目。
2. 招标文件提供了暂估单价的材料，按照暂估的单价填入表内的“暂估单价”栏及“暂估合价”栏。

第五节　园林工程量清单计价法预算编制实例

园林工程量清单计价法预算编制实例

本节实例可手机扫描二维码查看学习。

平面图　植物名录表　人行道树池、人行道铺装大样图　标段区位图　分区索引图　场地放线图

现状图　拆迁建筑基础图　标识系统　家具　竖向图　公园植物配植图

植物配置图　植物表　C区西侧入口放线与样式图　C区西侧入口放线图　J区广场铺装放样图　J区双陆棋桌子结构图1

J区双陆棋桌子结构图2　J区双陆棋棋子及桌椅大样布局1　J区双陆棋棋子及桌椅大样布局2　M区广场铺装样式图及放线图　M区涂鸦墙大样　M区广场铺装样式图

M区景施施工图　儿童游乐设施1　J区大帐　J区广场铺装样式图　道路结构图2　儿童游乐设施2

铺装施工图

第六章 园林工程竣工结算与决算

学习目标：

1. 理解工程结算的目的；
2. 了解我国工程结算的方法；
3. 了解风景园林工程价款结算的相关规定；
4. 了解工程竣工决算的内容；
5. 理解竣工决算与竣工结算的区别；
6. 了解工程竣工决算的内容并能看懂竣工结算的实例。

课程导引：

1. 学生通过对风景园林工程价款结算的学习，树立严谨、实事求是和讲诚信、讲道德的职业态度，培养经济管理意识。

2. 学生通过对风景园林绿化工程竣工决算实例的学习，树立正确的专业思想，掌握园林专业课程的学习方法，培养良好的学习习惯，大胆探索，提高学习园林专业的热情和积极性。

第一节 园林工程价款结算

风景园林工程建设一般要经过设计、预算、招投标、施工、工程竣工验收及结算等过程。风景园林工程竣工后施工企业对完成的工程项目必须进行园林工程竣工结算。发承包方的经济关系只有工程竣工结算后才能算是结束。

工程竣工结算指施工企业按照合同规定的内容全部完成所承包的工程，经验收质量合格并符合合同要求之后，对照原设计施工图，根据增减变化内容，编制调整预算，作为向发包单位进行的最终工程价款结算。工程竣工结算后说明承发包双方的合同经济关系已经结束。

一、工程结算的必要性及意义

1. 工程结算的必要性

施工企业在建筑安装工程施工过程中消耗的生产资料及支付给工人的报酬，必须通过备料款和工程款的形式，分期向建设单位结算以得到补偿。这是因为建筑安装工程生产周期长，如果待工程全部竣工再结算，必然使施工企业资金产生困难。同时，由于建筑安装工程投资数额巨大，施工企业长期以来没有足够的流动资金，施工过程所需周转资金要通过向建设单位收取预付款和结算工程款予以补充和补偿。

2. 工程结算的重要意义

工程价款结算是工程项目承包中的一项十分重要的工作，主要表现在以下几方面。

（1）工程价款结算是反映工程进度的主要指标

在施工过程中，工程价款结算的依据之一就是按照已完成的工程量进行结算，也就是说，承包商完成的工程量越多，所应结算的工程价款就应越多，所以，根据票据已结算的工程价款占合同总价款的比例，能够近似地反映出工程的进度情况，有利于准确掌握工程进度。

（2）工程价款结算是加速资金周转的重要环节

工程价款结算环节可以使承包商尽快尽早地结算回工程价款，有利于偿还债务，也有利于资金的回笼，降低内部运营成本。通过加速资金周转，提高资金使用的有效性。

（3）工程价款结算是考核经济效益的重要指标

对于承包商来说，只有工程价款如数地结算，才意味着完成了“惊险一跳”，避免了经营风险，同时也才能够获得相应的利润，以达到良好的经济效益。

二、工程竣工结算的编制原则和依据

1. 工程竣工结算的编制内容

（1）工程量增减调整

这是编制工程竣工结算的主要部分，即所谓的量差，也就是说所完成的实际工程量与施工图预算工程量之间的差额。量差主要表现为：

① 设计变更和漏项　因实际图纸修改和漏项等而产生的工程量增减，该部分可依据设计变更通知书进行调整。

② 现场工程更改　实际工程中施工方法出现不符、基础超深等均可根据双方签证的现场记录，按照合同或协议的规定进行调整。

③ 施工图预算错误　在编制竣工结算前，应结合工程的验收和实际完成工程量情况，对施工图预算中存在的错误予以纠正。

（2）价差调整

工程竣工结算可按照地方预算定额或基价表的单价编制，因当地造价部门文件调整发生的人工、计价材料和机械费用的价差均可以在竣工结算时加以调整，未计价材料则可根据合同或协议的规定，按实调整价差。

（3）费用调整

属于工程数量的增减变化，需要相应调整安装工程费的计算；属于价差的因素，通常不调整安装工程费，但要计入计费程序中，换言之，该费用应反映在总造价中；属于其他费用，如像停窝工费用、大型机械进出场费用等，应根据各地区定额和文件规定，一次结清，分摊到工程项目中。

2. 工程竣工结算的编制原则

① 要编制竣工结算的工程项目或部位必须具备竣工结算的条件，即工程已通过竣工验收并提出了竣工验收报告单。

② 对要办理竣工结算的工程项目进行全面清查（包括数量和质量等），且这些内容都须符合设计及验收规范要求、符合建筑安装工程质量检验评定标准的规定。

③ 承包单位应以对国家负责的态度、实事求是的精神，正确地确定工程最终造价，反对巧立名目、高估乱要的不正之风。

④ 要严格按照《地区预算定额》、地区估价表、间接费定额、材料预算价格、调价文件及工程合同（或协议书）等的要求编制竣工结算书。

⑤ 工程竣工结算书应按地区或部门规定的程序和方法进行编制，不得各行其是。

⑥ 施工图预算书等结算资料必须齐全，并严格按照竣工结算编制程序进行编制。

3. 工程竣工结算的编制依据

工程结算的分类不同，编制依据也有所不同。这里介绍的是工程竣工结算书的编制依据，主要包括以下几方面：

① 工程竣工报告及工程竣工验收单。

② 招、投标文件，施工图概（预）算以及经建设行政主管部门审查的建设工程施工合同书。

③ 设计变更通知单和施工现场工程变更洽商记录。

④ 按照有关部门规定及合同中有关条文规定持凭据进行结算的原始凭证。

⑤ 本地区现行的概（预）算定额，材料预算价格、费用定额及有关文件规定。

⑥ 其他有关技术资料。

三、我国执行的工程价款主要结算方式

1. 工程价款结算主要依据

根据财政部、住房和城乡建设部《建设工程价款结算暂行办法》的规定，工程价款结算应按合同约定办理，合同未作约定或约定不明的，承、发包双方应依照下列规定与文件协商处理。

① 国家有关法律、法规和规章制度。

② 国务院建设行政主管部门或省、自治区、直辖市有关部门发布的工程造价计价标准、计价办法等有关规定。

③ 建设项目的合同、补充协议、变更签证和现场签证以及经承、发包人认可的其他有效文件。

④ 其他可依据的材料。

2. 中间结算和竣工结算

工程结算一般分中间结算、竣工结算两种情况。

（1）中间结算

定期结算、阶段结算和年终结算统称为中间结算。

① 定期结算　定期结算包括月结算和季度结算等。

按月结算与支付，即实行按月支付进度款，竣工后清算的办法。合同工期在两个年度以上的工程，在年终进行工程盘点，办理年度结算。具体可分为以下几种。

a. 月初预支，月终结算。在月初（或月中），施工企业按施工作业计划和施工图预算编制当月工程价款预支账单，其中包括预计完成的工程名称、数量和预算价值等。经建设单位

认定，交经办银行预支大约50%的当月工程价款，月末按当月施工统计数据编制已完工程月报表和工程价款结算账单，经建设单位签证，交经办银行办理月末结算。同时，扣除本月预支款，并办理下月预支款。

b. 月终结算。月初（或月中）不实行预支，月终施工企业按统计的实际完成分部分项工程量，编制已完工程月报表和工程价款结算账单，经建设单位签证交经办银行办理结算。

c. 旬预支，按月结算。

d. 月预支，按季度结算。

② 分段结算与支付　是指以单项（或单位）工程为对象按其施工形象进度划分为若干施工阶段，按阶段进行工程价款结算。一般又分为以下几种。

a. 阶段预支和结算。根据工程的性质和特点，将其施工过程划分为若干施工形象进行阶段，以审定的施工图预算为基础测算每个阶段的预支款数额，在施工开始时，办理第一阶段的预支款。待该阶段完成后计算其工程实际价款，经建设单位签证，交建设银行审查并办理阶段结算，同时办理下阶段的预支款。

b. 阶段预支。对于工程规模不大、投资额较小、承包合同价值在50万元以下或工期较短（一般在六个月以内的工程）的工程，将其施工全过程的形象进度大体分几个阶段，施工企业按阶段预支工程价款，待工程结束后一并结算。

当年开工、当年不能竣工的工程按照工程形象进度，划分不同阶段支付工程进度款。具体划分在合同中明确。

③ 年终结算　年终结算是指单位或单项工程不能在本年度竣工，而要转入下年继续施工的结算。为了正确统计施工企业本年度的经营成果和建设投资完成情况，由施工企业、建设单位和经办银行对正在施工的工程进行已完成和未完成工程量盘点来结算本年度的工程价款。

(2) 竣工结算

工程竣工结算是指一个建设项目或一个单位工程完工，并经建设单位及有关部门验收点交后，办理的工程结算。

一般按建设项目工期长短不同可分为如下几种：

① 建设项目竣工结算。它是指建设工期在一年内的工程，一般以整个建设项目为计算对象，实行竣工后一次结算。

② 单项工程竣工结算。它是指当年不能竣工的建设项目，其单项工程在当年开工、当年竣工的实行单项工程竣工后一次结算。

单项工程当年不能竣工的工程项目，也可以实行分段结算，即年终结算和竣工后总结算的方法。

除上述两种主要方式，还可以双方约定的其他结算方式进行结算。

四、工程竣工结算的审查

工程竣工结算审查是竣工结算阶段的一项重要工作。审查工作通常由业主、监理公司或审计部门把关进行。审核内容包含以下几方面：

① 核对合同条款。主要针对工程竣工是否验收合格，竣工内容是否符合合同要求，结算方式是否按合同规定进行；套用定额、计费标准、主要材料调差等是否按约定实施。

② 审查隐蔽资料和有关签证等是否符合规定要求。

③ 审查设计变更通知是否符合手续程序，加盖公章否。

④ 根据施工图核实工程量。

⑤ 审核各项费用计算是否准确。主要从费率、计算基础、价差调整、系数计算、计费程序等方面着手进行。

五、园林工程价款结算的相关规定

《建设工程施工合同文本》中对竣工结算做了如下规定：

① 工程竣工验收报告经甲方认可后28天内，乙方向甲方递交竣工结算报告以及完整的结算资料，甲乙双方按照协议书约定的合同价款及专用条款约定的合同价款调整内容，进行工程竣工结算。

② 甲方收到乙方递交的竣工结算报告及结算资料后28天内进行核实，给予确认或者提出修改意见。甲方确认竣工结算报告后通知经办银行向乙方支付工程竣工结算价款。乙方收到竣工结算价款后14天内将竣工工程交付甲方。

③ 甲方收到竣工结算报告及结算资料后28天内无正当理由不支付工程竣工结算价款，从第29天起按乙方同期向银行贷款利率支付拖欠工程价款的利息，并承担违约责任。

④ 甲方收到竣工结算报告及结算资料后28天内不支付工程竣工结算价款，乙方可以催告甲方支付结算价款。甲方在收到竣工结算报告及结算资料后56天内仍不支付的，乙方可以与甲方协议将该工程折价，也可以由乙方申请人民法院将该工程依法拍卖，乙方就该工程折价或者拍卖的价款优先受偿。

⑤ 工程竣工验收报告经甲方认可后28天内，乙方未能向甲方递交竣工结算报告及完整的结算资料，造成工程竣工结算不能正常进行或工程竣工结算价款不能及时支付，甲方要求交付工程的，乙方应当交付。甲方不要求交付工程的，乙方承担保管责任。

⑥ 甲乙双方对工程竣工结算价款发生争议时，按争议的约定处理。实际工作中，当年开工、当年竣工的工程，只需要办理一次性结算。跨年度的工程，在年终办理一次年终结算，将未完工程结转到下一年度，此时竣工结算等于各年度结算的总和。

办理工程价款竣工结算的一般公式为：

竣工结算工程款＝预算(或概算)或合同价款＋施工过程中预算或合同价款调整数额－预付及已结算工程价款－保修金

第二节　园林工程竣工决算

竣工决算是以实物数量和货币指标为计量单位，综合反映竣工项目从筹建开始到项目竣工交付使用为止的全部建设费用、投资效果和财务情况的总结性文件。

为了严格执行基本建设项目竣工验收制度，正确核定新增固定资产价值，考核投资效果，建立健全项目法人责任制，按照国家关于基本建设项目规模的大小，可分为大、中型建设项目竣工决算和小型建设项目竣工决算两大类。

一、竣工决算与竣工结算的区别

（1）编制单位不同

竣工结算由施工单位编制；竣工决算由建设单位编制。

（2）编制范围不同

结算由单位工程分别编制；决算按整个项目，包括技术、经济、财务等，在结算的基础上加设备费、勘察设计费、征地费、拆迁费等，形成最后的固定资产，决算范围大于结算。

（3）编制作用不同

竣工结算从施工单位的角度出发，是施工单位按合同与建设单位结清工程费用的依据，是施工单位考核工程成本、进行经济核算的依据，同时也是建设单位编制建设项目竣工决算的依据。竣工决算从建设单位的角度出发，是建设单位正确确定固定资产价值和核定新增固定资产价值的依据，也是建设单位考核建设成本和分析投资效果的依据。

二、工程竣工决算的编制依据

① 经批准的可行性研究报告、批复文件和相关文件。

② 审核批准建设项目的设计图纸及说明，其中包括总平面图、施工图、施工图预算书以及相应的竣工图纸。

③ 设计交底或图纸会审会议纪要。

④ 设计变更记录、施工记录或施工签证单及其他施工发生的费用记录。

⑤ 标底造价、承包合同、工程结算等有关资料。

⑥ 历年基建计划、历年财务决算及批复文件。

⑦ 设备、材料调价文件和调价记录。

⑧ 有关财务核算制度、办法和其他有关资料。

三、工程竣工决算的内容

建设项目竣工决算应包括从筹建到竣工投产全过程的全部实际费用，即包括建筑工程费、安装工程费、设备工器具购置费用及投资方向调节税等费用。按照财政部、国家发改委和建设部的有关文件规定，竣工决算是由竣工决算报告情况说明书、竣工财务决算报表、工程竣工图和工程竣工造价对比分析四部分组成，前两部分又称建设项目竣工财务决算，是竣工决算的核心内容。

1. 竣工决算报告情况说明书

竣工决算报告情况说明书主要反映竣工工程建设成果和经验，是对竣工决算报表进行分析和补充说明的文件，是全面考核分析工程投资与造价的书面总结，其内容如下。

① 建设项目概况，对工程总的评价。从建设工程的进度、质量、安全和造价施工方面进行分析说明。

② 各项资金来源以及使用等情况分析。

③ 各项经济技术指标的分析。分析投资额是否按照概算执行，根据实际投资完成额与概算运行对比分析等。

④ 总结建设工程施工的经验教训及有待解决的问题。

⑤ 需要说明的其他事项。

2. 竣工财务决算报表

建设项目竣工财务决算报表按照大、中型建设项目和小型建设项目分别制定。

（1）大、中型建设项目竣工决算报表包括：

① 建设项目竣工财务决算审批表；

② 大、中型建设项目概况表；

③ 大、中型建设项目竣工财务决算表；

④ 大、中型建设项目交付使用资产总表。

（2）小型建设项目竣工财务决算报表包括：

① 建设项目竣工财务决算审批表；

② 竣工财务决算总表；

③ 建设项目交付使用资产明细表。

3. 工程竣工图

工程竣工图是真实地记录各种地上、地下建筑物、构筑物等情况的技术文件，是工程进行交工验收、维护、改建和扩建的依据，是国家的重要技术档案。国家规定：各项新建、扩建、改建的基本建设工程，特别是基础、地下建筑、管线、结构、井巷、桥梁、隧道、港口、水坝以及设备安装等隐蔽部位，都要编制竣工图。为确保竣工图质量，必须在施工过程中（不能在竣工后）及时做好隐蔽工程检查记录，整理好设计变更文件。其具体要求如下。

① 凡按图竣工没有变动的，由承包人（包括总包和分包承包人，下同）在原施工图上加盖“竣工图”标志后，即作为竣工图。

② 凡在施工过程中，虽有一般性设计变更，但能将原施工图加以修改补充作为竣工图的，可不重新绘制，由承包人负责在原施工图（必须是新蓝图）上注明修改的部分，并附以设计变更通知单和施工说明，加盖“竣工图”标志后，作为竣工图。

③ 凡结构形式改变、施工工艺改变、平面布置改变、项目改变以及有其他重大改变，不宜再在原施工图上修改、补充时，应重新绘制改变后的竣工图。由原设计原因造成的，由设计单位负责重新绘制；由施工原因造成的，由承包人负责重新绘图；由其他原因造成的，由建设单位自行绘制或委托设计单位绘制。承包人负责在新图上加盖“竣工图”标志，并附以有关记录和说明，作为竣工图。

④ 为了满足竣工验收和竣工决算需要，还应绘制反映竣工工程全部内容的工程设计平面示意图。

4. 工程造价比较分析

竣工决算是综合反映已竣工的建设项目在建设成果和财务情况方面的总结性文件，其必须对控制工程造价所采取的措施、效果及其动态的变化需要进行认真的比较对比，总结经验教训。为考核概算执行情况，正确核实建设工程造价，财务部门必须积累概算动态变化资料和设计图纸变更的资料。然后，考查竣工形式的实际工程造价节约或超支的数额。为了便于进行比较，可以先进行整个项目总概算的对比，再对单项工程、单位工程和分部分项工程的概算和其他工程费用进行对比，逐一与项目竣工决算编制的实际工程造价进行对比，总结出更好的经验，找出节约和超支的具体环节和原因，并提出改进措施。工程造价比较分析的主要内容如下。

① 主要实物工程量　对于实物工程量出入比较大的情况，必须查明原因。

② 主要材料消耗量　考核主要材料消耗量，要按照竣工决算表中所列明的三大材料实际超概算的消耗量，查明是在工程的哪个环节超出量最大，再进一步查明超耗原因。

③ 考核建设单位管理费、措施费和间接费的取费标准　建设单位管理费、措施费和间接费的取费标准要按照国家和各地的有关规定，根据竣工决算报表中所列的建设单位管理费与概预算所列的建设单位管理费数额进行控制比较，确定其节约、超支的数额，并查明原因。

建设工程竣工决算文件由建设单位负责组织编写，在竣工建设项目办理验收使用一个月之内完成。竣工决算编写完毕后，需要装订成册，形成建设工程竣工决算文件。然后将其上报给主管部门进行审查，并将其中的财务成本部分送交开户银行签证。竣工决算文件在报送主管部门的同时，还要将其送至有关设计单位。大、中型建设项目还应将工程决算文件再送往财政部、建设银行总行及省、自治区、直辖市的财政局和建设银行分行各一份。

第三节　风景园林工程量清单计价法决算编制实例

总平面标注

主路起竣工平面图

主路起竖向图

人行道树池大样图

人行道铺装大样图

一、任务提出

参照表 6-1 和图 6-1。

表 6-1　竣工验收工程量确认清单

工程名称：2017 年阿城区园林绿化项目——延川大街北段绿化施工（三标段）

序号	项目编码	项目名称	项目特征描述	计量单位	中标清单量	竣工清单量	备注
一、中标清单内完成量							
常绿乔木							
1	050102001001	栽植乔木白杆	株高 H：2.5～3m 冠幅 2.5～3.0m	株	9	9	
落叶乔木							
2	050102001003	栽植乔木垂柳	胸径：10cm，冠幅 3m	株	56	56	

续表

序号	项目编码	项目名称	项目特征描述	计量单位	中标清单量	竣工清单量	备注
3	050102001004	栽植乔木金叶榆	地径:6cm,冠幅 0.8～1.2m 以上	株	39	38	
4	050102001005	栽植乔木紫叶稠李	地径:8～10cm,冠幅 2.5m 以上	株	19	19	
5	050102001006	栽植乔木山杏	地径:6～8cm,冠幅 2.5～3.0m 以上	株	38	34	
6	050102001007	栽植乔木李子	地径 D:6～8cm,冠幅 2.5m 以上	株	77	77	
灌木							
7	050102002001	栽植灌木连翘	冠丛高:1.5～1.8m	株	20	18	
8	050102002002	栽植灌木紫丁香	冠丛高:2.0～2.5m	株	62	62	
9	050102002003	栽植灌木重瓣榆叶梅	冠丛高:1.5～1.8m	株	63	63	
10	050102002004	栽植灌木小叶丁香球	冠丛高:1.0m	株	7	7	
11	050102005001	栽植绿篱小叶丁香篱	篱高:0.5m	m^2	613	487	
12	05010200800	栽植花卉一二年生草花	每平方米 36 株	株	818	698	
从主路起							
13	050102001008	栽植乔木山杏	地径:6～8cm,冠幅 2.5m 以上	株	5	5	
14	050102001010	栽植乔木果树	地径:12～15cm,冠幅 4.5～5.0m	株	10	9	
15	050102001011	栽植乔木垂柳	胸径:10cm,冠幅 3m	株	10	10	
16	050102002006	栽植灌木紫丁香	株高 H:2.0～2.5m,冠幅 2.0～2.5m	株	20	20	
二、铺装及其他							
人行道铺装							
17	040101001001	挖一般土方	一、二类土	m^3	572.56	572.56	
18	010103002001	余方弃置	废弃料品种:	m^3	572.56	572.56	
19	040202001001	路床(槽)整形		m^2	1684	1684	
20	040204002002	人行道块料铺设	通体砖 6cm 厚	m^2	1684	1684	

续表

序号	项目编码	项目名称	项目特征描述	计量单位	中标清单量	竣工清单量	备注
21	040202006001	二灰碎石基层	二灰碎石 100mm 厚	m^2	1684	1684	
22	040202011001	碎石基层	级配碎石 150mm 厚	m^2	1684	1684	
路沿石							
23	040204004002	安砌侧（平、缘）石	芝麻白花岗岩路缘石 150mm×350mm×800mm	m	1712	1337	
24	040204007001	树池砌筑	花岗岩树池	个	142	130	
三、现场洽商清单量							
(一)人行道铺装							
1	040101001001	挖一般土方	一、二类土	m^3	0	102.23	
2	010103002001	余方弃置	废弃料品种：	m^3	0	102.23	
3	040202001001	路床(槽)整形		m^2	0	220.64	
4	040204002002	人行道块料铺设	通体砖 6cm 厚	m^2	0	220.64	
5	040202006001	二灰碎石基层	二灰碎石 100mm 厚	m^2	0	220.64	
6	040202011001	碎石基层	级配碎石 150mm 厚	m^2	0	220.64	
(二)土方							
1	040101001001	苗木挖土方		m^3	0	609.06	
2	010103002001	余方弃置		m^3	0	609.06	
3	050101009001	苗木换土		m^3	0	609.06	
(三)第二现场建筑垃圾外运							
1	040101001001	挖一般土方		m^3	0	156.78	
2	010103002001	余方弃置		m^3	0	156.78	
3	050101009001	换种植土		m^3	0	156.78	
(四)乔木							
1	050102001003	栽植乔木垂柳	胸径：10cm，冠幅 3m	株	0	5	
2	050102001008	栽植乔木果树（山梨）	株高 H：3.5～4m，冠幅 4.5～5.0m	株	0	6	
3	05010200800	栽植花卉一二年生草花	每平方米 36 株	株	0	698	

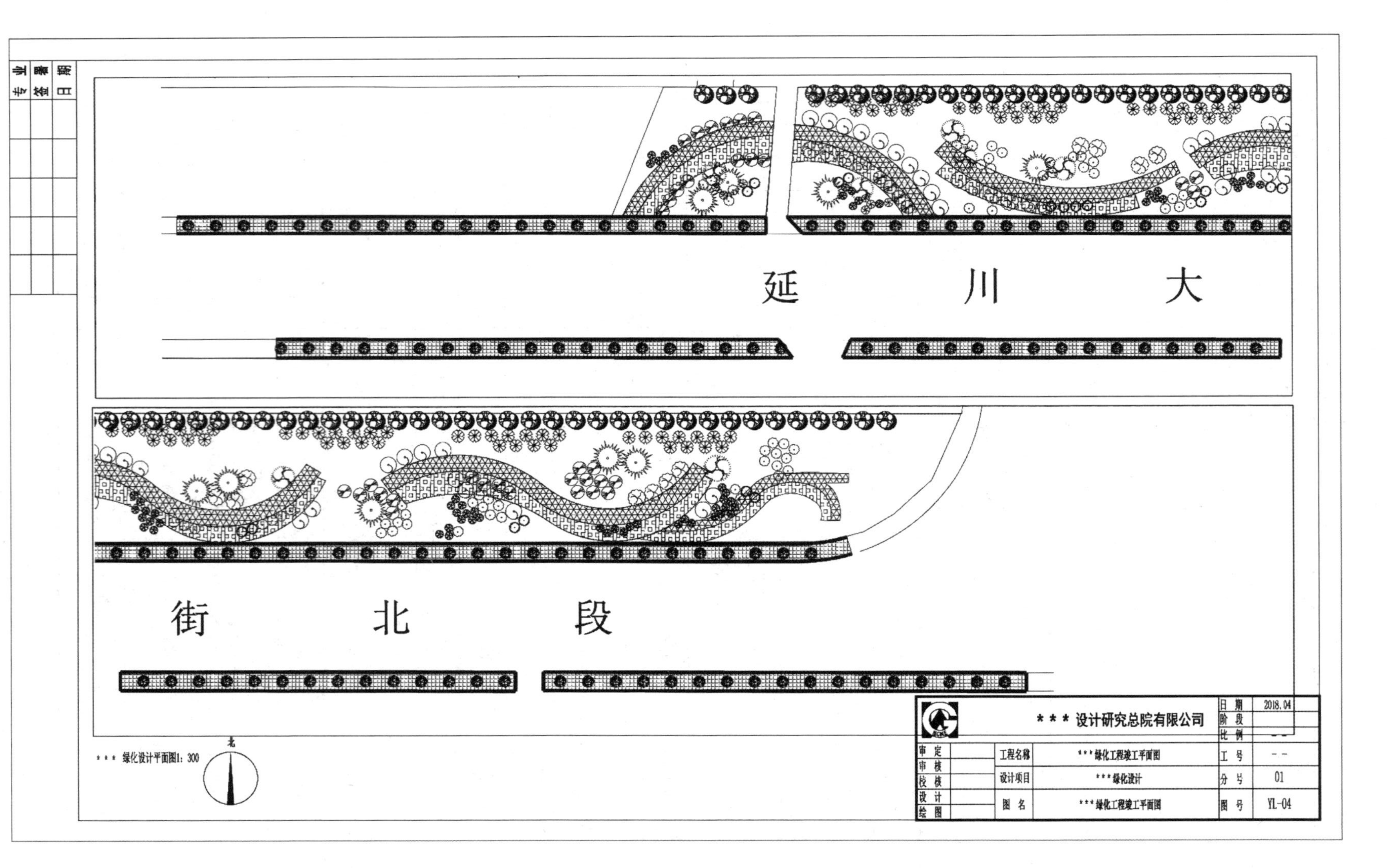
延 川 大
街 北 段
*** 绿化设计平面图1:300
北
*** 设计研究总院有限公司
日 期
2018.04
阶 段
比 例
工程名称
***绿化工程竣工平面图
工 号
- -
设计项目
***绿化设计
分 号
01
图 名
***绿化工程竣工平面图
图 号
YL-04
审 定
审 核
校 核
设 计
绘 图

图 6-1 绿化设计平面图

二、具体实施

1. 清单内可参照表 6-2～表 6-35。

表 6-2　建设项目结算报价汇总表

工程名称：×××绿化工程

序号	单项工程名称	金额/元	其中：(元)		
			暂估价	安全文明施工费	规费
1	×××绿化工程(清单内)	787952.59		6760.32	44197.27
2	×××绿化工程(清单外)	86868.85		763	3430.05
	项目独立费合计				
合计		874821.44		7523.32	47627.32

注：本表适用于建设项目招标控制价或投标报价的汇总。

表 6-3　决算总价封面

×××绿化工程(清单内)

结算总价

投　标　人：____________________

(单位盖章)

年　　月　　日

表 6-4　结算总价扉页

×××绿化工程(清单内)　　　　　　　　　　　　　　　　工程

结 算 总 价

招　标　人：

工 程 名 称：　×××绿化工程(清单内)

投标总价　　(小写)：　787,952.59

　　　　　　(大写)：　柒拾捌万柒仟玖佰伍拾贰元伍角玖分

投标人：

(单位盖章)

法定代表人

或其授权人：

(签字或盖章)

编 制 人：

(造价人员签字盖专用章)

编制时间：　　　　年　　月　　日

表 6-5　总说明

工程名称：　×××绿化工程　　　　　　　　　　第 1 页 共 1 页

表 6-6　单位工程结算报价汇总表

工程名称：×××绿化工程（清单内）　　　　标段：×××标段

序号	汇总内容	金额/元	其中：暂估价/元
(一)	分部分项工程费	656341.38	
1.1	常绿乔木	5847.84	
1.2	落叶乔木	106037.93	

续表

序号	汇总内容	金额/元	其中:暂估价/元
1.3	灌木	168288.13	
1.4	从主路起	32126.74	
1.5	铺装及其他	344040.74	
(二)	措施项目费	7156.64	
(1)	单价措施项目费		
(2)	总价措施项目费	7156.64	
①	安全文明施工费	6760.32	
②	其他措施项目费	396.32	
③	专业工程措施项目费		
(三)	其他项目费	8625.25	—
(3)	暂列金额		
(4)	专业工程暂估价		
(5)	计日工		
(6)	总承包服务费		
	人工费调差	8625.25	
(四)	规费	44197.27	—
	养老保险费	22900.14	—
	医疗保险费	8587.55	—
	失业保险费	1717.51	—
	工伤保险费	1145.01	—
	生育保险费	687	—
	住房公积金	9160.06	—
	工程排污费		—
(五)	税金	71632.05	—
投标报价合计=(一)+(二)+(三)+(四)+(五)		787,952.59	0

注：本表适用于单位工程招标控制价或投标报价的汇总，如无单位工程划分，单项工程也使用本表汇总。

表 6-7　分部分项工程和单价措施项目清单与计价表

工程名称：×××绿化工程（清单内）　　　　标段：×××标段

序号	项目编码	项目名称	项目特征描述	计量单位	工程量	金额/元		
						综合单价	综合合价	其中:暂估价
		常绿乔木						

续表

序号	项目编码	项目名称	项目特征描述	计量单位	工程量	金额/元		
						综合单价	综合合价	其中:暂估价
1	050102001001	栽植乔木	1. 种类:白杆 2. 株高、冠径:$H=2.5\sim3$m,冠幅2.5～3.0m,原冠点缀 3. 起挖方式:带土球 4. 养护期:2年,含浇水、松土、施肥、修剪等 5. 苗木运距:5km 6. 栽植方式:人工换土	株	9	649.76	5847.84	
		分部小计					5847.84	
		落叶乔木						
2	050102001003	栽植乔木	1. 种类:垂柳 2. 胸径或干径:胸径10cm 3. 株高、冠径:$H=4.5\sim5$m,冠幅3m 4. 起挖方式:带土球 5. 养护期:2年,含浇水、松土、施肥、修剪等 6. 苗木运距:5km 7. 栽植方式:人工换土	株	56	647.61	36266.16	
3	050102001004	栽植乔木	1. 种类:金叶榆 2. 胸径或干径:地径6cm 3. 株高、冠径:冠幅0.8～1.2m以上,点缀 4. 起挖方式:带土球 5. 养护期:2年,含浇水、松土、施肥、修剪等 6. 苗木运距:5km 7. 栽植方式:人工换土	株	38	308.82	11735.16	
4	050102001005	栽植乔木	1. 种类:紫叶稠李 2. 胸径或干径:地径8～10cm 3. 株高、冠径:分支点高度1.8m以上,冠幅2.5m以上 4. 起挖方式:带土球 5. 养护期:2年,含浇水、松土、施肥、修剪等 6. 苗木运距:5km 7. 栽植方式:人工换土	株	19	641.9	12196.1	
5	050102001006	栽植乔木	1. 种类:山杏 2. 胸径或干径:地径6～8cm 3. 株高、冠径:$H=2.5\sim3.0$m,冠幅2.5～3.0m以上,原冠点缀 4. 起挖方式:带土球 5. 养护期:2年,含浇水、松土、施肥、修剪等 6. 苗木运距:5km 7. 栽植方式:人工换土	株	34	475.41	16163.94	

续表

序号	项目编码	项目名称	项目特征描述	计量单位	工程量	金额/元		
						综合单价	综合合价	其中:暂估价
6	050102001007	栽植乔木	1. 种类:李子 2. 胸径或干径:$D=6\sim8$cm 3. 株高、冠径:冠幅 2.5m 以上,分支点统一 4. 起挖方式:带土球 5. 养护期:2 年,含浇水、松土、施肥、修剪等 6. 苗木运距:5km 7. 栽植方式:人工换土	株	77	385.41	29676.57	
		分部小计					106037.93	
		灌木						
7	050102002001	栽植灌木	1. 种类:连翘 2. 冠丛高:$H=1.5\sim1.8$m 3. 蓬径:冠幅 1.5～2.0m,10 个分枝以上 4. 起挖方式:带土球 5. 养护期:2 年,含浇水、修剪、松土、施肥等 6. 苗木运距:1km 7. 栽植方式:人工换土	株	18	133.93	2410.74	
8	050102002002	栽植灌木	1. 种类:紫丁香 2. 冠丛高:$H=2.0\sim2.5$m 3. 蓬径:冠幅 2.0～2.5m,15 个分枝以上 4. 起挖方式:带土球 5. 养护期:2 年,含浇水、修剪、松土、施肥等 6. 苗木运距:1km 7. 栽植方式:人工换土	株	62	207.13	12842.06	
9	050102002003	栽植灌木	1. 种类:重瓣榆叶梅 2. 冠丛高:$H=1.5\sim1.8$m 3. 蓬径:冠幅 1.8～2.0m,10 个分枝以上 4. 起挖方式:带土球 5. 养护期:2 年,含浇水、修剪、松土、施肥等 6. 苗木运距:1km 7. 栽植方式:人工换土	株	63	155.9	9821.7	
10	050102002004	栽植灌木	1. 种类:小叶丁香球 2. 冠丛高:$H=1.0$m 3. 蓬径:冠幅 2.5m 4. 起挖方式:带土球 5. 养护期:2 年,含浇水、修剪、松土、施肥等 6. 苗木运距:1km 7. 栽植方式:人工换土	株	7	193.18	1352.26	

续表

序号	项目编码	项目名称	项目特征描述	计量单位	工程量	金额/元		
						综合单价	综合合价	其中:暂估价
11	050102005001	栽植绿篱	1. 种类:小叶丁香篱 2. 冠丛高:修剪高度0.5m,每株10个分枝点,每平方米16株 3. 起挖方式:带土球 4. 养护期:2年,含浇水、修剪等 5. 苗木运距:1km	m^2	487	175.03	85239.61	
12	050102008001	栽植花卉	1. 花卉种类:一二年生草花 2. 单位面积株数:时令花卉,每平方米36株 3. 养护期:1年,含浇水、除草等 4. 苗木运距:1km	m^2	698	81.12	56621.76	
		分部小计					168288.13	
		从主路起						
13	050102001008	栽植乔木	1. 种类:山杏 2. 胸径或干径:地径6～8cm 3. 株高、冠径:$H=2.5\sim3.0$m,冠幅2.5m以上,原冠点缀 4. 起挖方式:带土球 5. 养护期:2年,含浇水、松土、施肥、修剪等 6. 苗木运距:5km 7. 栽植方式:人工换土	株	5	509.76	2548.8	
14	050102001010	栽植乔木	1. 种类:果树 2. 胸径或干径:地径12～15cm 3. 株高、冠径:$H=3.5\sim4$m,冠幅4.5～5.0m 4. 起挖方式:带土球 5. 养护期:2年,含浇水、松土、施肥、修剪等 6. 苗木运距:5km 7. 栽植方式:人工换土	株	9	1908.56	17177.04	
15	050102001011	栽植乔木	1. 种类:垂柳 2. 胸径或干径:胸径10cm 3. 株高、冠径:$H=4.5\sim5$m,冠幅3m 4. 起挖方式:带土球 5. 养护期:2年,含浇水、松土、施肥、修剪等 6. 苗木运距:5km 7. 栽植方式:人工换土	株	10	747.95	7479.5	
16	050102002006	栽植灌木	1. 种类:紫丁香 2. 冠丛高:$H=2.0\sim2.5$m 3. 蓬径:冠幅2.0～2.5m,15个分枝以上 4. 起挖方式:带土球 5. 养护期:2年,含浇水、修剪、松土、施肥等 6. 苗木运距:1km 7. 栽植方式:人工换土	株	20	246.07	4921.4	

续表

序号	项目编码	项目名称	项目特征描述	计量单位	工程量	金额/元		
						综合单价	综合合价	其中:暂估价
		分部小计					32126.74	
		铺装及其他						
		人行道铺装						
17	040101001001	挖一般土方	1. 土壤类别:一、二类土 2. 挖土深度:	m^3	572.56	4.18	2393.3	
18	010103002001	余方弃置	1. 废弃料品种: 2. 运距:自行考虑	m^3	572.56	24	13741.44	
19	040202001001	路床(槽)整形		m^2	1684	1.89	3182.76	
20	040204002002	人行道块料铺设	1. 块料品种、规格:通体砖6cm厚 2. 基础、垫层:材料品种、厚度为30mm厚中砂垫层 3. 详见铺装做法详图	m^2	1684	52.32	88106.88	
21	040202006001	二灰碎石基层	1. 种类:二灰碎石 2. 厚度:100mm厚 3. 详见铺装做法详图	m^2	1684	29.71	50031.64	
22	040202011001	碎石基层	1. 类型:级配碎石 2. 厚度:150mm厚 3. 详见铺装做法详图	m^2	1684	21.95	36963.8	
		路沿石						
23	040204004002	安砌侧(平、缘)石	1. 材料品种、规格:芝麻白花岗岩路缘石150mm×350mm×800mm 2. 基础、垫层:材料品种、厚度为100mm厚粗砂垫层、C20混凝土	m	1337	83.06	111051.22	
		花岗岩树池						
24	040204007001	树池砌筑	1. 材料品种、规格:花岗岩树池 2. 树池尺寸:1.2m×1.2m,详见树池大样图	个	130	296.69	38569.7	
		分部小计					344040.74	
		措施项目						
		分部小计						
			合计				656341.38	

表 6-8　总价措施项目清单与计价表

工程名称：×××绿化工程（清单内）　　标段：×××标段

序号	项目编码	项目名称	基数说明	费率/%	金额/元	调整费率/%	调整后金额/元	备注
一、		安全文明施工费			6760.32			
1	050405001001	安全文明施工费	分部分项合计＋单价措施项目费－分部分项设备费－技术措施项目设备费	1.03	6760.32			
2	1.1	垂直防护架、垂直封闭防护、水平防护架						
二、		其他措施项目费			396.32			
3	050405002001	夜间施工费	分部分项预算价人工费＋单价措施计费人工费	0.08	60.97			
4	050405004001	二次搬运费	分部分项预算价人工费＋单价措施计费人工费	0.08	60.97			
5	050405005001	雨季施工费	分部分项预算价人工费＋单价措施计费人工费	0.14	106.7			
6	050405005002	冬季施工费	分部分项预算价人工费＋单价措施计费人工费	0				
7	050405008001	已完工程及设备保护费	分部分项预算价人工费＋单价措施计费人工费	0.11	83.84			
8	05B001	工程定位复测费	分部分项预算价人工费＋单价措施计费人工费	0.05	38.11			
9	050405003001	非夜间施工照明费	分部分项预算价人工费＋单价措施计费人工费	0.06	45.73			
10	05B002	地上、地下设施、建筑物的临时保护设施费						
三、		专业工程措施项目费						
11	05B003	专业工程措施项目费						
合计				7156.64				

编制人（造价人员）：　　　　　　　　　　　　复核人（造价工程师）：

注：1. “计算基础”中安全文明施工费可为“定额基价”、“定额人工费”或“定额人工费＋定额机械费”，其他项目可为“定额人工费”或“定额人工费＋定额机械费”。

2. 按施工方案计算的措施费，若无“计算基础”和“费率”的数值，也可只填“金额”数值，但应在备注栏说明施工方案出处或计算方法。

表 6-9　材料（工程设备）暂估单价及调整表

工程名称：×××绿化工程（清单内）　　　标段：×××标段

序号	材料编码	材料(工程设备)名称、规格、型号	单位计量	数量		暂估/元		确认/元		差额(±)/元		备注
				暂估	确认	单价	合价	单价	合价	单价	合价	
合计												

注：此表由招标人填写“暂估单价”，并在备注栏说明暂估价的材料、工程设备拟用在哪些清单项目上，投标人应将上述材料、工程设备暂估单价计入工程量清单综合单价报价中。

表 6-10　专业工程暂估价及结算价表

工程名称：×××绿化工程（清单内）　　　标段：×××标段

序号	工程名称	工程内容	暂估金额/元	结算金额/元	差额(±)/元	备注
1						

续表

序号	工程名称	工程内容	暂估金额/元	结算金额/元	差额(±)/元	备注
合计						—

注：此表由招标人填写，投标人应将上述专业工程暂估价计入投标总价中。

表 6-11　规费、税金项目清单与计价表

工程名称：×××绿化工程（清单内）　　标段：×××标段

序号	项目名称	计算基础	计算基数	计算费率/%	金额/元
1	规费	养老保险费＋医疗保险费＋失业保险费＋工伤保险费＋生育保险费＋住房公积金＋工程排污费			44197.27
1.1	养老保险费	其中:计费人工费＋其中:计费人工费＋人工价差－安全文明施工费人工价差	114500.71	20	22900.14
1.2	医疗保险费	其中:计费人工费＋其中:计费人工费＋人工价差－安全文明施工费人工价差	114500.71	7.5	8587.55
1.3	失业保险费	其中:计费人工费＋其中:计费人工费＋人工价差－安全文明施工费人工价差	114500.71	1.5	1717.51
1.4	工伤保险费	其中:计费人工费＋其中:计费人工费＋人工价差－安全文明施工费人工价差	114500.71	1	1145.01
1.5	生育保险费	其中:计费人工费＋其中:计费人工费＋人工价差－安全文明施工费人工价差	114500.71	0.6	687
1.6	住房公积金	其中:计费人工费＋其中:计费人工费＋人工价差－安全文明施工费人工价差	114500.71	8	9160.06
1.7	工程排污费				
2	税金	分部分项工程费＋措施项目费＋其他项目费＋规费	716320.54	10	71632.05
合计					115829.32

编制人（造价人员）：　　　　　　复核人（造价工程师）：

表 6-12　综合单价分析表

工程名称：×××绿化工程（清单内）　　　　标段：×××标段

项目编码		050102001001		项目名称		栽植乔木		计量单位	株	工程量	9
清单综合单价组成明细											
定额编号	定额项目名称	定额单位	数量	单价/元				合价/元			
				人工费	材料费	机械费	管理费和利润	人工费	材料费	机械费	管理费和利润
1-33	栽植乔木（带土球），土球直径 60cm 以内	株	1	32	0.72		8.37	32	0.72		8.37
1-148	人工换土乔灌木，土球直径 60cm 以内	株	1	11.2	11.45		2.94	11.2	11.45		2.94
1-188×0.8	水车浇水，针叶乔木或灌木，树高 300cm 以内，绿地、小区庭院树木水车浇水，单价×0.8【人工含量已修改】	100 株	0.18	384	92.09	215.93	100.49	69.12	16.58	38.87	18.09
1-306	树木松土施肥，松土范围 2m 以内，松土	100 株	0.01	598.72			156.67	5.99			1.57
1-324×2	树干涂白，胸径 10cm 以上，单价×2【人工含量已修改】	株	1	2.88	3.78		0.76	2.88	3.78		0.76
1-142	树棍桩：四脚桩	株	1	6.4	37.38		1.67	6.4	37.38		1.67
主材 001	白杆	株	1		380				380		
人工单价		小计						127.59	449.91	38.87	33.4
综合工日 80 元/工日		未计价材料费						37			
清单项目综合单价								649.76			

续表

项目编码	050102001001	项目名称	栽植乔木	计量单位	株	工程量	9
材料费明细	主要材料名称、规格、型号	单位	数量	单价/元	合价/元	暂估单价/元	暂估合价/元
	水	m^3	2.4334	7.19	17.5		
	栽植用土	m^3	0.21	54.52	11.45		
	白杆材料费	株	1	380	380		
	树棍	根	6	6	36		
	麻袋片	片	1	1	1		
	其他材料费			—	3.96	—	
	材料费小计			—	449.91	—	

注：1. 如不使用省级或行业建设主管部门发布的计价依据，可不填定额编码、名称等；

2. 招标文件提供了暂估单价的材料，按暂估的单价填入表内“暂估单价”栏及“暂估合价”栏。

表 6-13　综合单价分析表

工程名称：×××绿化工程（清单内）　　　　标段：×××标段

项目编码		050102001003		项目名称		栽植乔木		计量单位	株	工程量	56
清单综合单价组成明细											
定额编号	定额项目名称	定额单位	数量	单价/元				合价/元			
				人工费	材料费	机械费	管理费和利润	人工费	材料费	机械费	管理费和利润
1-35	栽植乔木(带土球),土球直径 80cm 以内	株	1	52.8	1.08	13.09	13.82	52.8	1.08	13.09	13.82
1-150	人工换土乔灌木,土球直径 80cm 以内	株	1	24.8	27.26		6.49	24.8	27.26		6.49
1-178×0.8	水车浇水,阔叶乔木,胸径 10cm 以内,绿地、小区庭院树木水车浇水,单价×0.8【人工含量已修改】	100 株	0.18	274.56	57.7	135.29	71.86	49.42	10.39	24.35	12.93
1-258	阔叶乔木疏枝修剪,冠幅 400cm 以内	100 株	0.03	576		184.86	150.73	17.28		5.55	4.52
1-307	树木松土施肥,松土范围 2m 以内,施肥	100 株	0.01	1180.4	183.67		308.9	11.8	1.84		3.09
1-323×2	树干涂白,胸径 10cm 以内,单价×2【人工含量已修改】	株	1	1.44	1.3		0.38	1.44	1.3		0.38
1-142	树棍桩:四脚桩	株	1	6.4	37.38		1.67	6.4	37.38		1.67
1-331	草绳绕树干	m	31.4	0.16	0.38		0.05	5.02	11.93		1.57
主材 003	垂柳	株	1		300				300		
人工单价		小计						168.96	391.18	42.99	44.47
综合工日 80 元/工日		未计价材料费						37			
清单项目综合单价								647.61			

续表

项目编码	050102001003	项目名称	栽植乔木	计量单位	株	工程量	56
材料费明细	主要材料名称、规格、型号	单位	数量	单价/元	合价/元	暂估单价/元	暂估合价/元
	水	m^3	1.6043	7.19	11.53		
	栽植用土	m^3	0.5	54.52	27.26		
	垂柳材料费	株	1	300	300		
	树棍	根	6	6	36		
	麻袋片	片	1	1	1		
	其他材料费			—	15.38	—	
	材料费小计			—	391.17	—	

注：1. 如不使用省级或行业建设主管部门发布的计价依据，可不填定额编码、名称等；
2. 招标文件提供了暂估单价的材料，按暂估的单价填入表内“暂估单价”栏及“暂估合价”栏。

表 6-14　综合单价分析表

工程名称：×××绿化工程（清单内）　　标段：×××标段

项目编码		050102001004		项目名称		栽植乔木		计量单位	株	工程量	38
清单综合单价组成明细											
定额编号	定额项目名称	定额单位	数量	单价/元				合价/元			
				人工费	材料费	机械费	管理费和利润	人工费	材料费	机械费	管理费和利润
1-32	栽植乔木(带土球),土球直径 50cm 以内	株	1	18.4	0.54		4.82	18.4	0.54		4.82
1-147	人工换土乔灌木,土球直径 50cm 以内	株	1	5.6	6		1.47	5.6	6		1.47
1-176×0.8	水车浇水,阔叶乔木,胸径 6cm 以内,绿地、小区庭院树木水车浇水,单价×0.8【人工含量已修改】	100 株	0.18	174.72	41.85	98.18	45.72	31.45	7.53	17.67	8.23
1-257	阔叶乔木疏枝修剪,冠幅 200cm 以内	100 株	0.03	144		47.93	37.68	4.32		1.44	1.13
1-305	树木松土施肥,松土范围 1m 以内,施肥	100 株	0.01	159.68	36.87		41.79	1.6	0.37		0.42
1-323×2	树干涂白,胸径 10cm 以内,单价×2【人工含量已修改】	株	1	1.44	1.3		0.38	1.44	1.3		0.38
1-142	树棍桩:四脚桩	株	1	6.4	37.38		1.67	6.4	37.38		1.67
1-331	草绳绕树干	m	15.7	0.16	0.38		0.05	2.51	5.97		0.79
主材 004	金叶榆	株	1		140				140		
人工单价		小计						71.72	199.09	19.11	18.91
综合工日 80 元/工日		未计价材料费						37			
清单项目综合单价								308.82			

续表

项目编码	050102001004	项目名称	栽植乔木	计量单位	株	工程量	38
材料费明细	主要材料名称、规格、型号	单位	数量	单价/元	合价/元	暂估单价/元	暂估合价/元
	水	m^3	1.1326	7.19	8.14		
	栽植用土	m^3	0.11	54.52	6		
	金叶榆材料费	株	1	140	140		
	树棍	根	6	6	36		
	麻袋片	片	1	1	1		
	其他材料费			—	7.95	—	
	材料费小计			—	199.09	—	

注：1. 如不使用省级或行业建设主管部门发布的计价依据，可不填定额编码、名称等；

2. 招标文件提供了暂估单价的材料，按暂估的单价填入表内“暂估单价”栏及“暂估合价”栏。

表 6-15　综合单价分析表

工程名称：×××绿化工程（清单内）　　　　标段：×××标段

项目编码		050102001005		项目名称		栽植乔木		计量单位	株	工程量	19
清单综合单价组成明细											
定额编号	定额项目名称	定额单位	数量	单价/元				合价/元			
				人工费	材料费	机械费	管理费和利润	人工费	材料费	机械费	管理费和利润
1-34	栽植乔木(带土球)，土球直径 70cm 以内	株	1	34.4	0.9	8.59	9	34.4	0.9	8.59	9
1-149	人工换土乔灌木，土球直径 70cm 以内	株	1	15.2	15.27		3.98	15.2	15.27		3.98
1-178×0.8	水车浇水，阔叶乔木，胸径 10cm 以内，绿地、小区庭院树木水车浇水，单价×0.8【人工含量已修改】	100 株	0.18	274.56	57.7	135.29	71.86	49.42	10.39	24.35	12.93
1-258	阔叶乔木疏枝修剪，冠幅 400cm 以内	100 株	0.03	576		184.86	150.73	17.28		5.55	4.52
1-307	树木松土施肥，松土范围 2m 以内，施肥	100 株	0.01	1180.4	183.67		308.9	11.8	1.84		3.09
1-323×2	树干涂白，胸径 10cm 以内，单价×2【人工含量已修改】	株	1	1.44	1.3		0.38	1.44	1.3		0.38
1-142	树棍桩：四脚桩	株	1	6.4	37.38		1.67	6.4	37.38		1.67
1-331	草绳绕树干	m	25.12	0.16	0.38		0.05	4.02	9.55		1.26
主材 005	紫叶稠李	株	1		350				350		
人工单价		小计						139.96	426.63	38.49	36.83
综合工日 80 元/工日		未计价材料费						37			
清单项目综合单价								641.9			

续表

项目编码	050102001005	项目名称	栽植乔木	计量单位	株	工程量	19
材料费明细	主要材料名称、规格、型号	单位	数量	单价/元	合价/元	暂估单价/元	暂估合价/元
	水	m^3	1.5793	7.19	11.36		
	栽植用土	m^3	0.28	54.52	15.27		
	紫叶稠李材料费	株	1	350	350		
	树棍	根	6	6	36		
	麻袋片	片	1	1	1		
	其他材料费			—	13	—	
	材料费小计			—	426.62	—	

注：1. 如不使用省级或行业建设主管部门发布的计价依据，可不填定额编码、名称等；

2. 招标文件提供了暂估单价的材料，按暂估的单价填入表内“暂估单价”栏及“暂估合价”栏。

表 6-16　综合单价分析表

工程名称：×××绿化工程（清单内）　　　　标段：×××标段

项目编码		050102001006		项目名称		栽植乔木		计量单位	株	工程量	34
清单综合单价组成明细											
定额编号	定额项目名称	定额单位	数量	单价/元				合价/元			
				人工费	材料费	机械费	管理费和利润	人工费	材料费	机械费	管理费和利润
1-33	栽植乔木(带土球),土球直径 60cm 以内	株	1	32	0.72		8.37	32	0.72		8.37
1-148	人工换土乔灌木,土球直径 60cm 以内	株	1	11.2	11.45		2.94	11.2	11.45		2.94
1-177×0.8	水车浇水,阔叶乔木,胸径 8cm 以内,绿地、小区庭院树木水车浇水,单价×0.8【人工含量已修改】	100 株	0.18	213.12	51.31	120.45	55.77	38.36	9.24	21.68	10.04
1-258	阔叶乔木疏枝修剪,冠幅 400cm 以内	100 株	0.03	576		184.86	150.73	17.28		5.55	4.52
1-305	树木松土施肥,松土范围 1m 以内,施肥	100 株	0.01	159.68	36.87		41.79	1.6	0.37		0.42
1-323×2	树干涂白,胸径 10cm 以内,单价×2【人工含量已修改】	株	1	1.44	1.3		0.38	1.44	1.3		0.38
1-142	树棍桩:四脚桩	株	1	6.4	37.38		1.67	6.4	37.38		1.67
1-331	草绳绕树干	m	18.84	0.16	0.38		0.05	3.01	7.16		0.94
主材 006	山杏	株	1		240				240		
人工单价		小计						111.29	307.62	27.23	29.28
综合工日 80 元/工日		未计价材料费						37			
清单项目综合单价								475.41			

续表

项目编码	050102001006	项目名称	栽植乔木	计量单位	株	工程量	34
材料费明细	主要材料名称、规格、型号	单位	数量	单价/元	合价/元	暂估单价/元	暂估合价/元
	水	m^3	1.3946	7.19	10.03		
	栽植用土	m^3	0.21	54.52	11.45		
	山杏材料费	株	1	240	240		
	树棍	根	6	6	36		
	麻袋片	片	1	1	1		
	其他材料费			—	9.13	—	
	材料费小计			—	307.61	—	

注：1. 如不使用省级或行业建设主管部门发布的计价依据，可不填定额编码、名称等；
2. 招标文件提供了暂估单价的材料，按暂估的单价填入表内“暂估单价”栏及“暂估合价”栏。

表 6-17 综合单价分析表

工程名称：×××绿化工程（清单内）　　　　标段：×××标段

项目编码		050102001007		项目名称		栽植乔木		计量单位	株	工程量	77
清单综合单价组成明细											
定额编号	定额项目名称	定额单位	数量	单价/元				合价/元			
				人工费	材料费	机械费	管理费和利润	人工费	材料费	机械费	管理费和利润
1-33	栽植乔木(带土球)，土球直径 60cm 以内	株	1	32	0.72		8.37	32	0.72		8.37
1-148	人工换土乔灌木，土球直径 60cm 以内	株	1	11.2	11.45		2.94	11.2	11.45		2.94
1-177×0.8	水车浇水，阔叶乔木，胸径 8cm 以内，绿地、小区庭院树木水车浇水，单价×0.8【人工含量已修改】	100 株	0.18	213.12	51.31	120.45	55.77	38.36	9.24	21.68	10.04
1-258	阔叶乔木疏枝修剪，冠幅 400cm 以内	100 株	0.03	576		184.86	150.73	17.28		5.55	4.52
1-305	树木松土施肥，松土范围 1m 以内，施肥	100 株	0.01	159.68	36.87		41.79	1.6	0.37		0.42
1-323×2	树干涂白，胸径 10cm 以内，单价×2【人工含量已修改】	株	1	1.44	1.3		0.38	1.44	1.3		0.38
1-142	树棍桩：四脚桩	株	1	6.4	37.38		1.67	6.4	37.38		1.67
1-331	草绳绕树干	m	18.84	0.16	0.38		0.05	3.01	7.16		0.94
主材 007	李子	株	1		150				150		
人工单价		小计						111.29	217.62	27.23	29.28
综合工日 80 元/工日		未计价材料费						37			
清单项目综合单价								385.41			

续表

项目编码	050102001007	项目名称	栽植乔木	计量单位	株	工程量	77
材料费明细	主要材料名称、规格、型号	单位	数量	单价/元	合价/元	暂估单价/元	暂估合价/元
	水	m^3	1.3946	7.19	10.03		
	栽植用土	m^3	0.21	54.52	11.45		
	李子材料费	株	1	150	150		
	树棍	根	6	6	36		
	麻袋片	片	1	1	1		
	其他材料费			—	9.13	—	
	材料费小计			—	217.61	—	

注：1. 如不使用省级或行业建设主管部门发布的计价依据，可不填定额编码、名称等；

2. 招标文件提供了暂估单价的材料，按暂估的单价填入表内“暂估单价”栏及“暂估合价”栏。

表 6-18　综合单价分析表

工程名称：×××绿化工程（清单内）　　　　标段：×××标段

项目编码		050102002001		项目名称		栽植灌木		计量单位	株	工程量	18
清单综合单价组成明细											
定额编号	定额项目名称	定额单位	数量	单价/元				合价/元			
				人工费	材料费	机械费	管理费和利润	人工费	材料费	机械费	管理费和利润
1-69	栽植灌木(带土球)，土球直径 30cm 以内	株	1	8	0.18		2.1	8	0.18		2.1
1-145	人工换土乔灌木，土球直径 30cm 以内	株	1	3.2	3.27		0.84	3.2	3.27		0.84
1-186×0.8	水车浇水，针叶乔木或灌木，树高 200cm 以内，绿地、小区庭院树木水车浇水，单价×0.8【人工含量已修改】	100 株	0.18	213.12	51.14	120.11	55.77	38.36	9.21	21.62	10.04
1-265	灌木修剪，冠幅 200cm 以内	100 株	0.04	240			62.81	9.6			2.51
主材 008	连翘	株	1		25				25		
人工单价		小计						59.16	37.66	21.62	15.49
综合工日 80 元/工日		未计价材料费									
清单项目综合单价								133.93			
材料费明细	主要材料名称、规格、型号					单位	数量	单价/元	合价/元	暂估单价/元	暂估合价/元
	水					m^3	1.3052	7.19	9.38		
	栽植用土					m^3	0.06	54.52	3.27		
	其他材料费							—	25	—	
	材料费小计							—	37.66	—	

续表

项目编码	050102002001	项目名称	栽植灌木	计量单位	株	工程量	18
	主要材料名称、规格、型号	单位	数量	单价/元	合价/元	暂估单价/元	暂估合价/元

注：1. 如不使用省级或行业建设主管部门发布的计价依据，可不填定额编码、名称等；
2. 招标文件提供了暂估单价的材料，按暂估的单价填入表内“暂估单价”栏及“暂估合价”栏。

表 6-19　综合单价分析表

工程名称：×××绿化工程（清单内）　　　　标段：×××标段

项目编码		050102002002		项目名称		栽植灌木		计量单位	株	工程量	62
清单综合单价组成明细											
定额编号	定额项目名称	定额单位	数量	单价/元				合价/元			
				人工费	材料费	机械费	管理费和利润	人工费	材料费	机械费	管理费和利润
1-69	栽植灌木（带土球），土球直径 30cm 以内	株	1	8	0.18		2.1	8	0.18		2.1
1-145	人工换土乔灌木，土球直径 30cm 以内	株	1	3.2	3.27		0.84	3.2	3.27		0.84
1-187	水车浇水，针叶乔木或灌木，树高 250cm 以内	100 株	0.18	343.2	82.18	192.73	89.81	61.78	14.79	34.69	16.17
1-265	灌木修剪，冠幅 200cm 以内	100 株	0.04	240			62.81	9.6			2.51
主材 009	紫丁香	株	1		50				50		
人工单价		小计						82.58	68.24	34.69	21.62
综合工日 80 元/工日		未计价材料费									
清单项目综合单价								207.13			
材料费明细	主要材料名称、规格、型号					单位	数量	单价/元	合价/元	暂估单价/元	暂估合价/元
	水					m^3	2.0824	7.19	14.97		
	栽植用土					m^3	0.06	54.52	3.27		
	紫丁香材料费					株	1	50	50		
	其他材料费							—		—	
	材料费小计							—	68.24	—	

<table>
<tr><td colspan="2">项目编码 | 050102002002 | 项目名称</td><td colspan="2">栽植灌木</td><td>计量单位</td><td>株</td><td>工程量</td><td>62</td></tr>
<tr><td></td><td>主要材料名称、规格、型号</td><td>单位</td><td>数量</td><td>单价/元</td><td>合价/元</td><td>暂估单价/元</td><td>暂估合价/元</td></tr>
<tr><td></td><td></td><td></td><td></td><td></td><td></td><td></td><td></td></tr>
<tr><td></td><td></td><td></td><td></td><td></td><td></td><td></td><td></td></tr>
<tr><td></td><td></td><td></td><td></td><td></td><td></td><td></td><td></td></tr>
<tr><td></td><td></td><td></td><td></td><td></td><td></td><td></td><td></td></tr>
<tr><td></td><td></td><td></td><td></td><td></td><td></td><td></td><td></td></tr>
<tr><td></td><td></td><td></td><td></td><td></td><td></td><td></td><td></td></tr>
<tr><td></td><td></td><td></td><td></td><td></td><td></td><td></td><td></td></tr>
<tr><td></td><td></td><td></td><td></td><td></td><td></td><td></td><td></td></tr>
<tr><td></td><td></td><td></td><td></td><td></td><td></td><td></td><td></td></tr>
<tr><td></td><td></td><td></td><td></td><td></td><td></td><td></td><td></td></tr>
<tr><td></td><td></td><td></td><td></td><td></td><td></td><td></td><td></td></tr>
<tr><td></td><td></td><td></td><td></td><td></td><td></td><td></td><td></td></tr>
<tr><td></td><td></td><td></td><td></td><td></td><td></td><td></td><td></td></tr>
<tr><td></td><td></td><td></td><td></td><td></td><td></td><td></td><td></td></tr>
<tr><td></td><td></td><td></td><td></td><td></td><td></td><td></td><td></td></tr>
<tr><td></td><td></td><td></td><td></td><td></td><td></td><td></td><td></td></tr>
</table>

注：1. 如不使用省级或行业建设主管部门发布的计价依据，可不填定额编码、名称等；
2. 招标文件提供了暂估单价的材料，按暂估的单价填入表内“暂估单价”栏及“暂估合价”栏。

表 6-20　综合单价分析表

工程名称：×××绿化工程（清单内）　　　　标段：×××标段

项目编码		050102002003		项目名称		栽植灌木		计量单位	株	工程量	63
清单综合单价组成明细											
定额编号	定额项目名称	定额单位	数量	单价/元				合价/元			
				人工费	材料费	机械费	管理费和利润	人工费	材料费	机械费	管理费和利润
1-69	栽植灌木(带土球),土球直径 30cm 以内	株	1	8	0.18		2.1	8	0.18		2.1
1-145	人工换土乔灌木,土球直径 30cm 以内	株	1	3.2	3.27		0.84	3.2	3.27		0.84
1-186×0.8	水车浇水,针叶乔木或灌木,树高 200cm 以内,绿地、小区庭院树木水车浇水,单价×0.8【人工含量已修改】	100 株	0.18	213.12	51.14	120.11	55.77	38.36	9.21	21.62	10.04
1-265	灌木修剪,冠幅 200cm 以内	100 株	0.03	240			62.81	7.2			1.88
主材 010	重瓣榆叶梅	株	1		50				50		
人工单价		小计						56.76	62.66	21.62	14.86
综合工日 80 元/工日		未计价材料费									
清单项目综合单价								155.9			
材料费明细	主要材料名称、规格、型号					单位	数量	单价/元	合价/元	暂估单价/元	暂估合价/元
	水					m^3	1.3052	7.19	9.38		
	栽植用土					m^3	0.06	54.52	3.27		
	重瓣榆叶梅材料费					元	1	50	50		

续表

项目编码	050102002003	项目名称	栽植灌木	计量单位	株	工程量	63
材料费明细	主要材料名称、规格、型号	单位	数量	单价/元	合价/元	暂估单价/元	暂估合价/元
	其他材料费			—		—	
	材料费小计			—	62.66	—	

注：1. 如不使用省级或行业建设主管部门发布的计价依据，可不填定额编码、名称等；

2. 招标文件提供了暂估单价的材料，按暂估的单价填入表内“暂估单价”栏及“暂估合价”栏。

表 6-21 综合单价分析表

工程名称：×××绿化工程（清单内）　　　　标段：×××标段

项目编码		050102002004		项目名称		栽植灌木		计量单位	株	工程量	7
清单综合单价组成明细											
定额编号	定额项目名称	定额单位	数量	单价/元				合价/元			
				人工费	材料费	机械费	管理费和利润	人工费	材料费	机械费	管理费和利润
1-69	栽植灌木（带土球），土球直径 30cm 以内	株	1	8	0.18		2.1	8	0.18		2.1
1-145	人工换土乔灌木，土球直径 30cm 以内	株	1	3.2	3.27		0.84	3.2	3.27		0.84
1-184	水车浇水，针叶乔木或灌木，树高 100cm 以内	100 株	0.18	170.4	41.09	96.58	44.59	30.67	7.4	17.38	8.03
1-265	灌木修剪，冠幅 200cm 以内	100 株	0.04	240			62.81	9.6			2.51
主材 011	小叶丁香球	株	1		100				100		
人工单价		小计						51.47	110.85	17.38	13.48
综合工日 80 元/工日		未计价材料费									
清单项目综合单价								193.18			
材料费明细	主要材料名称、规格、型号					单位	数量	单价/元	合价/元	暂估单价/元	暂估合价/元
	水					m^3	1.0537	7.19	7.58		
	栽植用土					m^3	0.06	54.52	3.27		
	其他材料费							—	100	—	
	材料费小计							—	110.85	—	

注：1. 如不使用省级或行业建设主管部门发布的计价依据，可不填定额编码、名称等；

2. 招标文件提供了暂估单价的材料，按暂估的单价填入表内“暂估单价”栏及“暂估合价”栏。

表 6-22 综合单价分析表

工程名称：×××绿化工程（清单内） 标段：×××标段

项目编码		050102005001		项目名称		栽植绿篱		计量单位	m^2	工程量	487
清单综合单价组成明细											
定额编号	定额项目名称	定额单位	数量	单价/元				合价/元			
				人工费	材料费	机械费	管理费和利润	人工费	材料费	机械费	管理费和利润
1-108	片植绿篱，片植高度60cm以内	$10m^2$	0.1	100.8	826.73		26.38	10.08	82.67		2.64
1-232	水车浇水，纹样篱，篱高60cm以内	$10m^2$	1.8	10.8	10.35	18.98	2.83	19.46	18.63	34.16	5.09
1-286	机械修剪纹样篱，篱高60cm以内	$10m^2$	0.6	2.4		0.79	0.63	1.44		0.47	0.38
人工单价		小计						30.98	101.3	34.63	8.11
综合工日80元/工日		未计价材料费						82.4			
清单项目综合单价								175.03			
材料费明细	主要材料名称、规格、型号					单位	数量	单价/元	合价/元	暂估单价/元	暂估合价/元
	水					m^3	2.63	7.19	18.91		
	小叶丁香					株	16	5.15	82.4		
	其他材料费							—	−0.01	—	
	材料费小计							—	101.3	—	

注：1. 如不使用省级或行业建设主管部门发布的计价依据，可不填定额编码、名称等；
2. 招标文件提供了暂估单价的材料，按暂估的单价填入表内“暂估单价”栏及“暂估合价”栏。

表 6-23　综合单价分析表

工程名称：×××绿化工程（清单内）　　　　　　标段：×××标段

<table>
<tr><td colspan="2">项目编码</td><td colspan="2">050102008001</td><td colspan="2">项目名称</td><td colspan="2">栽植花卉</td><td>计量单位</td><td>m²</td><td>工程量</td><td>698</td></tr>
<tr><td colspan="12">清单综合单价组成明细</td></tr>
<tr><td rowspan="2">定额编号</td><td rowspan="2">定额项目名称</td><td rowspan="2">定额单位</td><td rowspan="2">数量</td><td colspan="4">单价/元</td><td colspan="4">合价/元</td></tr>
<tr><td>人工费</td><td>材料费</td><td>机械费</td><td>管理费和利润</td><td>人工费</td><td>材料费</td><td>机械费</td><td>管理费和利润</td></tr>
<tr><td>1-114</td><td>露地花卉栽植，草本花</td><td>10m²</td><td>0.1</td><td>111.2</td><td>555.26</td><td></td><td>29.1</td><td>11.12</td><td>55.53</td><td></td><td>2.91</td></tr>
<tr><td>1-249</td><td>草花、宿根花浇水，水车</td><td>1000m²</td><td>0.013</td><td>164.8</td><td>107.85</td><td>396.43</td><td>43.13</td><td>2.14</td><td>1.4</td><td>5.15</td><td>0.56</td></tr>
<tr><td>1-300×6</td><td>草花中耕除草，露地，单价×6【人工含量已修改】</td><td>100m²</td><td>0.01</td><td>182.4</td><td></td><td></td><td>47.73</td><td>1.82</td><td></td><td></td><td>0.48</td></tr>
<tr><td colspan="2">人工单价</td><td colspan="6">小计</td><td>15.08</td><td>56.93</td><td>5.15</td><td>3.95</td></tr>
<tr><td colspan="2">综合工日 80 元/工日</td><td colspan="6">未计价材料费</td><td colspan="4">54</td></tr>
<tr><td colspan="8">清单项目综合单价</td><td colspan="4">81.12</td></tr>
<tr><td rowspan="5">材料费明细</td><td colspan="5">主要材料名称、规格、型号</td><td>单位</td><td>数量</td><td>单价/元</td><td>合价/元</td><td>暂估单价/元</td><td>暂估合价/元</td></tr>
<tr><td colspan="5">水</td><td>m³</td><td>0.245</td><td>7.19</td><td>1.76</td><td></td><td></td></tr>
<tr><td colspan="5">草花</td><td>株</td><td>36</td><td>1.5</td><td>54</td><td></td><td></td></tr>
<tr><td colspan="7">其他材料费</td><td>—</td><td>1.17</td><td>—</td><td></td></tr>
<tr><td colspan="7">材料费小计</td><td>—</td><td>56.93</td><td>—</td><td></td></tr>
<tr><td></td><td colspan="5"></td><td></td><td></td><td></td><td></td><td></td><td></td></tr>
<tr><td></td><td colspan="5"></td><td></td><td></td><td></td><td></td><td></td><td></td></tr>
<tr><td></td><td colspan="5"></td><td></td><td></td><td></td><td></td><td></td><td></td></tr>
<tr><td></td><td colspan="5"></td><td></td><td></td><td></td><td></td><td></td><td></td></tr>
<tr><td></td><td colspan="5"></td><td></td><td></td><td></td><td></td><td></td><td></td></tr>
</table>

注：1. 如不使用省级或行业建设主管部门发布的计价依据，可不填定额编码、名称等；
2. 招标文件提供了暂估单价的材料，按暂估的单价填入表内“暂估单价”栏及“暂估合价”栏。

表 6-24 综合单价分析表

工程名称：×××绿化工程（清单内） 标段：×××标段

项目编码		050102001008		项目名称		栽植乔木		计量单位	株	工程量	5
清单综合单价组成明细											
定额编号	定额项目名称	定额单位	数量	单价/元				合价/元			
				人工费	材料费	机械费	管理费和利润	人工费	材料费	机械费	管理费和利润
1-33	栽植乔木(带土球),土球直径 60cm 以内	株	1	32	0.72		8.37	32	0.72		8.37
1-148	人工换土乔灌木,土球直径 60cm 以内	株	1	11.2	11.45		2.94	11.2	11.45		2.94
1-177×0.8	水车浇水,阔叶乔木,胸径 8cm 以内,绿地、小区庭院树木水车浇水,单价×0.8【人工含量已修改】	100 株	0.23	213.12	51.31	120.45	55.77	49.02	11.8	27.7	12.83
1-258	阔叶乔木疏枝修剪,冠幅 400cm 以内	100 株	0.03	576		184.86	150.73	17.28		5.55	4.52
1-305	树木松土施肥,松土范围 1m 以内,施肥	100 株	0.01	159.68	36.87		41.79	1.6	0.37		0.42
1-323×2	树干涂白,胸径 10cm 以内,单价×2【人工含量已修改】	株	1	1.44	1.3		0.38	1.44	1.3		0.38
1-142	树棍桩:四脚桩	株	1	6.4	37.38		1.67	6.4	37.38		1.67
1-343	汽车运苗木,土球规格 60cm 以内,5km 以内	100 株	0.01	767.2		1374.39	200.77	7.67		13.74	2.01
主材 006	山杏	株	1		240				240		
人工单价		小计						126.61	303.02	46.99	33.14
综合工日 80 元/工日		未计价材料费						37			
清单项目综合单价								509.76			

续表

项目编码	050102001008	项目名称	栽植乔木		计量单位	株	工程量	5
材料费明细	主要材料名称、规格、型号		单位	数量	单价/元	合价/元	暂估单价/元	暂估合价/元
	水		m^3	1.7515	7.19	12.59		
	栽植用土		m^3	0.21	54.52	11.45		
	山杏材料费		株	1	240	240		
	树棍		根	6	6	36		
	麻袋片		片	1	1	1		
	其他材料费				—	1.98	—	
	材料费小计				—	303.02	—	

注：1. 如不使用省级或行业建设主管部门发布的计价依据，可不填定额编码、名称等；
2. 招标文件提供了暂估单价的材料，按暂估的单价填入表内“暂估单价”栏及“暂估合价”栏。

表 6-25 综合单价分析表

工程名称：×××绿化工程（清单内） 标段：×××标段

项目编码		050102001010		项目名称		栽植乔木		计量单位	株	工程量	9
清单综合单价组成明细											
定额编号	定额项目名称	定额单位	数量	单价/元				合价/元			
				人工费	材料费	机械费	管理费和利润	人工费	材料费	机械费	管理费和利润
1-37	栽植乔木(带土球)，土球直径 120cm 以内	株	1	124	2.88	30.68	32.45	124	2.88	30.68	32.45
1-152	人工换土乔灌木，土球直径 120cm 以内	株	1	46.4	47.43		12.15	46.4	47.43		12.15
1-181×0.8	水车浇水，阔叶乔木，胸径 16cm 以内，绿地、小区庭院树木水车浇水，单价×0.8【人工含量已修改】	100 株	0.23	768	110.42	259.11	200.98	176.64	25.4	59.6	46.23
1-259	阔叶乔木疏枝修剪，冠幅 600cm 以内	100 株	0.03	900		369.72	235.52	27		11.09	7.07
1-307	树木松土施肥，松土范围 2m 以内，施肥	100 株	0.01	1180.4	183.67		308.9	11.8	1.84		3.09
1-324×2	树干涂白，胸径 10cm 以上，单价×2【人工含量已修改】	株	1	2.88	3.78		0.76	2.88	3.78		0.76
1-142	树棍桩：四脚桩	株	1	6.4	37.38		1.67	6.4	37.38		1.67
1-331	草绳绕树干	m	37.68	0.16	0.38		0.05	6.03	14.32		1.88
1-349	汽车运苗木，土球规格 120cm 以内，5km 以内	100 株	0.01	4068		11453.13	1064.54	40.68		114.53	10.65
1-296	摘除蘖芽，胸径 8cm 以上	100 株	0.03	49.44			12.94	1.48			0.39
主材 002	果树	株	1		1000				1000		

续表

项目编码		050102001010		项目名称		栽植乔木		计量单位	株	工程量	9
清单综合单价组成明细											
定额编号	定额项目名称	定额单位	数量	单价/元				合价/元			
				人工费	材料费	机械费	管理费和利润	人工费	材料费	机械费	管理费和利润
人工单价		小计						443.31	1133.03	215.9	116.34
综合工日 80 元/工日		未计价材料费						37			
清单项目综合单价								1908.58			

	主要材料名称、规格、型号	单位	数量	单价/元	合价/元	暂估单价/元	暂估合价/元
材料费明细	水	m^3	3.9604	7.19	28.48		
	栽植用土	m^3	0.87	54.52	47.43		
	果树材料费	元	1	1000	1000		
	树棍	根	6	6	36		
	麻袋片	片	1	1	1		
	其他材料费			—	20.11	—	
	材料费小计			—	1133.02	—	

注：1. 如不使用省级或行业建设主管部门发布的计价依据，可不填定额编码、名称等；
2. 招标文件提供了暂估单价的材料，按暂估的单价填入表内“暂估单价”栏及“暂估合价”栏。

表 6-26　综合单价分析表

工程名称：×××绿化工程（清单内）　　　　标段：×××标段

项目编码		050102001011		项目名称		栽植乔木		计量单位	株	工程量	10
清单综合单价组成明细											
定额编号	定额项目名称	定额单位	数量	单价/元				合价/元			
				人工费	材料费	机械费	管理费和利润	人工费	材料费	机械费	管理费和利润
1-35	栽植乔木(带土球)，土球直径 80cm 以内	株	1	52.8	1.08	13.09	13.82	52.8	1.08	13.09	13.82
1-150	人工换土乔灌木，土球直径 80cm 以内	株	1	24.8	27.26		6.49	24.8	27.26		6.49
1-178×0.8	水车浇水，阔叶乔木，胸径 10cm 以内，绿地、小区庭院树木水车浇水，单价×0.8【人工含量已修改】	100 株	0.23	274.56	57.7	135.29	71.86	63.15	13.27	31.12	16.53
1-307	树木松土施肥，松土范围 2m 以内，施肥	100 株	0.01	1180.4	183.67		308.9	11.8	1.84		3.09
1-323×2	树干涂白，胸径 10cm 以内，单价×2【人工含量已修改】	株	1	1.44	1.3		0.38	1.44	1.3		0.38
1-142	树棍桩：四脚桩	株	1	6.4	37.38		1.67	6.4	37.38		1.67
1-331	草绳绕树干	m	31.4	0.16	0.38		0.05	5.02	11.93		1.57
1-345	汽车运苗木，土球规格 80cm 以内，5km 以内	100 株	0.01	1800		5066.18	471.04	18		50.66	4.71
1-258	阔叶乔木疏枝修剪，冠幅 400cm 以内	100 株	0.03	576		184.86	150.73	17.28		5.55	4.52
主材 003	垂柳	株	1		300				300		
人工单价		小计						200.69	394.06	100.42	52.78
综合工日 80 元/工日		未计价材料费						37			

续表

项目编码	050102001011	项目名称	栽植乔木	计量单位	株	工程量	10
清单项目综合单价				747.95			
材料费明细	主要材料名称、规格、型号	单位	数量	单价/元	合价/元	暂估单价/元	暂估合价/元
	水	m^3	2.0055	7.19	14.42		
	栽植用土	m^3	0.5	54.52	27.26		
	垂柳材料费	株	1	300	300		
	树棍	根	6	6	36		
	麻袋片	片	1	1	1		
	其他材料费			—	15.38	—	
	材料费小计			—	394.06	—	

注：1. 如不使用省级或行业建设主管部门发布的计价依据，可不填定额编码、名称等；

2. 招标文件提供了暂估单价的材料，按暂估的单价填入表内“暂估单价”栏及“暂估合价”栏。

表 6-27　综合单价分析表

工程名称：×××绿化工程（清单内）　　　　标段：×××标段

项目编码		050102002006		项目名称		栽植灌木		计量单位	株	工程量	20
清单综合单价组成明细											
定额编号	定额项目名称	定额单位	数量	单价/元				合价/元			
				人工费	材料费	机械费	管理费和利润	人工费	材料费	机械费	管理费和利润
1-69	栽植灌木（带土球），土球直径 30cm 以内	株	1	8	0.18		2.1	8	0.18		2.1
1-145	人工换土乔灌木，土球直径 30cm 以内	株	1	3.2	3.27		0.84	3.2	3.27		0.84
1-187	水车浇水，针叶乔木或灌木，树高 250cm 以内	100 株	0.23	343.2	82.18	192.73	89.81	78.94	18.9	44.33	20.66
1-265	灌木修剪，冠幅 200cm 以内	100 株	0.04	240			62.81	9.6			2.51
1-337	汽车运苗木，土球规格 30cm 以内，5km 以内	100 株	0.01	171.2		138.26	44.81	1.71		1.38	0.45
主材 009	紫丁香	株	1		50				50		
人工单价		小计						101.45	72.35	45.71	26.56
综合工日 80 元/工日		未计价材料费									
清单项目综合单价								246.07			
材料费明细	主要材料名称、规格、型号					单位	数量	单价/元	合价/元	暂估单价/元	暂估合价/元
	水					m^3	2.6539	7.19	19.08		
	栽植用土					m^3	0.06	54.52	3.27		
	紫丁香材料费					株	1	50	50		

续表

项目编码	050102002006	项目名称	栽植灌木	计量单位	株	工程量	20
材料费明细	主要材料名称、规格、型号	单位	数量	单价/元	合价/元	暂估单价/元	暂估合价/元
	其他材料费			—		—	
	材料费小计			—	72.35	—	

注：1. 如不使用省级或行业建设主管部门发布的计价依据，可不填定额编码、名称等；
2. 招标文件提供了暂估单价的材料，按暂估的单价填入表内“暂估单价”栏及“暂估合价”栏。

表 6-28　综合单价分析表

工程名称：×××绿化工程（清单内）　　　　标段：×××标段

项目编码		040101001001		项目名称		挖一般土方		计量单位	m^3	工程量	572.56
清单综合单价组成明细											
定额编号	定额项目名称	定额单位	数量	单价/元				合价/元			
				人工费	材料费	机械费	管理费和利润	人工费	材料费	机械费	管理费和利润
借 1-55	反铲挖掘机，斗容量 $1.25m^3$，装车，一、二类土	$1000m^3$	0.001	474		3565.19	143.1	0.47		3.57	0.14
人工单价		小计						0.47		3.57	0.14
综合工日 79 元/工日		未计价材料费									
清单项目综合单价								4.18			
材料费明细	主要材料名称、规格、型号					单位	数量	单价/元	合价/元	暂估单价/元	暂估合价/元

注：1. 如不使用省级或行业建设主管部门发布的计价依据，可不填定额编码、名称等；

2. 招标文件提供了暂估单价的材料，按暂估的单价填入表内“暂估单价”栏及“暂估合价”栏。

表 6-29　综合单价分析表

工程名称：×××绿化工程（清单内）　　　　标段：×××标段

项目编码		010103002001		项目名称		余方弃置		计量单位	m^3	工程量	572.56
清单综合单价组成明细											
定额编号	定额项目名称	定额单位	数量	单价/元				合价/元			
				人工费	材料费	机械费	管理费和利润	人工费	材料费	机械费	管理费和利润
借 1-122	装载机装松散土，斗容量 1.5m^3	1000m^3	0.001	474		1395.26	143.1	0.47		1.4	0.14
借 1-320 换	8t 自卸汽车运土，运距 10km 以内，人工装车或反铲挖掘机装车，机械[6207000052] 含量×1.1	1000m^3	0.001		86.28	21903.85			0.09	21.9	
人工单价		小计						0.47	0.09	23.3	0.14
综合工日 79 元/工日		未计价材料费									
清单项目综合单价								24			
材料费明细	主要材料名称、规格、型号					单位	数量	单价/元	合价/元	暂估单价/元	暂估合价/元
	水					m^3	0.012	7.19	0.09		
	其他材料费							—		—	
	材料费小计							—	0.09	—	

注：1. 如不使用省级或行业建设主管部门发布的计价依据，可不填定额编码、名称等；

2. 招标文件提供了暂估单价的材料，按暂估的单价填入表内“暂估单价”栏及“暂估合价”栏。

表 6-30　综合单价分析表

工程名称：×××绿化工程（清单内）　　　　标段：×××标段

项目编码		040202001001		项目名称		路床(槽)整形		计量单位	m^2	工程量	1684
清单综合单价组成明细											
定额编号	定额项目名称	定额单位	数量	单价/元				合价/元			
				人工费	材料费	机械费	管理费和利润	人工费	材料费	机械费	管理费和利润
借 2-32	人行道整形碾压	100m^2	0.01	135.88		12.1	41.02	1.36		0.12	0.41
人工单价		小计						1.36		0.12	0.41
综合工日 79 元/工日		未计价材料费									
清单项目综合单价								1.89			
材料费明细	主要材料名称、规格、型号					单位	数量	单价/元	合价/元	暂估单价/元	暂估合价/元

注：1. 如不使用省级或行业建设主管部门发布的计价依据，可不填定额编码、名称等；

2. 招标文件提供了暂估单价的材料，按暂估的单价填入表内“暂估单价”栏及“暂估合价”栏。

表 6-31 综合单价分析表

工程名称：×××绿化工程（清单内）　　　　标段：×××标段

项目编码		040204002002		项目名称		人行道块料铺设		计量单位	m^2	工程量	1684
清单综合单价组成明细											
定额编号	定额项目名称	定额单位	数量	单价/元				合价/元			
				人工费	材料费	机械费	管理费和利润	人工费	材料费	机械费	管理费和利润
借 2-319	人行道板铺设，30cm×30cm×6cm	100m^2	0.01	714.95	4000		215.84	7.15	40		2.16
借 2-39 换	铺筑垫层料，砂垫层，厚度 5cm 实际厚度 3cm，换为中(粗)砂【人工含量已修改】	100m^2	0.01	89.27	184.95		26.95	0.89	1.85		0.27
人工单价		小计						8.04	41.85		2.43
综合工日 79 元/工日		未计价材料费						40			
清单项目综合单价								52.32			
材料费明细	主要材料名称、规格、型号					单位	数量	单价/元	合价/元	暂估单价/元	暂估合价/元
	水					m^3	0.0047	7.19	0.03		
	通体砖 6cm					m^2	1	40	40		
	其他材料费							—	1.82	—	
	材料费小计							—	41.85	—	

注：1. 如不使用省级或行业建设主管部门发布的计价依据，可不填定额编码、名称等；

2. 招标文件提供了暂估单价的材料，按暂估的单价填入表内“暂估单价”栏及“暂估合价”栏。

表 6-32　综合单价分析表

工程名称：×××绿化工程（清单内）　　　　标段：×××标段

项目编码		040202006001		项目名称		二灰碎石基层		计量单位	m^2	工程量	1684
清单综合单价组成明细											
定额编号	定额项目名称	定额单位	数量	单价/元				合价/元			
				人工费	材料费	机械费	管理费和利润	人工费	材料费	机械费	管理费和利润
借 2-229	摊铺机摊铺基层混合料	100m^2	0.01	34.76		136.39	10.49	0.35		1.36	0.1
补充主材 002	二灰碎石	m^3	0.135		183.03				24.71		
借 2-302	水泥混凝土路面养生，塑料膜养护	100m^2	0.01	79	215.29		23.85	0.79	2.15		0.24
人工单价		小计						1.14	26.86	1.36	0.34
综合工日 79 元/工日		未计价材料费						24.71			
清单项目综合单价								29.71			
材料费明细	主要材料名称、规格、型号					单位	数量	单价/元	合价/元	暂估单价/元	暂估合价/元
	水					m^3	0.04	7.19	0.29		
	二灰碎石					m^3	0.135	183.03	24.71		
	其他材料费							—	1.86	—	
	材料费小计							—	26.86	—	

注：1. 如不使用省级或行业建设主管部门发布的计价依据，可不填定额编码、名称等；
2. 招标文件提供了暂估单价的材料，按暂估的单价填入表内“暂估单价”栏及“暂估合价”栏。

表 6-33 综合单价分析表

工程名称：×××绿化工程（清单内）　　　　标段：×××标段

项目编码		040202011001		项目名称		碎石基层		计量单位	m^2	工程量	1684
清单综合单价组成明细											
定额编号	定额项目名称	定额单位	数量	单价/元				合价/元			
				人工费	材料费	机械费	管理费和利润	人工费	材料费	机械费	管理费和利润
借 2-144	碎石基层，人机配合，厚度 15cm	$100m^2$	0.01	255.17	1569.77	293.02	77.04	2.55	15.7	2.93	0.77
人工单价		小计						2.55	15.7	2.93	0.77
综合工日 79 元/工日		未计价材料费									
清单项目综合单价								21.95			
材料费明细	主要材料名称、规格、型号					单位	数量	单价/元	合价/元	暂估单价/元	暂估合价/元
	碎石 60mm					m^3	0.1989	78.53	15.62		
	其他材料费							—	0.08	—	
	材料费小计							—	15.7	—	

注：1. 如不使用省级或行业建设主管部门发布的计价依据，可不填定额编码、名称等；

2. 招标文件提供了暂估单价的材料，按暂估的单价填入表内“暂估单价”栏及“暂估合价”栏。

表 6-34　综合单价分析表

工程名称：×××绿化工程（清单内）　　　　标段：×××标段

项目编码		040204004002		项目名称		安砌侧(平、缘)石		计量单位	m	工程量	1337
清单综合单价组成明细											
定额编号	定额项目名称	定额单位	数量	单价/元				合价/元			
				人工费	材料费	机械费	管理费和利润	人工费	材料费	机械费	管理费和利润
借 2-351	平面石安砌，石质平面石，长 80cm	100m	0.01	630.42	4696.45		190.33	6.3	46.96		1.9
借 2-344	侧(平、缘)石垫层，砂垫层	m^3	0.035	48.98	61.83		14.79	1.71	2.16		0.52
借 2-361	立缘石混凝土后座	$10m^3$	0.0063	579.07	2965.88	8.34	174.82	3.65	18.69	0.05	1.1
人工单价		小计						11.66	67.81	0.05	3.52
综合工日 79 元/工日		未计价材料费						63.73			
清单项目综合单价								83.06			
材料费明细	主要材料名称、规格、型号					单位	数量	单价/元	合价/元	暂估单价/元	暂估合价/元
	水					m^3	0.0333	7.19	0.24		
	芝麻白花岗岩路缘石，150mm×350mm×800mm					m	1.015	45	45.68		
	预拌混凝土 C20					m^3	0.0639	282.35	18.04		
	其他材料费							—	3.85	—	
	材料费小计							—	67.81	—	

注：1. 如不使用省级或行业建设主管部门发布的计价依据，可不填定额编码、名称等；

2. 招标文件提供了暂估单价的材料，按暂估的单价填入表内“暂估单价”栏及“暂估合价”栏。

表 6-35　综合单价分析表

工程名称：×××绿化工程（清单内）　　　　标段：×××标段

项目编码		040204007001		项目名称		树池砌筑		计量单位	个	工程量	130
清单综合单价组成明细											
定额编号	定额项目名称	定额单位	数量	单价/元				合价/元			
				人工费	材料费	机械费	管理费和利润	人工费	材料费	机械费	管理费和利润
借 2-371	树池砌筑，石质块，25cm×5cm×12.5cm	100m	0.048	383.15	5006.43		115.67	18.39	240.31		5.55
借 2-343	侧（平、缘）石垫层，混凝土垫层	m^3	0.074	120.87	280.94		36.49	8.94	20.79		2.7
人工单价		小计						27.33	261.1		8.25
综合工日 79 元/工日		未计价材料费						240			
清单项目综合单价								296.69			
材料费明细	主要材料名称、规格、型号					单位	数量	单价/元	合价/元	暂估单价/元	暂估合价/元
	水					m^3	0.0148	7.19	0.11		
	花岗岩树池条石					m	4.8	50	240		
	其他材料费							—	20.99	—	
	材料费小计							—	261.1	—	

注：1. 如不使用省级或行业建设主管部门发布的计价依据，可不填定额编码、名称等；
2. 招标文件提供了暂估单价的材料，按暂估的单价填入表内“暂估单价”栏及“暂估合价”栏。

2. 清单外可参照表 6-36 ~ 表 6-55。

表 6-36 结算总价封面

×××绿化工程(清单外)

结算总价

投 标 人：____________________

(单位盖章)

年 月 日

表 6-37 结算总价扉页

×××绿化工程(清单外)

结 算 总 价

招 标 人：		
工 程 名 称：	×××绿化工程(清单外)	
投标总价	(小写)：	86,868.85
	(大写)：	捌万陆仟捌佰陆拾捌元捌角伍分
投标人：		
	(单位盖章)	
法定代表人		
或其授权人：		
	(签字或盖章)	
编 制 人：		
	(造价人员签字盖专用章)	
编制时间：	年 月 日	

表 6-38 总说明

工程名称：×××绿化工程 第 1 页 共 1 页

表 6-39　单位工程结算报价汇总表

工程名称：×××绿化工程（清单外）　　　标段：×××标段

序号	汇总内容	金额/元	其中：暂估价/元
(一)	分部分项工程费	74078.14	
1.1	现场洽商	74078.14	
(二)	措施项目费	793.76	
(1)	单价措施项目费		
(2)	总价措施项目费	793.76	
①	安全文明施工费	763	
②	其他措施项目费	30.76	
③	专业工程措施项目费		
(三)	其他项目费	669.73	—
(3)	暂列金额		
(4)	专业工程暂估价		
(5)	计日工		
(6)	总承包服务费		
	人工费调差	669.73	
(四)	规费	3430.05	—
	养老保险费	1777.23	—
	医疗保险费	666.46	—
	失业保险费	133.29	—
	工伤保险费	88.86	—
	生育保险费	53.32	—
	住房公积金	710.89	—
	工程排污费		—
(五)	税金	7897.17	—
投标报价合计=(一)+(二)+(三)+(四)+(五)		86868.85	0

注：本表适用于单位工程招标控制价或投标报价的汇总，如无单位工程划分，单项工程也使用本表汇总。

表 6-40　分部分项工程和单价措施项目清单与计价表

工程名称：×××绿化工程（清单外）　　　标段：×××标段

序号	项目编码	项目名称	项目特征描述	计量单位	工程量	金额/元		
						综合单价	综合合价	其中：暂估价
		现场洽商						
1	040101001002	挖一般土方	1. 土壤类别：一、二类土 2. 挖土深度：	m^3	102.23	4.18	427.32	

续表

序号	项目编码	项目名称	项目特征描述	计量单位	工程量	金额/元		
						综合单价	综合合价	其中：暂估价
2	010103002002	余方弃置	1. 废弃料品种： 2. 运距：自行考虑	m^3	102.23	24	2453.52	
3	040202001002	路床(槽)整形		m^2	220.64	1.89	417.01	
4	040204002003	人行道块料铺设	1. 块料品种、规格：通体砖6cm厚 2. 基础、垫层：材料品种、厚度为30mm厚中砂垫层 3. 详见铺装做法详图	m^2	220.64	52.32	11543.88	
5	040202006002	二灰碎石基层	1. 种类：二灰碎石 2. 厚度：100mm厚 3. 详见铺装做法详图	m^2	220.64	29.71	6555.21	
6	040202011002	碎石基层	1. 类型：级配碎石 2. 厚度：150mm厚 3. 详见铺装做法详图	m^2	220.64	21.95	4843.05	
7	040101001003	挖一般土方	1. 土壤类别：一、二类土 2. 挖土深度：	m^3	609.06	4.18	2545.87	
8	010103002003	余方弃置	1. 废弃料品种： 2. 运距：自行考虑	m^3	609.06	24	14617.44	
9	010103001001	回填种植土	名称：回填种植土	m^3	194.8992	64	12473.55	
10	010103001002	回填种植土	名称：回填种植土	m^3	47.034	64	3010.18	
本页小计							58887.03	
11	050102001015	栽植乔木	1. 种类：垂柳 2. 胸径或干径：胸径10cm 3. 株高、冠径：$H=4.5\sim5m$，冠幅3m 4. 起挖方式：带土球 5. 养护期：2年，含浇水、松土、施肥、修剪等 6. 苗木运距：5km 7. 栽植方式：人工换土	株	5	747.95	3739.75	
12	050102001014	栽植乔木	1. 种类：果树 2. 胸径或干径：地径12～15cm 3. 株高、冠径：$H=3.5\sim4m$，冠幅4.5～5.0m 4. 起挖方式：带土球 5. 养护期：2年，含浇水、松土、施肥、修剪等 6. 苗木运距：5km 7. 栽植方式：人工换土	株	6	1908.56	11451.36	
		分部小计					74078.14	
		措施项目						
		分部小计						

续表

序号	项目编码	项目名称	项目特征描述	计量单位	工程量	金额/元		
						综合单价	综合合价	其中:暂估价
本页小计							15191.11	
合计							74078.14	

注：为计取规费等的使用，可在表中增设其中："定额人工费"。

表 6-41 总价措施项目清单与计价表

工程名称：×××绿化工程（清单外） 标段：×××标段

序号	项目编码	项目名称	基数说明	费率/%	金额/元	调整费率/%	调整后金额/元	备注
一、		安全文明施工费			763			
1	050405001001	安全文明施工费	分部分项合计＋单价措施项目费－分部分项设备费－技术措施项目设备费	1.03	763			
2	1.1	垂直防护架、垂直封闭防护、水平防护架						
二、		其他措施项目费			30.76			
3	050405002001	夜间施工费	分部分项预算价人工费＋单价措施计费人工费	0.08	4.73			
4	050405004001	二次搬运费	分部分项预算价人工费＋单价措施计费人工费	0.08	4.73			
5	050405005001	雨季施工费	分部分项预算价人工费＋单价措施计费人工费	0.14	8.28			
6	050405005002	冬季施工费	分部分项预算价人工费＋单价措施计费人工费	0				
7	050405008001	已完工程及设备保护费	分部分项预算价人工费＋单价措施计费人工费	0.11	6.51			
8	05B001	工程定位复测费	分部分项预算价人工费＋单价措施计费人工费	0.05	2.96			
9	050405003001	非夜间施工照明费	分部分项预算价人工费＋单价措施计费人工费	0.06	3.55			

续表

序号	项目编码	项目名称	基数说明	费率/%	金额/元	调整费率/%	调整后金额/元	备注
10	05B002	地上、地下设施、建筑物的临时保护设施费						
三、		专业工程措施项目费						
11	05B003	专业工程措施项目费						
合计					793.76			

编制人（造价人员）：　　　　　　　　　复核人（造价工程师）：

注：1."计算基础"中安全文明施工费可为"定额基价""定额人工费"或"定额人工费＋定额机械费"，其他项目可为"定额人工费"或"定额人工费＋定额机械费"。

2.按施工方案计算的措施费，若无"计算基础"和"费率"的数值，也可只填"金额"数值，但应在备注栏说明施工方案出处或计算方法。

表 6-42　总承包服务费计价表

工程名称：×××绿化工程（清单外）　　　标段：×××标段

序号	项目名称	项目价值/元	服务内容	计算基础	费率/%	金额/元
1	发包人供应材料				2	
2	发包人采购设备				2	
3	总承包人对发包人发包的专业工程管理和协调				1.5	
4	总承包人对发包人发包的专业工程管理和协调并提供配合服务				5	

续表

序号	项目名称	项目价值/元	服务内容	计算基础	费率/%	金额/元
合计						

注：此表项目名称、服务内容由招标人填写，编制招标控制价时，费率及金额由招标人按有关计价规定确定；投标时，费率及金额由投标人自主报价，计入投标总价中。

表 6-43　规费、税金项目清单与计价表

工程名称：×××绿化工程（清单外）　　　标段：×××标段

序号	项目名称	计算基础	计算基数	计算费率/%	金额/元
1	规费	养老保险费＋医疗保险费＋失业保险费＋工伤保险费＋生育保险费＋住房公积金＋工程排污费			3430.05
1.1	养老保险费	其中:计费人工费＋其中:计费人工费＋人工价差－安全文明施工费人工价差	8886.16	20	1777.23
1.2	医疗保险费	其中:计费人工费＋其中:计费人工费＋人工价差－安全文明施工费人工价差	8886.16	7.5	666.46
1.3	失业保险费	其中:计费人工费＋其中:计费人工费＋人工价差－安全文明施工费人工价差	8886.16	1.5	133.29
1.4	工伤保险费	其中:计费人工费＋其中:计费人工费＋人工价差－安全文明施工费人工价差	8886.16	1	88.86
1.5	生育保险费	其中:计费人工费＋其中:计费人工费＋人工价差－安全文明施工费人工价差	8886.16	0.6	53.32
1.6	住房公积金	其中:计费人工费＋其中:计费人工费＋人工价差－安全文明施工费人工价差	8886.16	8	710.89
1.7	工程排污费				
2	税金	分部分项工程费＋措施项目费＋其他项目费＋规费	78971.68	10	7897.17
合计					11327.22

编制人（造价人员）：　　　　　　　　　　复核人（造价工程师）：

表 6-44 综合单价分析表

工程名称：×××绿化工程（清单外）　　标段：×××标段

项目编码		040101001002		项目名称		挖一般土方		计量单位	m^3	工程量	102.23
清单综合单价组成明细											
定额编号	定额项目名称	定额单位	数量	单价/元				合价/元			
				人工费	材料费	机械费	管理费和利润	人工费	材料费	机械费	管理费和利润
借 1-55	反铲挖掘机，斗容量 $1.25m^3$，装车，一、二类土	$1000m^3$	0.001	474		3565.19	143.1	0.47		3.57	0.14
人工单价		小计						0.47		3.57	0.14
综合工日 79 元/工日		未计价材料费									
清单项目综合单价								4.18			
材料费明细	主要材料名称、规格、型号					单位	数量	单价/元	合价/元	暂估单价/元	暂估合价/元

注：1. 如不使用省级或行业建设主管部门发布的计价依据，可不填定额编码、名称等；

2. 招标文件提供了暂估单价的材料，按暂估的单价填入表内“暂估单价”栏及“暂估合价”栏。

表 6-45　综合单价分析表

工程名称：×××绿化工程（清单外）　　　　标段：×××标段

项目编码		010103002002		项目名称	余方弃置		计量单位	m^3		工程量	102.23
清单综合单价组成明细											
定额编号	定额项目名称	定额单位	数量	单价/元				合价/元			
				人工费	材料费	机械费	管理费和利润	人工费	材料费	机械费	管理费和利润
借 1-122	装载机装松散土，斗容量 1.5m^3	1000m^3	0.001	474		1395.26	143.1	0.47		1.4	0.14
借 1-320 换	8t 自卸汽车运土，运距 10km 以内，人工装车或反铲挖掘机装车，机械[6207000052]，含量×1.1	1000m^3	0.001		86.28	21903.85			0.09	21.9	
人工单价		小计						0.47	0.09	23.3	0.14
综合工日 79 元/工日		未计价材料费									
清单项目综合单价								24			
材料费明细	主要材料名称、规格、型号					单位	数量	单价/元	合价/元	暂估单价/元	暂估合价/元
	水					m^3	0.012	7.19	0.09		
	其他材料费							—		—	
	材料费小计							—	0.09	—	

注：1. 如不使用省级或行业建设主管部门发布的计价依据，可不填定额编码、名称等；

2. 招标文件提供了暂估单价的材料，按暂估的单价填入表内“暂估单价”栏及“暂估合价”栏。

表 6-46 综合单价分析表

工程名称：×××绿化工程（清单外） 标段：×××标段

项目编码		040202001002		项目名称		路床(槽)整形	计量单位		m^2	工程量	220.64
清单综合单价组成明细											
定额编号	定额项目名称	定额单位	数量	单价/元				合价/元			
				人工费	材料费	机械费	管理费和利润	人工费	材料费	机械费	管理费和利润
借 2-32	人行道整形碾压	$100m^2$	0.01	135.88		12.1	41.02	1.36		0.12	0.41
人工单价		小计						1.36		0.12	0.41
综合工日 79 元/工日		未计价材料费									
清单项目综合单价								1.89			
材料费明细	主要材料名称、规格、型号					单位	数量	单价/元	合价/元	暂估单价/元	暂估合价/元

注：1. 如不使用省级或行业建设主管部门发布的计价依据，可不填定额编码、名称等；
2. 招标文件提供了暂估单价的材料，按暂估的单价填入表内“暂估单价”栏及“暂估合价”栏。

表 6-47 综合单价分析表

工程名称：×××绿化工程（清单外）　　　　标段：×××标段

项目编码		040204002003		项目名称		人行道块料铺设		计量单位	m^2	工程量	220.64
清单综合单价组成明细											
定额编号	定额项目名称	定额单位	数量	单价/元				合价/元			
				人工费	材料费	机械费	管理费和利润	人工费	材料费	机械费	管理费和利润
借 2-319	人行道板铺设，30cm×30cm×6cm	100m^2	0.01	714.95	4000		215.84	7.15	40		2.16
借 2-39 换	铺筑垫层料，砂垫层，厚度5cm，实际厚度3cm，换为中（粗）砂【人工含量已修改】	100m^2	0.01	89.27	184.95		26.95	0.89	1.85		0.27
人工单价		小计						8.04	41.85		2.43
综合工日 79 元/工日		未计价材料费						40			
清单项目综合单价								52.32			
材料费明细	主要材料名称、规格、型号					单位	数量	单价/元	合价/元	暂估单价/元	暂估合价/元
	水					m^3	0.0047	7.19	0.03		
	其他材料费（占材料费）					元	0.0092	1	0.01		
	中（粗）砂					m^3	0.0386	46.8	1.81		
	通体砖 6cm					m^2	1	40	40		
	其他材料费							—		—	
	材料费小计							—	41.85	—	

注：1. 如不使用省级或行业建设主管部门发布的计价依据，可不填定额编码、名称等；
2. 招标文件提供了暂估单价的材料，按暂估的单价填入表内“暂估单价”栏及“暂估合价”栏。

表 6-48　综合单价分析表

工程名称：×××绿化工程（清单外）　　　　标段：×××标段

项目编码		040202006002		项目名称		二灰碎石基层		计量单位	m^2	工程量	220.64
清单综合单价组成明细											
定额编号	定额项目名称	定额单位	数量	单价/元				合价/元			
				人工费	材料费	机械费	管理费和利润	人工费	材料费	机械费	管理费和利润
借 2-229	摊铺机摊铺基层混合料	$100m^2$	0.01	34.76		136.39	10.49	0.35		1.36	0.1
补充主材002	二灰碎石	m^3	0.135		183.03				24.71		
借 2-302	水泥混凝土路面养生，塑料膜养护	$100m^2$	0.01	79	215.29		23.85	0.79	2.15		0.24
人工单价		小计						1.14	26.86	1.36	0.34
综合工日 79 元/工日		未计价材料费						24.71			
清单项目综合单价								29.71			
材料费明细	主要材料名称、规格、型号					单位	数量	单价/元	合价/元	暂估单价/元	暂估合价/元
	水					m^3	0.04	7.19	0.29		
	其他材料费(占材料费)					元	0.0107	1	0.01		
	塑料薄膜					kg	0.11	16.86	1.85		
	二灰碎石					m^3	0.135	183.03	24.71		
	其他材料费							—		—	
	材料费小计							—	26.86	—	

注：1. 如不使用省级或行业建设主管部门发布的计价依据，可不填定额编码、名称等；

2. 招标文件提供了暂估单价的材料，按暂估的单价填入表内“暂估单价”栏及“暂估合价”栏。

表 6-49　综合单价分析表

工程名称：×××绿化工程（清单外）　　　　标段：×××标段

项目编码		040202011002		项目名称		碎石基层		计量单位	m^2	工程量	220.64
清单综合单价组成明细											
定额编号	定额项目名称	定额单位	数量	单价/元				合价/元			
				人工费	材料费	机械费	管理费和利润	人工费	材料费	机械费	管理费和利润
借 2-144	碎石基层，人机配合，厚度 15cm	100m^2	0.01	255.17	1569.77	293.02	77.04	2.55	15.7	2.93	0.77
人工单价		小计						2.55	15.7	2.93	0.77
综合工日 79 元/工日		未计价材料费									
清单项目综合单价								21.95			
材料费明细	主要材料名称、规格、型号					单位	数量	单价/元	合价/元	暂估单价/元	暂估合价/元
	其他材料费（占材料费）					元	0.0781	1	0.08		
	碎石 60mm					m^3	0.1989	78.53	15.62		
	其他材料费							—		—	
	材料费小计							—	15.7	—	

注：1. 如不使用省级或行业建设主管部门发布的计价依据，可不填定额编码、名称等；

2. 招标文件提供了暂估单价的材料，按暂估的单价填入表内“暂估单价”栏及“暂估合价”栏。

表 6-50 综合单价分析表

工程名称：×××绿化工程（清单外）　　　　标段：×××标段

项目编码		040101001003		项目名称		挖一般土方		计量单位	m3	工程量	609.06
清单综合单价组成明细											
定额编号	定额项目名称	定额单位	数量	单价/元				合价/元			
				人工费	材料费	机械费	管理费和利润	人工费	材料费	机械费	管理费和利润
借 1-55	反铲挖掘机，斗容量 $1.25m^3$，装车，一、二类土	$1000m^3$	0.001	474		3565.19	143.1	0.47		3.57	0.14
人工单价		小计						0.47		3.57	0.14
综合工日 79 元/工日		未计价材料费									
清单项目综合单价								4.18			
材料费明细	主要材料名称、规格、型号					单位	数量	单价/元	合价/元	暂估单价/元	暂估合价/元

注：1. 如不使用省级或行业建设主管部门发布的计价依据，可不填定额编码、名称等；

2. 招标文件提供了暂估单价的材料，按暂估的单价填入表内“暂估单价”栏及“暂估合价”栏。

表 6-51　综合单价分析表

工程名称：×××绿化工程（清单外）　　　　标段：×××标段

项目编码		010103002003		项目名称	余方弃置		计量单位		m^3	工程量	609.06
清单综合单价组成明细											
定额编号	定额项目名称	定额单位	数量	单价/元				合价/元			
				人工费	材料费	机械费	管理费和利润	人工费	材料费	机械费	管理费和利润
借 1-122	装载机装松散土，斗容量 1.5m^3	1000m^3	0.001	474		1395.26	143.1	0.47		1.4	0.14
借 1-320 换	8t 自卸汽车运土，运距 10km 以内，人工装车或反铲挖掘机装车，机械[6207000052]，含量×1.1	1000m^3	0.001		86.28	21903.85			0.09	21.9	
人工单价		小计						0.47	0.09	23.3	0.14
综合工日 79 元/工日		未计价材料费									
清单项目综合单价								24			
材料费明细	主要材料名称、规格、型号					单位	数量	单价/元	合价/元	暂估单价/元	暂估合价/元
	水					m^3	0.012	7.19	0.09		
	其他材料费							—		—	
	材料费小计							—	0.09	—	

注：1. 如不使用省级或行业建设主管部门发布的计价依据，可不填定额编码、名称等；

2. 招标文件提供了暂估单价的材料，按暂估的单价填入表内“暂估单价”栏及“暂估合价”栏。

表 6-52 综合单价分析表

工程名称：×××绿化工程（清单外）　　　　标段：×××标段

项目编码		010103001001		项目名称		回填种植土		计量单位	m^3	工程量	194.8992
清单综合单价组成明细											
定额编号	定额项目名称	定额单位	数量	单价/元				合价/元			
				人工费	材料费	机械费	管理费和利润	人工费	材料费	机械费	管理费和利润
借 1-187	回填土，松填	$100m^3$	0.01	685.6	5442		272.52	6.86	54.42		2.73
人工单价		小计						6.86	54.42		2.73
综合工日 80 元/工日		未计价材料费						54.42			
清单项目综合单价								64			
材料费明细	主要材料名称、规格、型号					单位	数量	单价/元	合价/元	暂估单价/元	暂估合价/元
	种植土					m^3	1	54.42	54.42		
	其他材料费							—		—	
	材料费小计							—	54.42	—	

注：1. 如不使用省级或行业建设主管部门发布的计价依据，可不填定额编码、名称等；

2. 招标文件提供了暂估单价的材料，按暂估的单价填入表内“暂估单价”栏及“暂估合价”栏。

表 6-53　综合单价分析表

工程名称：×××绿化工程（清单外）　　　　标段：×××标段

项目编码		010103001002		项目名称		回填种植土		计量单位	m^3	工程量	47.034
清单综合单价组成明细											
定额编号	定额项目名称	定额单位	数量	单价/元				合价/元			
				人工费	材料费	机械费	管理费和利润	人工费	材料费	机械费	管理费和利润
借 1-187	回填土，松填	$100m^3$	0.01	685.6	5442		272.52	6.86	54.42		2.73
人工单价		小计						6.86	54.42		2.73
综合工日 80 元/工日		未计价材料费						54.42			
清单项目综合单价								64			
材料费明细	主要材料名称、规格、型号					单位	数量	单价/元	合价/元	暂估单价/元	暂估合价/元
	种植土					m^3	1	54.42	54.42		
	其他材料费							—		—	
	材料费小计							—	54.42	—	

注：1. 如不使用省级或行业建设主管部门发布的计价依据，可不填定额编码、名称等；

2. 招标文件提供了暂估单价的材料，按暂估的单价填入表内“暂估单价”栏及“暂估合价”栏。

表 6-54　综合单价分析表

工程名称：×××绿化工程（清单外）　　　　标段：×××标段

项目编码		050102001015		项目名称		栽植乔木		计量单位	株	工程量	5
清单综合单价组成明细											
定额编号	定额项目名称	定额单位	数量	单价/元				合价/元			
				人工费	材料费	机械费	管理费和利润	人工费	材料费	机械费	管理费和利润
1-35	栽植乔木(带土球),土球直径 80cm 以内	株	1	52.8	1.08	13.09	13.82	52.8	1.08	13.09	13.82
1-150	人工换土乔灌木,土球直径 80cm 以内	株	1	24.8	27.26		6.49	24.8	27.26		6.49
1-178×0.8	水车浇水,阔叶乔木,胸径 10cm 以内,绿地、小区庭院树木水车浇水,单价×0.8【人工含量已修改】	100 株	0.23	274.56	57.7	135.29	71.86	63.15	13.27	31.12	16.53
1-307	树木松土施肥,松土范围 2m 以内,施肥	100 株	0.01	1180.4	183.67		308.9	11.8	1.84		3.09
1-323×2	树干涂白,胸径 10cm 以内,单价×2【人工含量已修改】	株	1	1.44	1.3		0.38	1.44	1.3		0.38
1-142	树棍桩:四脚桩	株	1	6.4	37.38		1.67	6.4	37.38		1.67
1-331	草绳绕树干	m	31.4	0.16	0.38		0.05	5.02	11.93		1.57
1-345	汽车运苗木,土球规格 80cm 以内,5km 以内	100 株	0.01	1800		5066.18	471.04	18		50.66	4.71
1-258	阔叶乔木疏枝修剪,冠幅 400cm 以内	100 株	0.03	576		184.86	150.73	17.28		5.55	4.52
主材 003	垂柳	株	1		300				300		
人工单价		小计						200.69	394.06	100.42	52.78
综合工日 80 元/工日		未计价材料费						37			

续表

项目编码		050102001015	项目名称	栽植乔木	计量单位	株	工程量	5
清单项目综合单价					747.95			
材料费明细	主要材料名称、规格、型号			单位	数量	单价/元	合价/元	暂估单价/元	暂估合价/元
	水			m^3	2.0055	7.19	14.42		
	栽植用土			m^3	0.5	54.52	27.26		
	有机肥（土堆肥）			m^3	0.0197	93.33	1.84		
	生石灰			kg	2.4	0.19	0.46		
	盐（工业）			kg	0.2	0.33	0.07		
	硫黄			kg	0.2	3.48	0.7		
	镀锌铁线 12＃～16＃			kg	0.1	3.82	0.38		
	草绳			kg	3.14	3.76	11.81		
	垂柳材料费			株	1	300	300		
	树棍			根	6	6	36		
	麻袋片			片	1	1	1		
	其他材料费					—	0.14	—	
	材料费小计					—	394.06	—	

注：1. 如不使用省级或行业建设主管部门发布的计价依据，可不填定额编码、名称等；
2. 招标文件提供了暂估单价的材料，按暂估的单价填入表内“暂估单价”栏及“暂估合价”栏。

表 6-55 综合单价分析表

工程名称：×××绿化工程（清单外） 标段：×××标段

项目编码		050102001014		项目名称		栽植乔木		计量单位	株	工程量	6
清单综合单价组成明细											
定额编号	定额项目名称	定额单位	数量	单价/元				合价/元			
				人工费	材料费	机械费	管理费和利润	人工费	材料费	机械费	管理费和利润
1-37	栽植乔木（带土球），土球直径 120cm 以内	株	1	124	2.88	30.68	32.45	124	2.88	30.68	32.45
1-152	人工换土乔灌木，土球直径 120cm 以内	株	1	46.4	47.43		12.15	46.4	47.43		12.15
1-181×0.8	水车浇水，阔叶乔木，胸径 16cm 以内，绿地、小区庭院树木水车浇水，单价×0.8【人工含量已修改】	100 株	0.23	768	110.42	259.11	200.98	176.64	25.4	59.6	46.23
1-259	阔叶乔木疏枝修剪，冠幅 600cm 以内	100 株	0.03	900		369.72	235.52	27		11.09	7.07
1-307	树木松土施肥，松土范围 2m 以内，施肥	100 株	0.01	1180.4	183.67		308.9	11.8	1.84		3.09
1-324×2	树干涂白，胸径 10cm 以上，单价×2【人工含量已修改】	株	1	2.88	3.78		0.76	2.88	3.78		0.76
1-142	树棍桩：四脚桩	株	1	6.4	37.38		1.67	6.4	37.38		1.67
1-331	草绳绕树干	m	37.68	0.16	0.38		0.05	6.03	14.32		1.88
1-349	汽车运苗木，土球规格 120cm 以内，5km 以内	100 株	0.01	4068		11453.13	1064.54	40.68		114.53	10.65
1-296	摘除蘖芽，胸径 8cm 以上	100 株	0.03	49.44			12.94	1.48			0.39
主材 002	果树	株	1		1000				1000		

续表

项目编码		050102001014		项目名称		栽植乔木		计量单位	株	工程量	6
清单综合单价组成明细											
定额编号	定额项目名称	定额单位	数量	单价/元				合价/元			
				人工费	材料费	机械费	管理费和利润	人工费	材料费	机械费	管理费和利润
人工单价		小计						443.31	1133.03	215.9	116.34
综合工日 80 元/工日		未计价材料费						37			
清单项目综合单价								1908.6			
材料费明细	主要材料名称、规格、型号					单位	数量	单价/元	合价/元	暂估单价/元	暂估合价/元
	水					m^3	3.9604	7.19	28.48		
	栽植用土					m^3	0.87	54.52	47.43		
	有机肥（土堆肥）					m^3	0.0197	93.33	1.84		
	生石灰					kg	6.8	0.19	1.29		
	盐（工业）					kg	0.6	0.33	0.2		
	硫黄					kg	0.6	3.48	2.09		
	镀锌铁线 12#～16#					kg	0.1	3.82	0.38		
	草绳					kg	3.768	3.76	14.17		
	果树材料费					元	1	1000	1000		
	树棍					根	6	6	36		
	麻袋片					片	1	1	1		
	其他材料费							—	0.15	—	
	材料费小计							—	1133.02	—	

注：1. 如不使用省级或行业建设主管部门发布的计价依据，可不填定额编码、名称等；

2. 招标文件提供了暂估单价的材料，按暂估的单价填入表内“暂估单价”栏及“暂估合价”栏。

第七章

计算机在风景园林工程预算中的应用

学习目标：

1. 掌握安装广联达建设工程造价软件（GCCP6.0）的方法，了解预算软件的界面；
2. 熟练运用软件新建项目，并正确选择相关计价规范；
3. 能用预算软件输入清单工程量，掌握修改工程量单位方法；
4. 掌握导入清单方法，可以熟练打印或导出清单计价报表。

课程导引：

1. 通过对区域工程的选择以及学习不同地域的计价方式，拓展学生的知识面和专业视野。

2. 通过对功能按键的讲解和示范，引导学生要注重认真细致的工作态度，注意施工方式方法的选择，养成在工作中独立思考、认真观察的严谨作风和良好的职业道德素养。

3. 培养学生的沟通能力和团队协作能力

4. 培养学生自主查阅资料、具备终身学习的能力。

目前，在风景园林市场上有各种不同的工程造价软件，并且各省（自治区、直辖市）不同地区应用的计算机软件也不完全相同。本章主要介绍的是黑龙江省常用的广联达建设工程造价软件（GCCP6.0）。此软件在黑龙江省的招投标过程中应用比较广泛，软件内设置了黑龙江省工程量清单项目指引数据库及风景园林工程等定额库，熟练运用此软件，可以轻松地完成招标文件工程量清单编制、投标报价、标底编制等任务。

第一节　软件操作步骤

一、准备工作

① 检查自己的计算机磁盘空间是否充足。

② 下载并安装广联达G+工作台GWS，注册账号后下载相应计价软件安装包。

二、软件安装操作步骤

① 单击跳出的安装界面【立即安装】呈现出的相应软件，软件自动安装在系统默认的目录下，用户也可以自行修改。如图7-1所示。

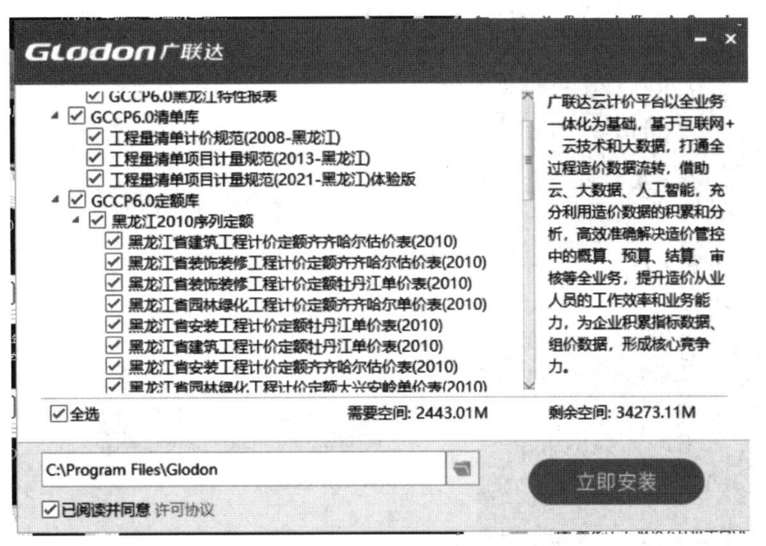

图 7-1　软件安装界面

② 组件名称前打钩则表示安装该组件，不打钩则表示不安装。

③ 勾选需要安装的内容，单击下一步，安装完成后会弹出如图 7-2 所示窗口，单击“完成”按钮即可完成安装。

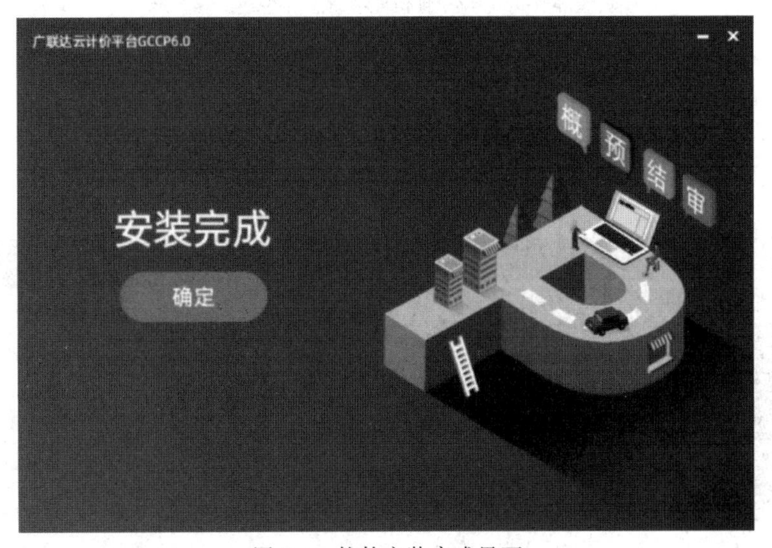

图 7-2　软件安装完成界面

三、建设项目

1. 预算软件启动

双击桌面上的图标进入，登录软件，插入加密锁，并填写登录账号和密码。如为单机离线状态，可以插入加密锁，选择离线登录，单击【进入软件】。定位选择黑龙江省，在导航区【新建】中选择【新建预算】，在弹出的窗口中选择【招标项目】或【投标项目】，软件会进入“新建标段”界面，如图 7-3 所示。

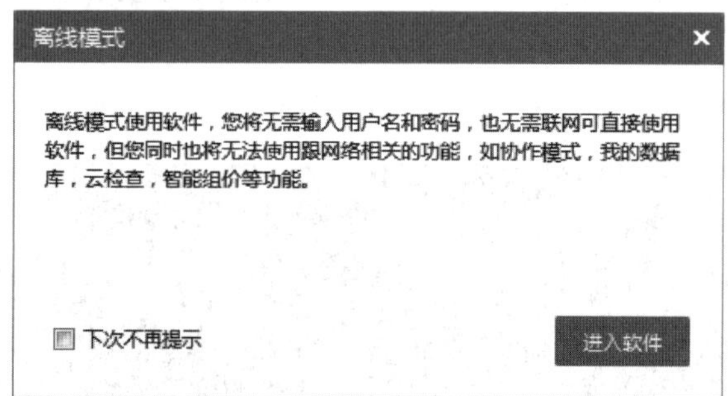

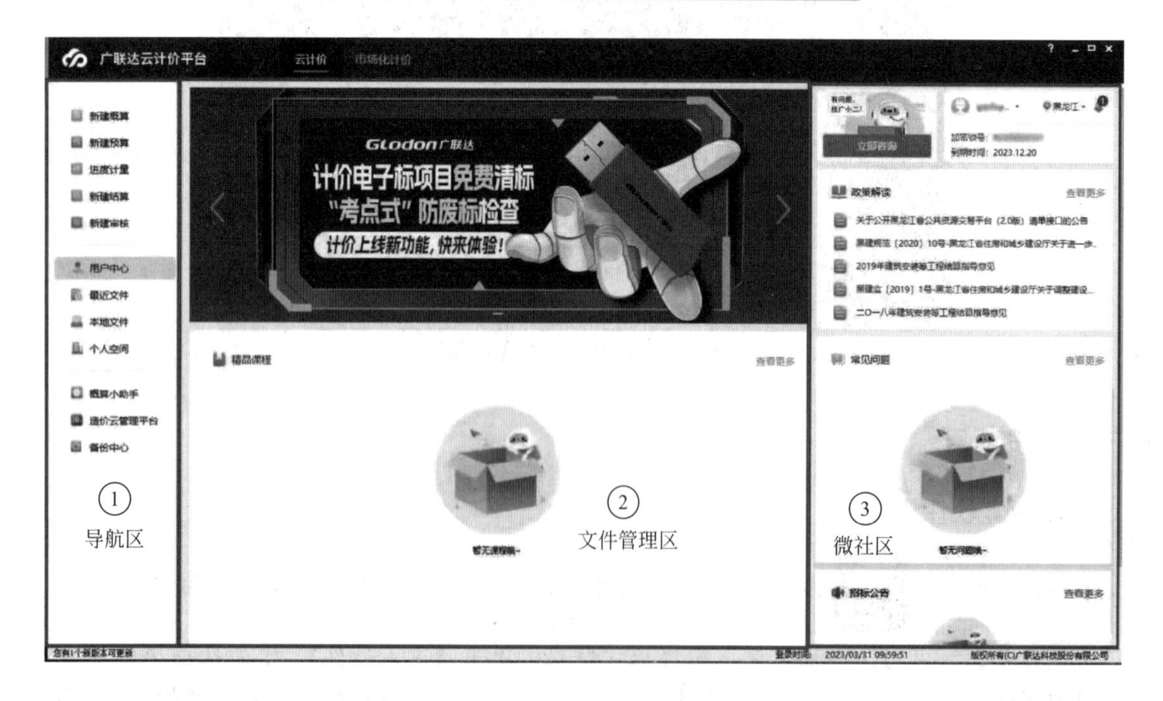

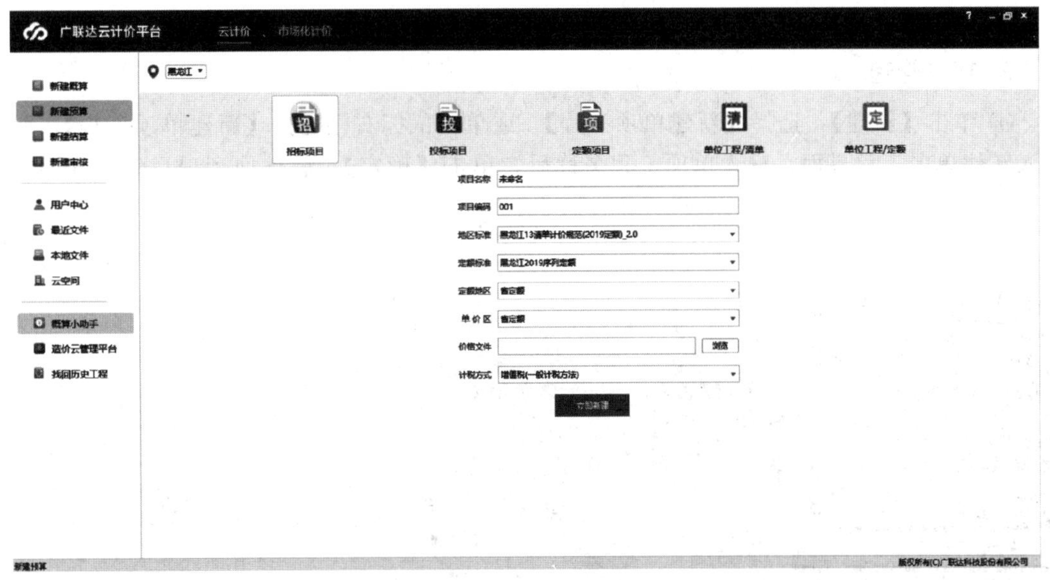

图 7-3　软件启动界面

2. 新建项目

假如在上一步骤【新建预算】时选择了【投标项目】，则会出现如图 7-4 所示的窗口。

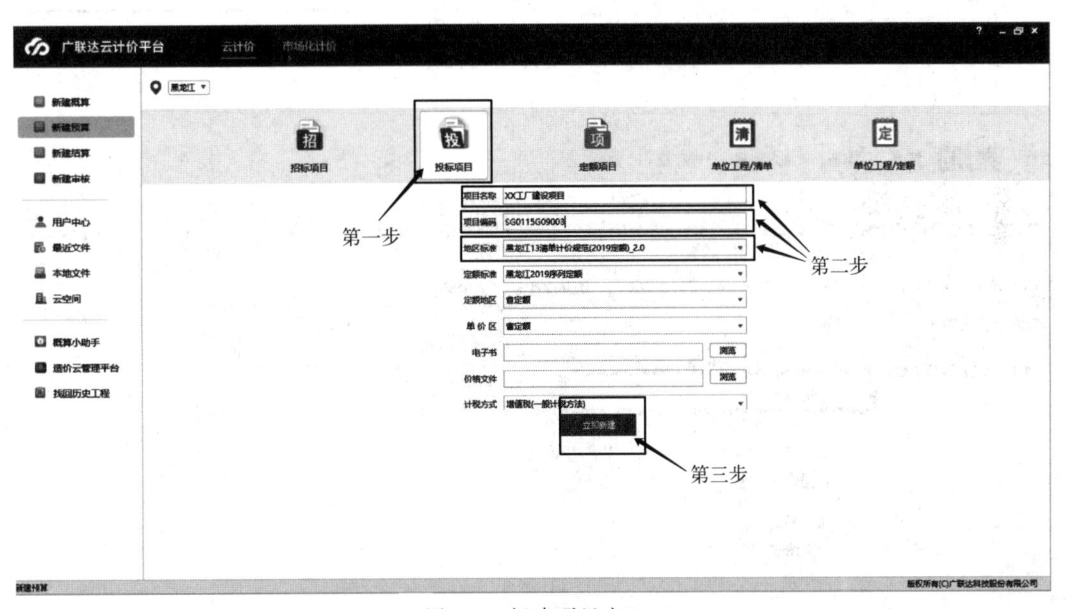

图 7-4　新建项目窗口

方法：

① 如果招标人提供了电子招标书（工程量清单），投标管理系统会自动按照电子招标书的格式新建投标工程，即可以点【浏览】选择招标书，若没有电子版，此步可省略。

② 选择【地区标准】。

③ 输入项目名称，如××工厂建设工程，则保存的项目文件名也为××工厂建设工程。

另外报表也会显示工程名称为××工厂建设工程。

④ 单击【确定】完成新建项目，进入项目管理界面。

3. 项目管理

① 单击【新建】，选择【新建单项工程】，或单击鼠标右键选择【新建单项工程】，软件进入新建单项工程界面，输入单项工程名称后，单击【确定】，软件回到项目管理界面，如图 7-5 所示。

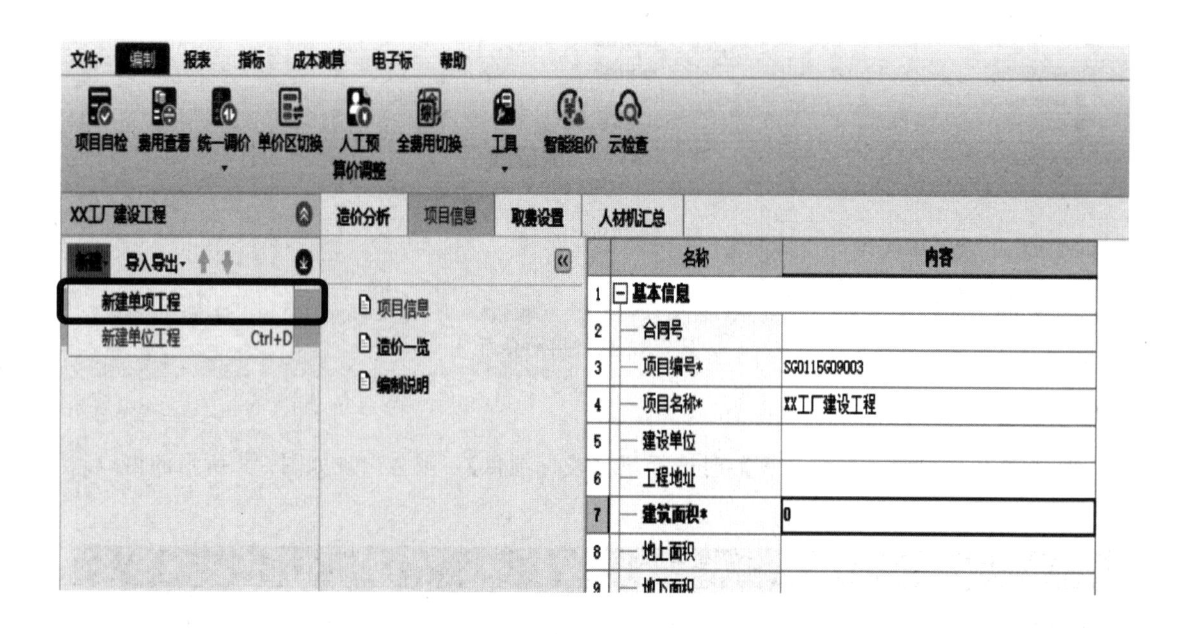

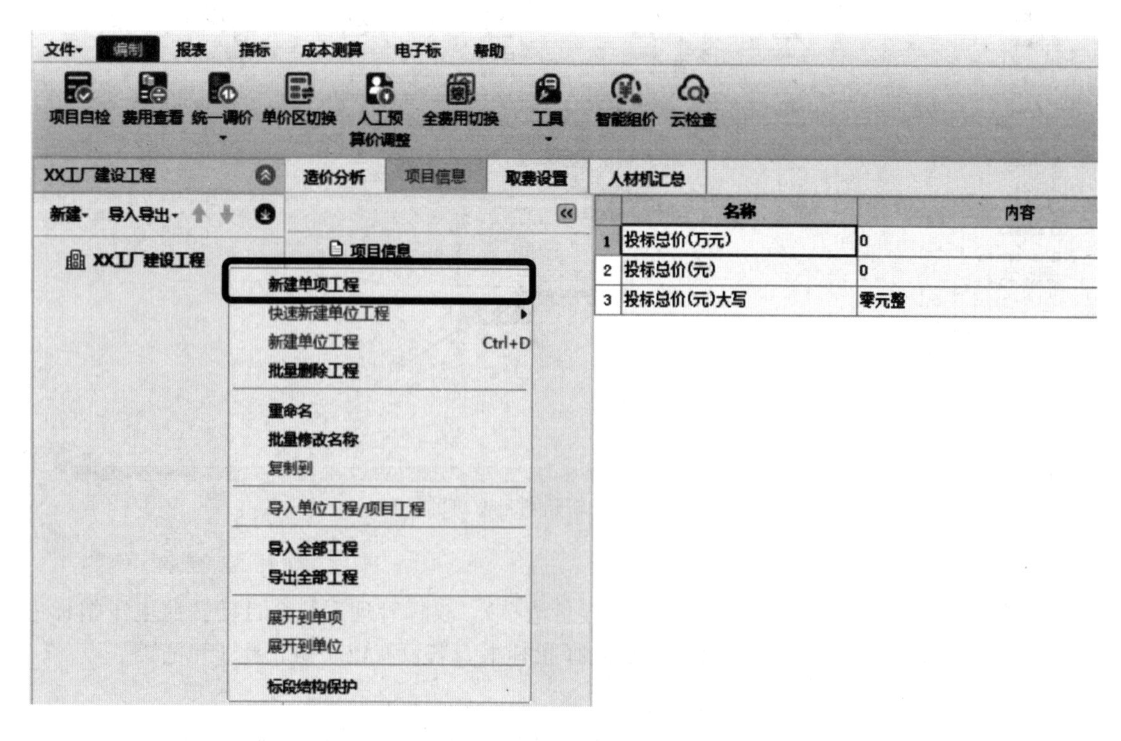

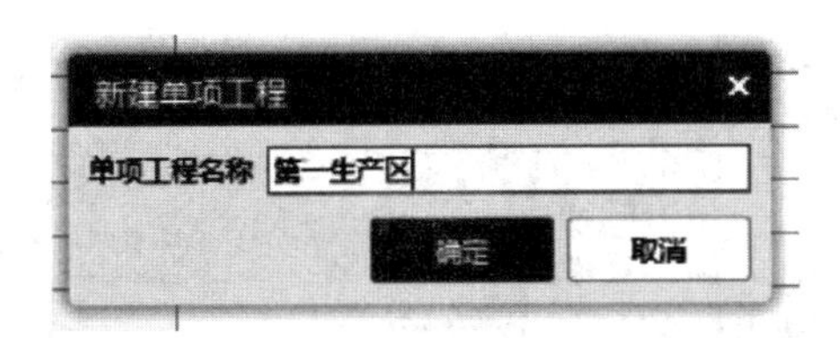

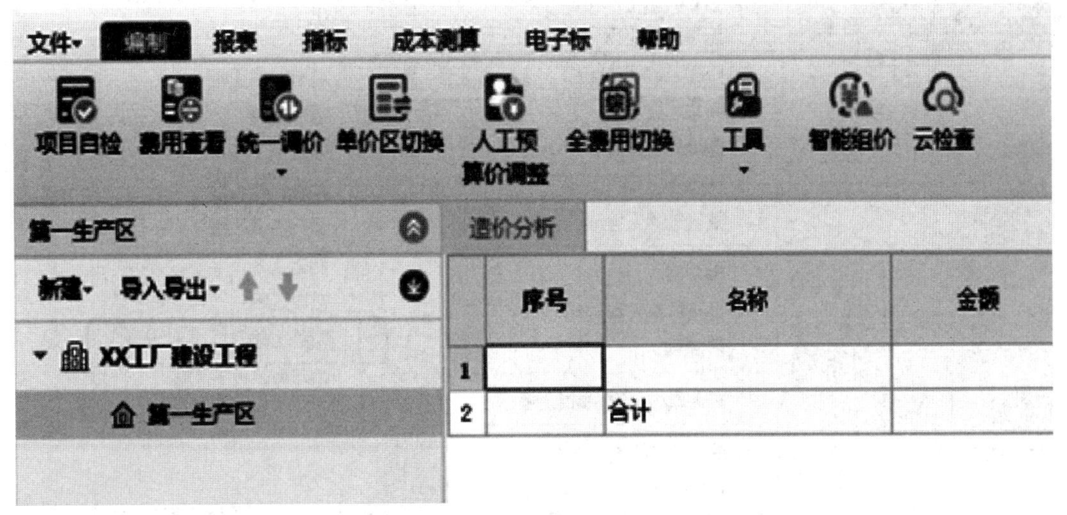

图 7-5　项目管理界面

② 单击上步所建单项工程，再单击【新建】，选择【新建单位工程】，或选择新建单项工程，以鼠标右键单击【快速新建单位工程】，软件进入单位工程新建向导界面，如图 7-6 所示。

方法：

① 选择清单库、清单专业、定额地区、定额库、定额专业、价格文件及计税方式。

② 输入工程名称。

③ 单击【立即新建】，新建单位工程完成。

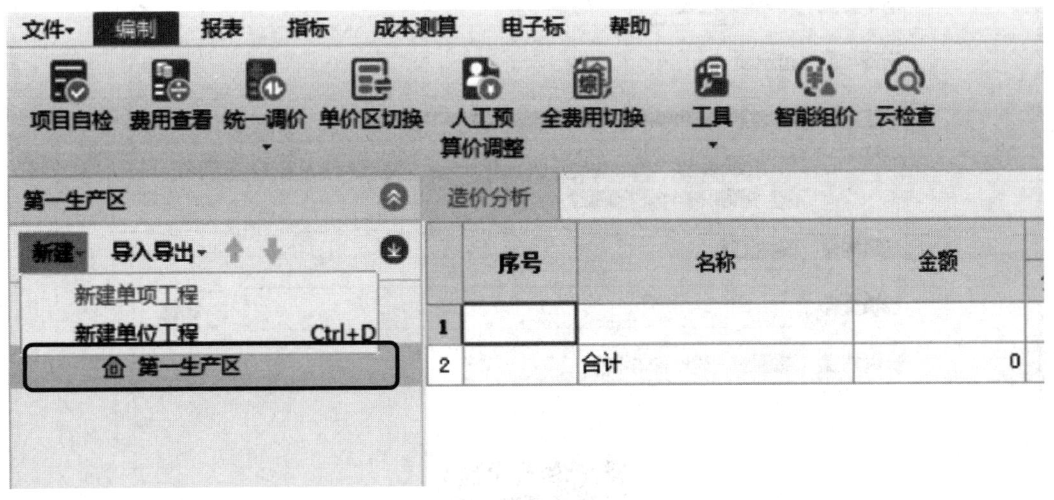

图 7-6

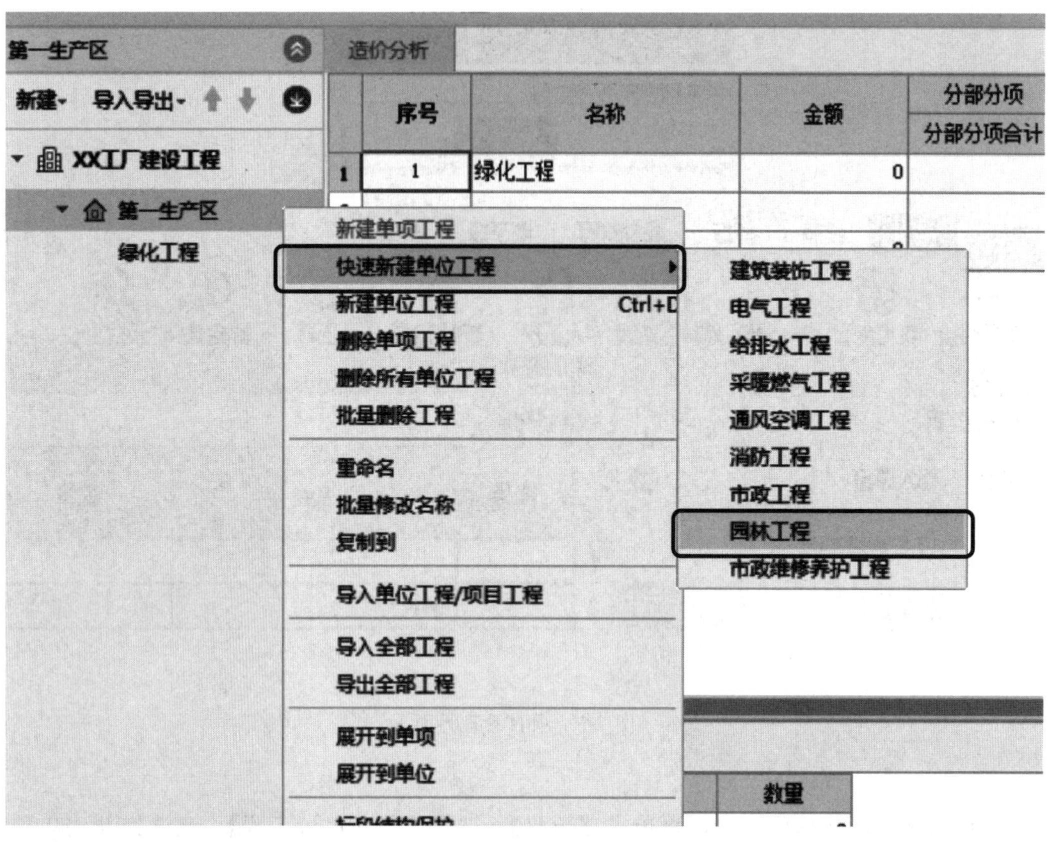

新建单位工程

工程名称　绿化工程

清单库　工程量清单项目计量规范(2013-黑龙江)

清单专业　园林绿化工程

定额地区　省定额

定额库　黑龙江省园林绿化工程计价定额(2010)-19新取费

注：2000安装、2004安装、06冰雪、大庆定额库未发布不含税预算价，不含税预算价=含税预算价

定额专业　园林工程

价格文件　　浏览

计税方式　增值税(一般计税方法)

立即新建

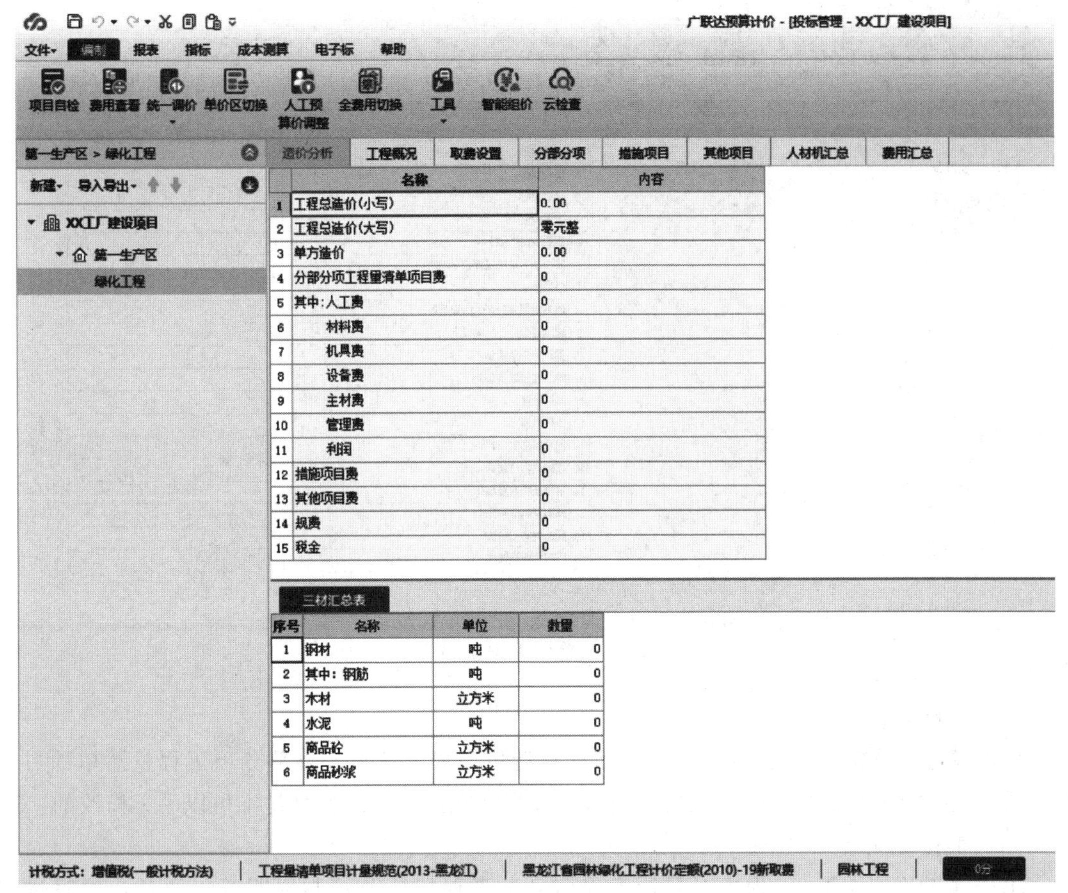

图 7-6　单位工程新建界面

4. 编制投标报价

（1）进入单位工程

在项目管理窗口选择要编辑的单位工程，单击鼠标左键进入单位工程主界面。主界面的构成如图 7-7 所示。

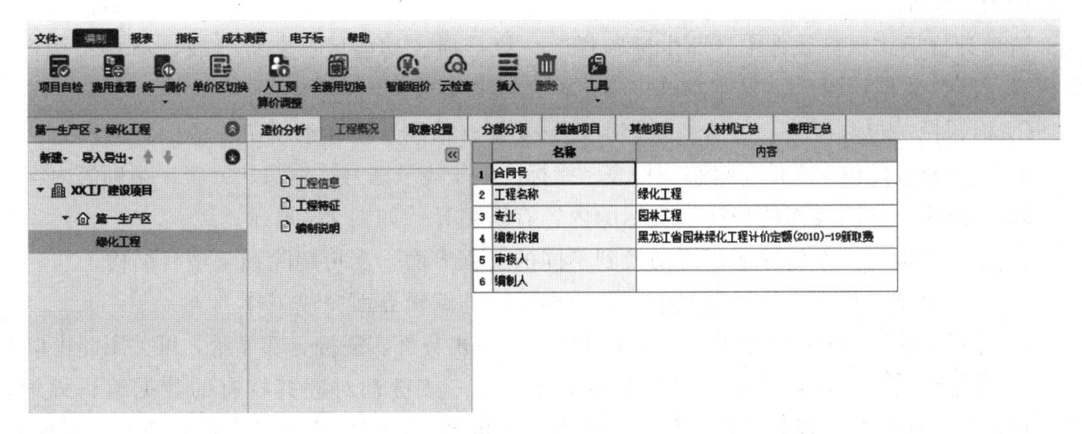

图 7-7

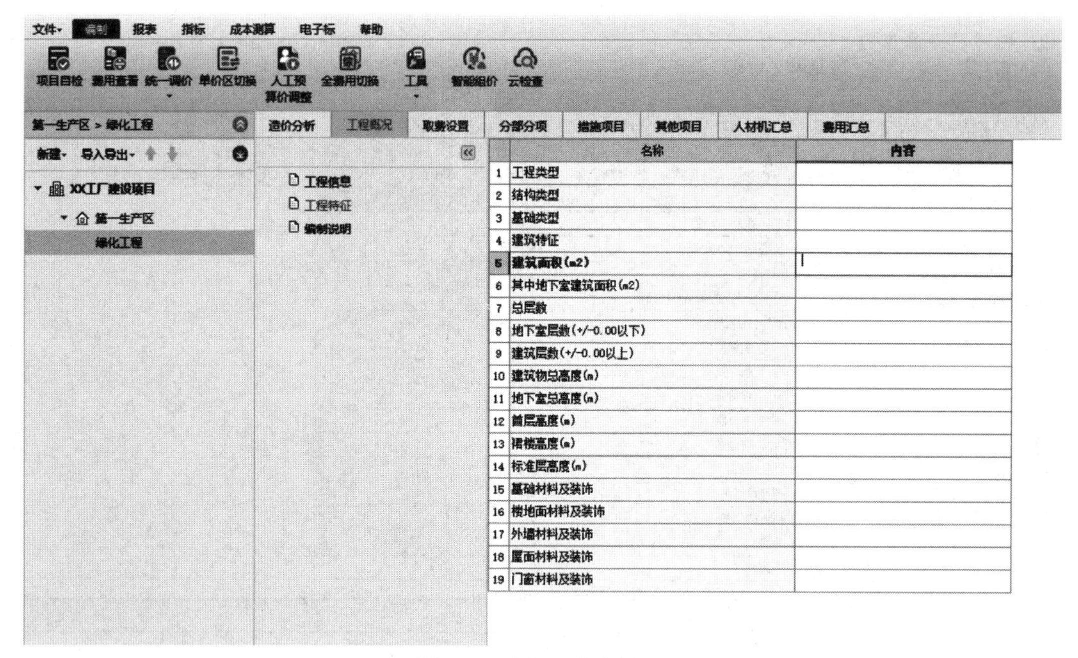

图 7-7 单位工程主界面

（2）造价分析

单击【造价分析】，造价分析中显示工程总造价、单方造价、分部分项工程量清单项目费等，系统根据用户编制预算时输入的资料自动计算，在此界面的信息是不可以手工修改的。

（3）工程概况

单击【工程概况】，工程概况包括工程信息、工程特征及编制说明等。注意：填写过程中根据工程的实际情况在工程信息界面输入合同号、审核人、编制人；在工程特征界面输入工程类型、结构类型、基础类型、建筑特征、建筑面积等相关信息，封面等报表会自动关联这些信息。编制说明可根据工程概况、编制依据等信息编写，并且可以根据需要对字体、格式等进行调整。

（4）清单计价模式主界面的介绍

如图 7-8 所示。

清单计价模式预算软件主界面由标题栏、一级导航、功能区、二级导航、项目结构树、分栏显示区、数据编辑区、属性窗口、状态栏九部分组成：

① 标题栏　包含保存、撤销恢复、剪切、复制、粘贴及正在编辑工程的标题名称。

② 一级导航　包含文件、编制、报表、指标、电子表及账号、窗口、升级、帮助等内容。

③ 功能区　会随界面的切换，显示的内容有所差异。如图 7-9 所示。

④ 项目结构树　左侧导航栏可切换到不同的工程界面，支持解除锁定项目结构。

⑤ 二级导航　用户在编辑过程中可切换到不同的编辑界面完成工作。

⑥ 分栏显示区　显示整个项目下的分部结构，点击分部实现按分部显示，可关闭此窗口。

⑦ 数据编辑区　随着导航栏中按键的变化，每一按键都对应其特有的数据编辑界面，供用户操作。此部分是预算软件操作人员的主操作区域。数据编辑区显示内容通过二级导航中的 [图标]，根据操作者的需要自行删减或添加，如图 7-10 所示。

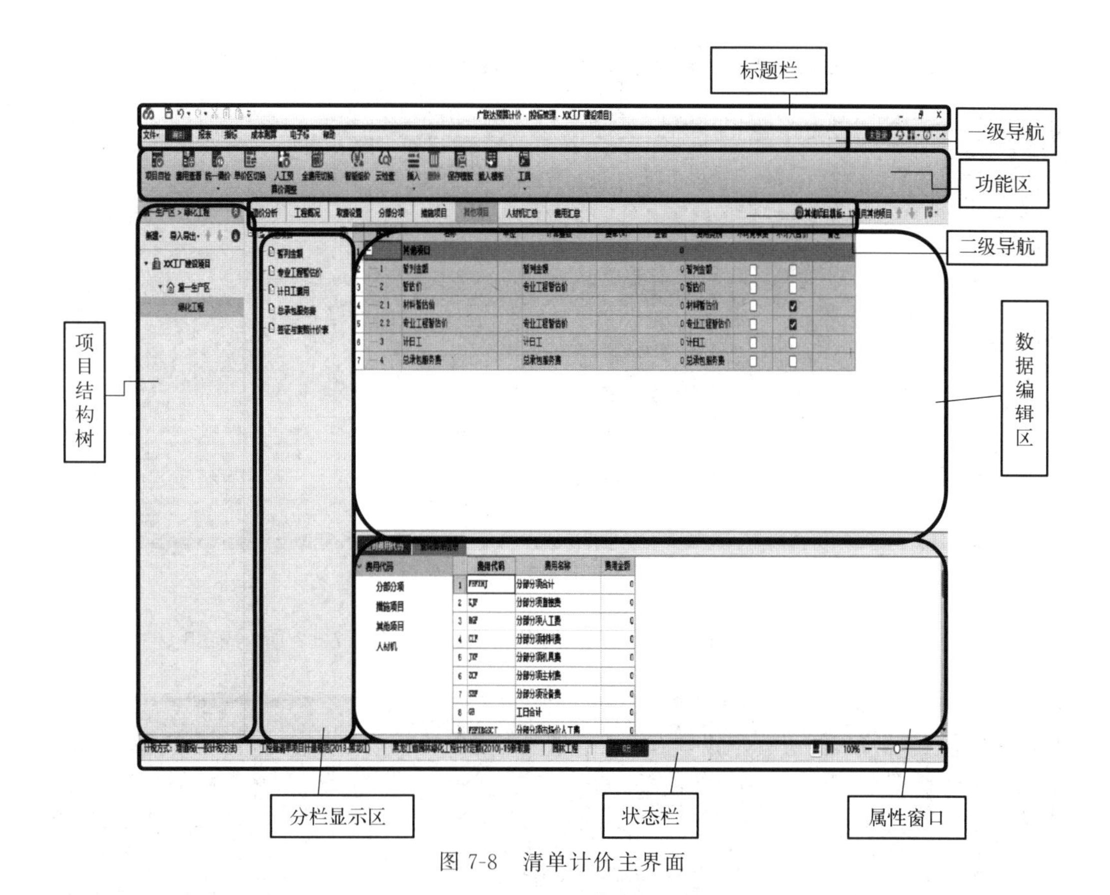

图 7-8　清单计价主界面

图 7-9　功能区界面

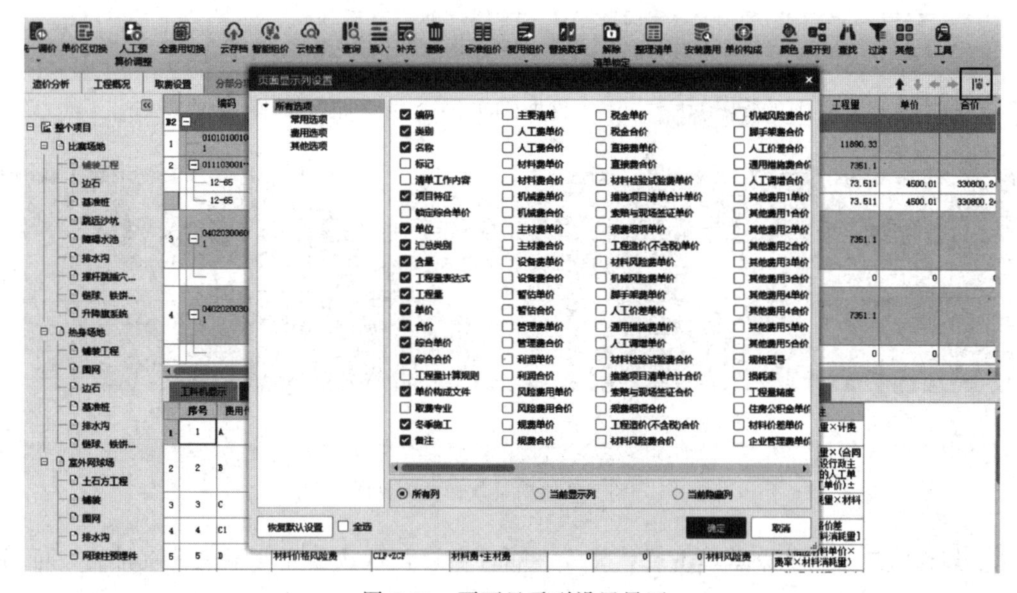

图 7-10　页面显示列设置界面

例如，单击二级导航栏中的 分部分项 按钮，数据编辑区会显示如图 7-11 所示窗口。

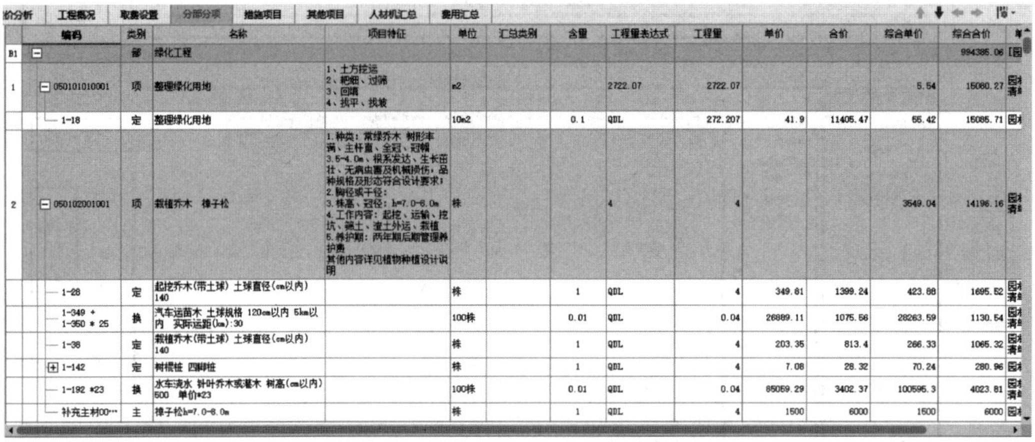

价分析 | 工程概况 | 取费设置 | 分部分项 | 措施项目 | 其他项目 | 人材机汇总 | 费用汇总

	编码	类别	名称	项目特征	单位	汇总类别	含量	工程量表达式	工程量	单价	合价	综合单价	综合合价
B1	⊟	部	绿化工程										994385.06
1	⊟ 050101010001	项	整理绿化用地	1、土方挖运 2、耙细、过筛 3、回填 4、找平、找坡	m2			2722.07	2722.07			5.54	15080.27
	1-18	定	整理绿化用地		10m2		0.1	QDL	272.207	41.9	11405.47	55.42	15085.71
2	⊟ 050102001001	项	栽植乔木　樟子松	1.种类：常绿乔木 树形丰满、主杆直、全冠、冠幅3.5~4.0m、根系发达、生长茁壮、无病虫害及机械损伤，品种规格及形态符合设计要求； 2.胸径或干径： 3.株高、冠径：h=7.0~8.0m 4.工作内容：起挖、运输、挖坑、筛土、渣土外运、栽植 5.养护期：两年期后期管理养护费 其他内容详见植物种植设计说明	株			4	4			3549.04	14196.16
	1-28	定	起挖乔木(带土球) 土球直径(cm以内) 140		株		1	QDL	4	349.81	1399.24	423.88	1695.52
	1-349 + 1-350 * 25	换	汽车运苗木 土球规格 120cm以内 5km以内　实际运距(km):30		100株		0.01	QDL	0.04	26889.11	1075.56	28263.59	1130.54
	1-38	定	栽植乔木(带土球) 土球直径(cm以内) 140		株		1	QDL	4	203.35	813.4	266.33	1065.32
	⊞ 1-142	定	树棍桩 四脚桩		株		1	QDL	4	7.08	28.32	70.24	280.96
	1-192 *23	换	水车浇水 针叶乔木或灌木 树高(cm以内) 500　单价*23		100株		0.01	QDL	0.04	85059.29	3402.37	100595.3	4023.81
	补充主材00···	主	樟子松h=7.0~8.0m		株		1	QDL	4	1500	6000	1500	6000

图 7-11　分部分项数据编辑界面

单击二级导航栏中的 措施项目 按钮，数据编辑区会显示如图 7-12 所示窗口。

造价分析 | 工程概况 | 取费设置 | 分部分项 | 措施项目 | 其他项目 | 人材机汇总 | 费用汇总　措施模板：园林绿化工程(13清单)

	序号	类别	名称	单位	项目特征	组价方式	计算基数	费率(%)	工程量	综合单价	综合合价	取费专业	措施类别
	⊟		措施项目								0		
	⊟ 一		总价措施项目费								0		总价措施项目费
	⊟ 1		安全文明施工费								0		安全文明施工费
1	050405001···		安全文明施工费	项		计算公式组价	FBFXHJ+DJCSF-SBF-JSCS_SBF	2.19	1	0	0		安全文明施工费
	⊟ 2		其他措施项目费								0		其他措施项目费
2	050405002···		夜间施工费	项		计算公式组价	FBFXJFRGF+DJCS_JFRGF	0.12	1	0	0		夜间施工费
3	050405004···		二次搬运费	项		计算公式组价	FBFXJFRGF+DJCS_JFRGF	0.12	1	0	0		二次搬运费
4	050405005002		冬季施工增加费	项		计算公式组价	FBFX_DJSGRGYSJ+FBFX_DJSGJXYSJ+DJCS_DJSGRGYSJ+DJCS_DJSGJXYSJ	5	1	0	0		冬季施工费
5	050405005···		雨季施工增加费	项		计算公式组价	FBFXJFRGF+DJCS_JFRGF	0.11	1	0	0		雨季施工费
6	050405008···		已完工程及设备保护费	项		计算公式组价	FBFXJFRGF+DJCS_JFRGF	0.11	1	0	0		已完工程及设···
7	05B001		工程定位复测费	项		计算公式组价	FBFXJFRGF+DJCS_JFRGF	0.08	1	0	0		工程定位复测费
	⊟ 3		专业工程措施项目费								0		专业工程措施···
8	⊟ 05B002		专业工程措施项目费	项		清单组价			1	0	0		专业工程措施···
9	⊟			项		可计量清单			1	0	0		
		定							0	0	0		
	⊟ 二		单价措施项目费								0		单价措施项目费
10						清单组价			1	0	0		

图 7-12　措施项目数据编辑界面

单击二级导航栏中的 其他项目 按钮，数据编辑区会显示如图 7-13 所示窗口。

设置 | 分部分项 | 措施项目 | 其他项目 | 人材机汇总 | 费用汇总　其他项目模板：13通用其他项

	序号	名称	单位	计算基数	费率(%)	金额	费用类别	不可竞争费	不计入合价	备注
1	⊟	其他项目				0				
2	1	暂列金额		暂列金额		0	暂列金额	☐	☐	
3	2	暂估价		专业工程暂估价		0	暂估价	☐	☐	
4	2.1	材料暂估价				0	材料暂估价	☐	☑	
5	2.2	专业工程暂估价		专业工程暂估价		0	专业工程暂估价	☐	☑	
6	3	计日工		计日工		0	计日工	☐	☐	
7	4	总承包服务费		总承包服务费		0	总承包服务费	☐	☐	

图 7-13　其他项目数据编辑界面

⑧ 属性窗口　功能菜单单击后就显示在属性窗口，默认在界面下边垂直排列，可通过状态栏中的 [图标] 修改成水平排列，也可隐藏此窗口。

例如，单击 工料机显示 属性窗口会显示如图 7-14 所示的界面；单击 单价构成 属性窗口会显示如图 7-15 所示界面；单击 特征及内容 属性窗口会显示如图 7-16 所示界面。

工料机显示 | 单价构成 | 标准换算 | 换算信息 | 安装费用 | 特征及内容 | 组价方案 | 工程量明细 | 反查图形工程量 | 说明信息

	编码	类别	名称	规格及型号	单位	数量	不含税预算价	不含税市场价	税率	含税市场价	合价	是否暂估
1	ZHGR-JZ	人	综合工日		工日	0.1431	53	83.8	0	83.8	11.99	
2	4023090135	材	塑料薄膜		kg	0.023	16.86	16.86	0	16.86	0.39	☐
3	4035010006	材	水		m3	0.1214	7.19	7.19	0	7.19	0.87	☐
4	BCCLF13	材	商品砼 C15		m3	0.4669	300	300	0	300	140.07	☐
5	6211000061	机	电		kw·h	0.3188	0	0	0	0	0	
6	6211000071	机	混凝土震捣器	(插入式)	台班	0.0354	10.32	10.32	0	10.32	0.37	

图 7-14 属性窗口——工料机显示

工料机显示 | 单价构成 | 标准换算 | 换算信息 | 安装费用 | 特征及内容 | 组价方案 | 工程量明细 | 反查图形工程量 | 说明信息

	序号	费用代号	名称	计算基数	基数说明	费率(%)	单价	合价	费用类别	备注
1	1	A	计费人工费	RGYSJ	预算价人工费		66.78	4227.17	人工费	Σ工日消耗量×人工单价（53元/工日）
2	2	B	人工费价差	RGJC	人工费价差		38.81	2456.67	人工价差	Σ工日消耗量×(合同约定或省建设行政主管部门发布的人工单价-人工单价)
3	3	C	材料费	CLF+ZCF+SBF	材料费+主材费+设备费		2002.73	126772.81	材料费	Σ（材料消耗量×除税材料单价）
4	4	D	材料风险费	CLF+ZCF	材料费+主材费	0	0	0	材料风险费	Σ（相应除税材料单价×费率×材料消耗量）
5	5	E	机械费	JXF	机械费		0	0	机械费	Σ（机械消耗量×除税台班单价）

图 7-15 属性窗口——单价构成

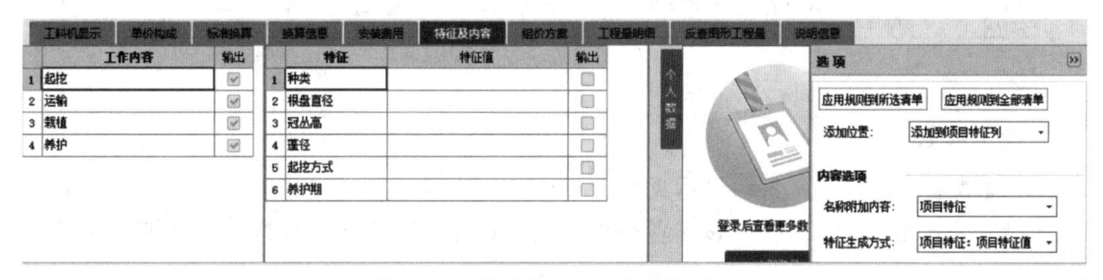

图 7-16 属性窗口——特征及内容

⑨ 状态栏 呈现所选的计税方式、清单、定额、专业等信息，并可以调节数据编辑区字符显示大小。如图 7-17 所示。

图 7-17 状态栏界面

四、预算数据处理

1. 输入清单

单击 分部分项 → 查询 →清单，在弹出的属性窗口中，选择所需切换的专业，再选择所需要的清单项，例如，整理绿化用地，然后双击鼠标左键或单击【插入】输入到数据编辑区，再在工程量列输入清单项的工程量，如图 7-18 所示。

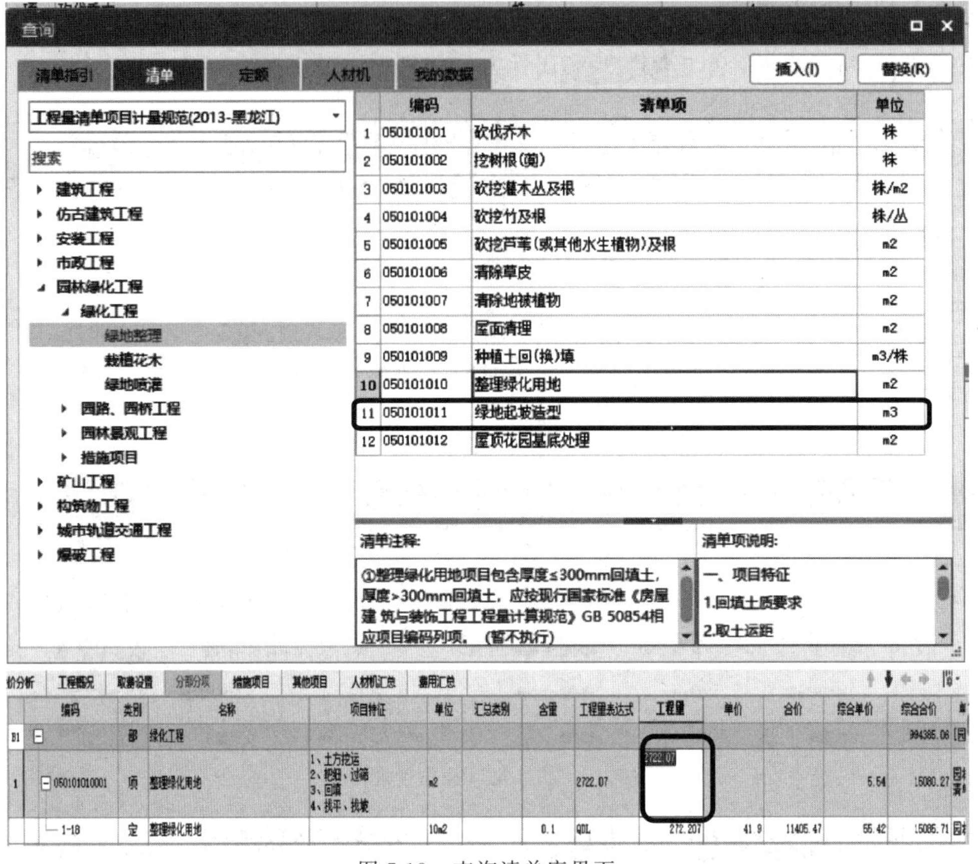

图 7-18 查询清单库界面

2. 措施项目

选择【措施项目】钮，自动显示页面。

① 计算公式组价项　软件已按专业分别给出，如无特殊规定，可按软件计算，如图 7-19 所示。

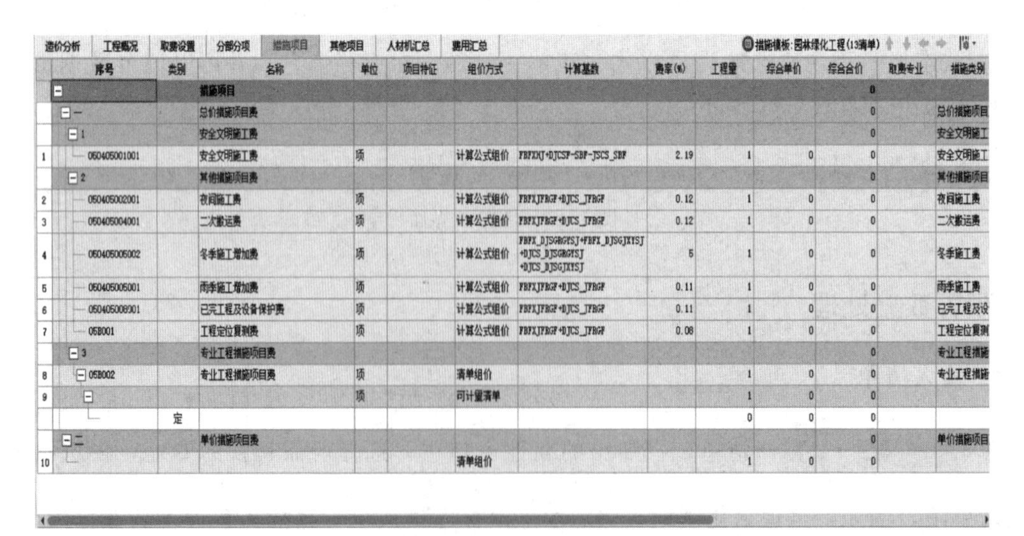

图 7-19 措施项目界面

② 定额组价项　例如选择“脚手架”项，在功能区中单击【查询】，在弹出的界面里找到相应措施项目“脚手架工程”，选择需要的脚手架，然后双击或单击【插入】，并输入工程量，如图 7-20 所示。

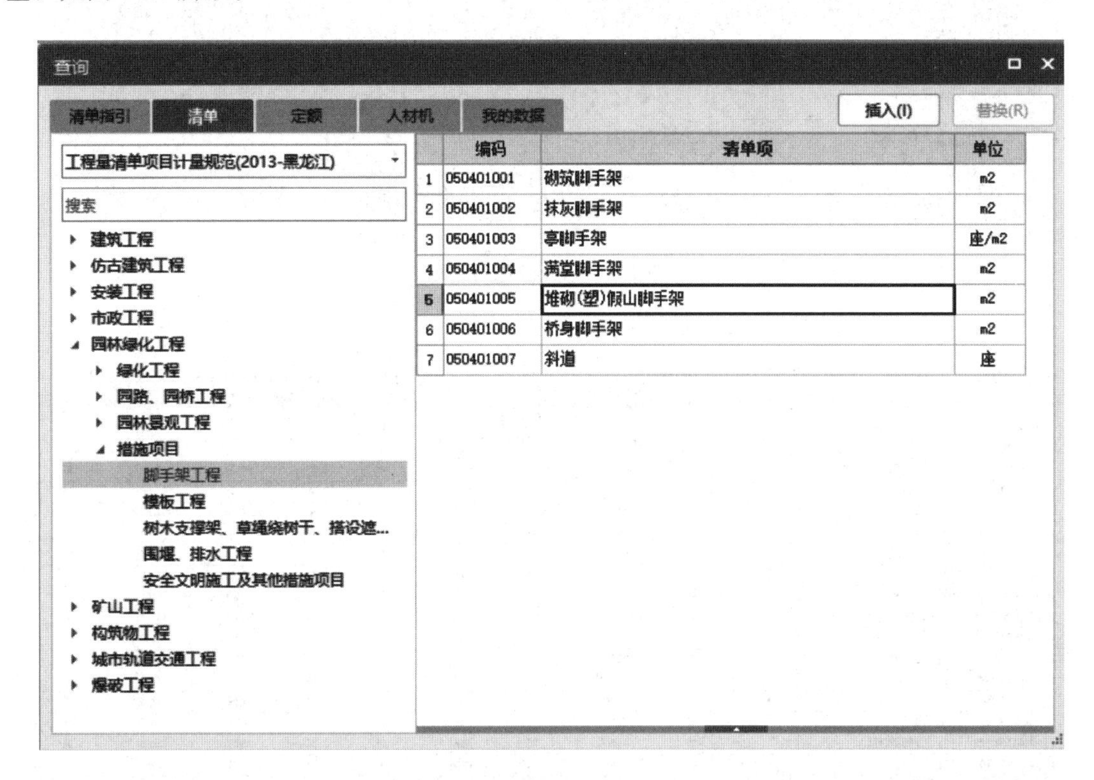

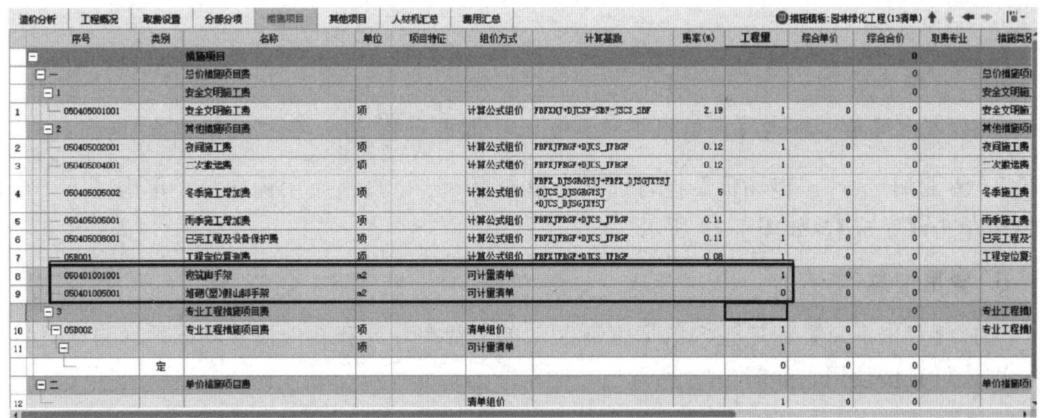

图 7-20　定额组价项查询界面

3. 其他项目

选择【其他项目】钮，根据工程实际情况在数据编辑区输入其他项目内容，如图 7-21 所示。

4. 人材机汇总

① 直接修改市场价　单击【人材机汇总】钮，选择需要修改市场价的人材机项，用鼠标单击其市场价，输入实际市场价，软件将以不同底色标注出修改过市场价的项，如图 7-22 所示。

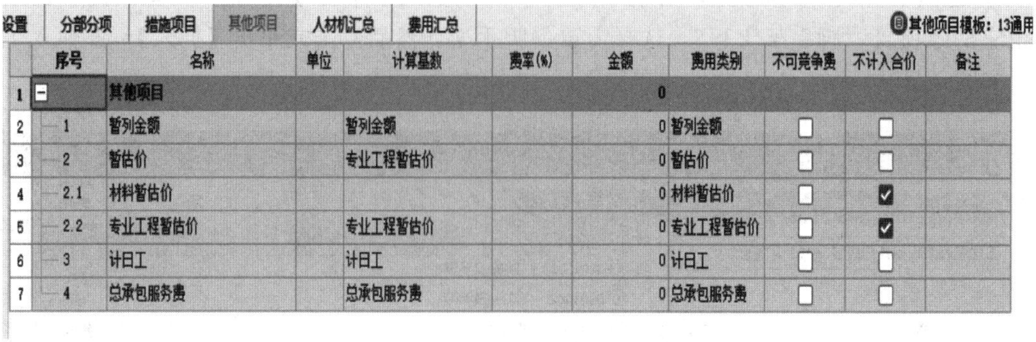

设置 分部分项 措施项目 其他项目 人材机汇总 费用汇总 其他项目模板：13通用

	序号	名称	单位	计算基数	费率(%)	金额	费用类别	不可竞争费	不计入合价	备注
1	−	其他项目				0				
2	1	暂列金额		暂列金额		0	暂列金额	☐	☐	
3	2	暂估价		专业工程暂估价		0	暂估价	☐	☐	
4	2.1	材料暂估价				0	材料暂估价	☐	☑	
5	2.2	专业工程暂估价		专业工程暂估价		0	专业工程暂估价	☐	☑	
6	3	计日工		计日工		0	计日工	☐	☐	
7	4	总承包服务费		总承包服务费		0	总承包服务费	☐	☐	

图 7-21　其他项目界面

费设置 分部分项 措施项目 其他项目 人材机汇总 费用汇总 不含税市场价合计:940497.26 | 价差合计:61415.42

	编码	类别	名称	规格型号	单位	数量	不含税预算价	不含税市场价	税率	含税市场价	不含税市场价合计	含税市场价合计	价差
1	RGFTZ	人	人工费调整		元	-6.6274	1	1	0	1	-6.63	-6.63	0
2	ZHGR-YL	人	综合工日		工日	1994.0071	53	83.8	0	83.8	167097.79	167097.79	30.8
3	1608000	材	有机肥	(土堆肥)	m3	0.7304	93.33	93.33	0	93.33	68.17	68.17	0
4	4021010081	材	镀锌铁线	12#~16#	kg	15.1	3.82	3.82	0	3.82	57.68	57.68	0
5	4025090008	材	草绳		kg	2514.5	3.76	3.76	0	3.76	9454.52	9454.52	0
6	4035010006	材	水		m3	4226.6396	7.19	7.19	0	7.19	30389.54	30389.54	0
7	CLFTZ	材	材料费调整		元	-5.538	1	1	0	1	-5.54	-5.54	0
8	补充材料027	材	种植土		m3	433	65	65	0	65	28145	28145	0
9	4019000003@1	主	麻袋片		片	151	1	1	0	1	151	151	0
10	4019000005@1	主	草皮		m2	2104.377	10	10	0	10	21043.77	21043.77	0
11	4019000010@1	主	树棍		根	906	10	10	0	10	9060	9060	0
12	4205110018@1	主	金叶榆		株	15825	8	8	0	8	126600	126600	0
13	4205110018@2	主	红瑞木		株	177.3	10	10	0	10	1773	1773	0
14	4205110018@3	主	金山绣线菊		株	1040	7	7	0	7	7280	7280	0
15	4205110018@4	主	丁香		株	434.7	10	10	0	10	4347	4347	0
16	4205110018@6	主	珍珠绣线菊		株	545	25	25	0	25	13625	13625	0
17	4205110019@1	主	八宝景天		株	486	3	3	0	3	1458	1458	0
18	4205110019@2	主	鸢尾		株	612.5	5	5	0	5	3062.5	3062.5	0

图 7-22　人材机汇总界面

② 载入市场价　单击【人材机汇总】钮，功能区选择载价，在“批量载价”窗口对“信息价”“专业测定价”“市场价”进行选择，单击下一步，调整应用优先级，单击【下一步】，分析后单击【完成】，如图 7-23 所示。

5. 费用汇总

选择【费用汇总】钮，进入数据编辑区，单击费率，计算软件按照不同地区自行设置取费标准，可直接使用，如图 7-24 所示。

五、打印输出

预算编制结束后，保存，即：单击一级导航的【文件】选择【保存】，或者单击标题栏中的，完成保存工作。

如果需要打印输出，可在分栏显示区勾选需要打印的报表，单击，也可以选择一级导航【报表】钮，在功能区单击批量打印，选择需要打印的报表，即可根据需要打印出各类表格，如图 7-25 所示。

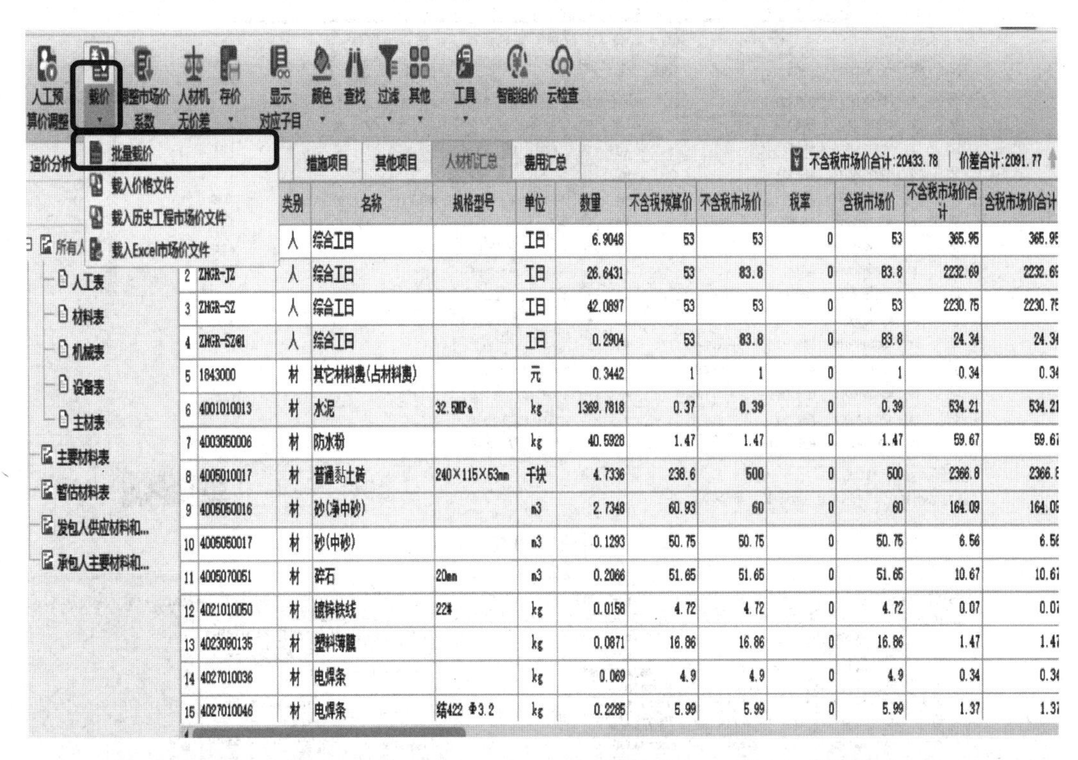

人工预算价调整
载价
调整市场价系数
人材机无价差
存价
显示对应子目
颜色
查找
过滤
其他
工具
智能组价
云检查
批量载价
载入价格文件
载入历史工程市场价文件
载入Excel市场价文件
措施项目
其他项目
人材机汇总
费用汇总
不含税市场价合计:20433.78
价差合计:2091.77

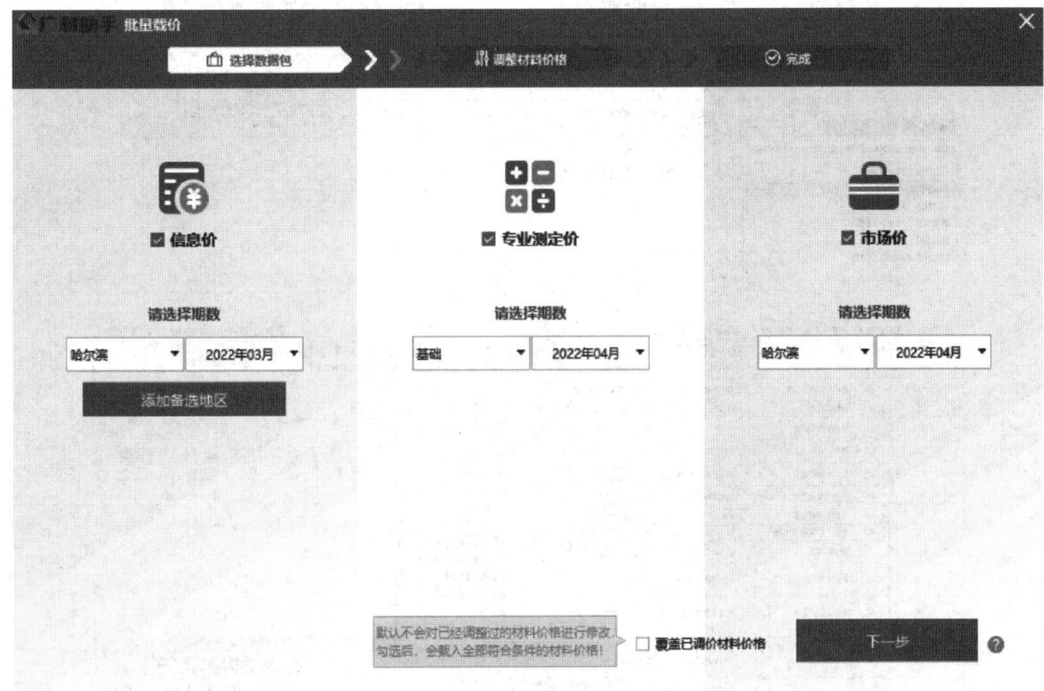

广材助手 批量载价
选择数据包
调整材料价格
完成
信息价
专业测定价
市场价
请选择期数
哈尔滨
2022年03月
添加备选地区
基础
2022年04月
哈尔滨
2022年04月
默认不会对已经调整过的材料价格进行修改，勾选后，会载入全部符合条件的材料价格！
覆盖已调价材料价格
下一步

图 7-23

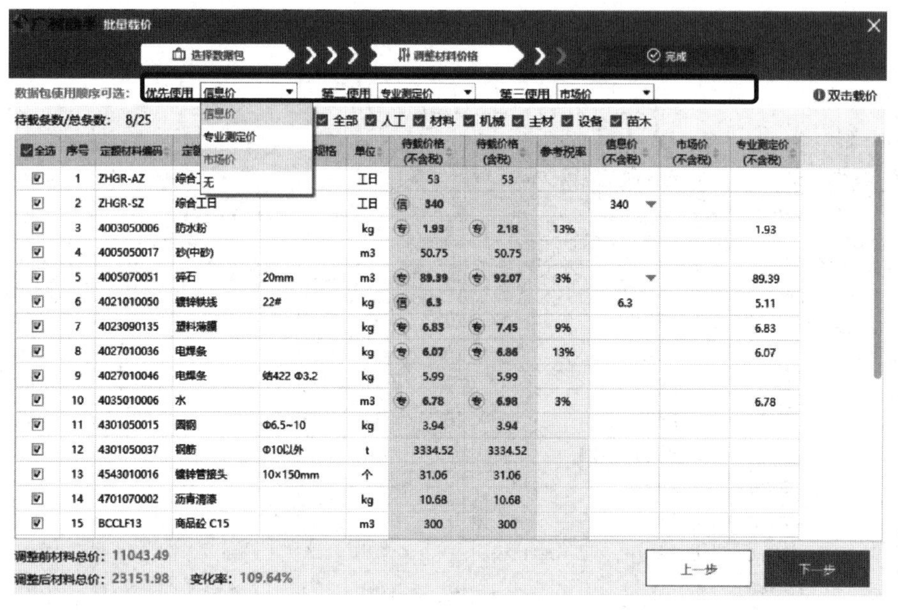

图 7-23　载入市场价界面

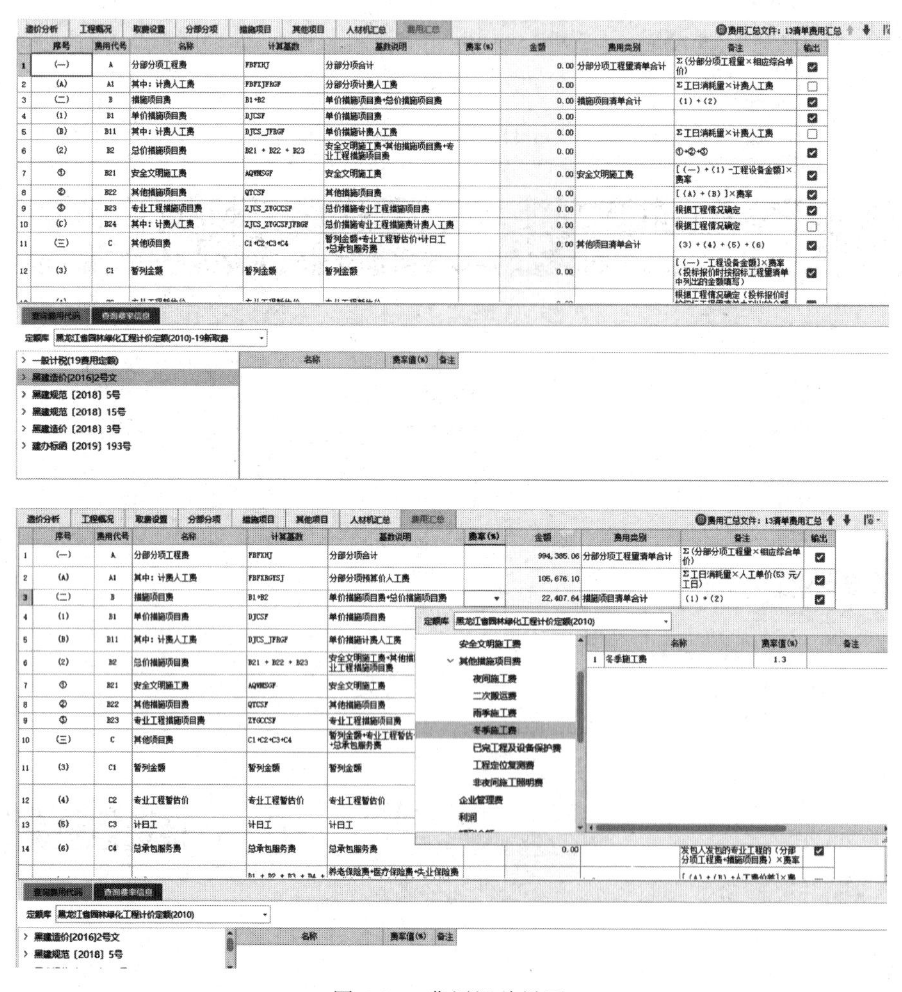

图 7-24　费用汇总界面

图 7-25 报表打印输出界面

六、退出

单击一级导航的【文件】选择【退出】，或单击软件界面右上角 × ，退出软件。

第二节 软件功能详解

一、分部分项工程清单数据输入

招标方：按照工程实际情况，对单位工程的分部分项清单进行列项。

投标方：把招标方提供的清单输入到预算书中用于组价。

清单项输入的方法有两种，即直接输入和导入甲方清单。

1. 直接输入

直接输入法按照以下步骤操作：

2. 导入甲方清单

当招标方提供工程量清单 Excel 文件形式时，投标方可以直接把招标方提供的工程量清单导入软件中，这样可以快速完成清单的输入。其步骤如下所述。

① 单击功能栏【导入】选择【导入 Excel 文件】，如图 7-26 所示。

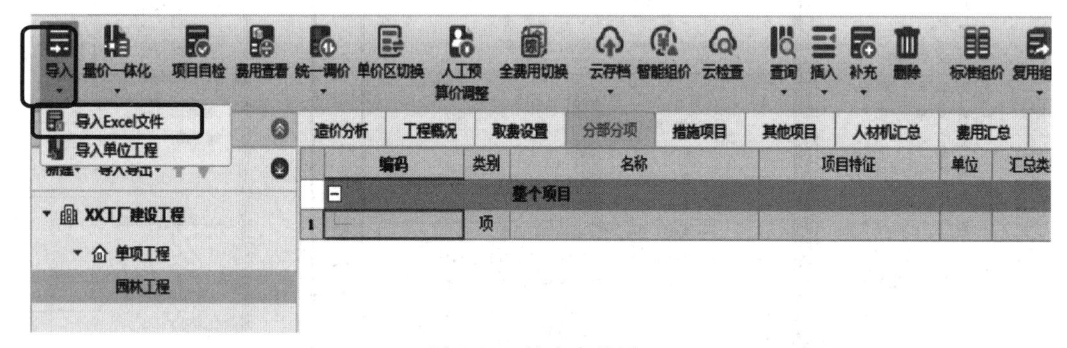

图 7-26 导入表界面

② 选择要导入的内容，例如××体育场工程清单，单击【导入】按钮，完成清单导入，如图 7-27 所示。

③ 在“选择数据表”中展开选择“表-08 分部分项工程和单价措施项目清单与计价表”，选择导入位置“分部分项和单价措施清单”，如图 7-28 所示。

④ 软件会自动识别列，但由于 Excel 文档格式各不相同，可能出现有些不识别的，需要手动识别。手动识别的方法是：鼠标放置在未识别位置，单击该列标题中的“未识别”，在展开的选项中选择需要指定的列标题，如图 7-29 所示。

⑤ 单击“识别行”按钮，如图 7-30 所示。

⑥ 单击右下角【导入】按钮，如需继续导入选择【继续导入】，选择相应的 Excel 表；无需继续选择【结束导入】，如图 7-31 所示。

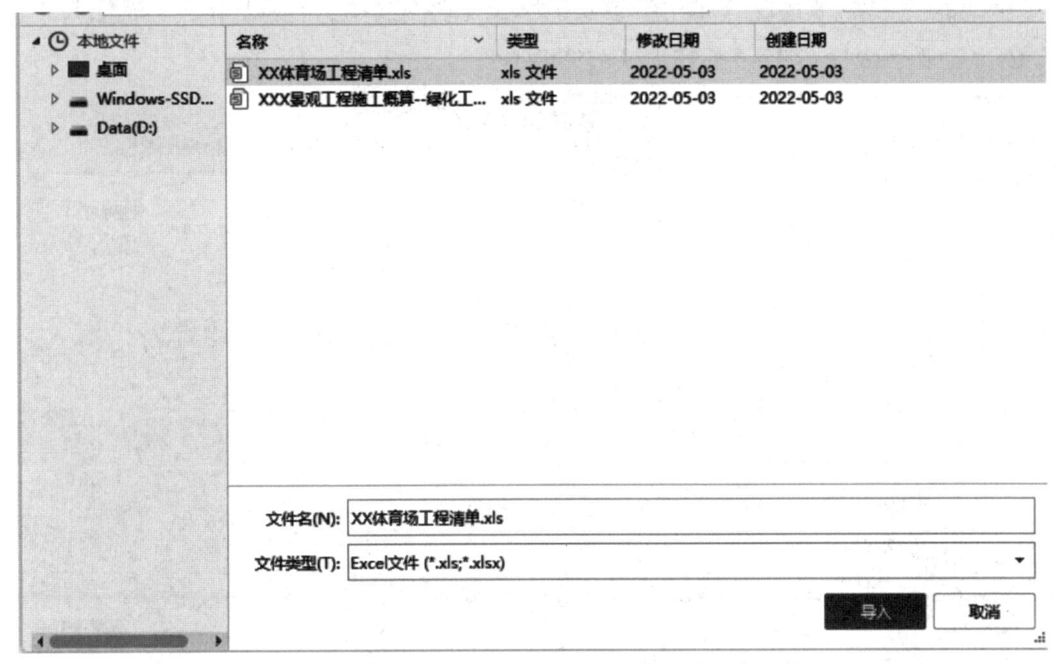

图 7-27　分部分项工程和单价措施项目清单与计价表

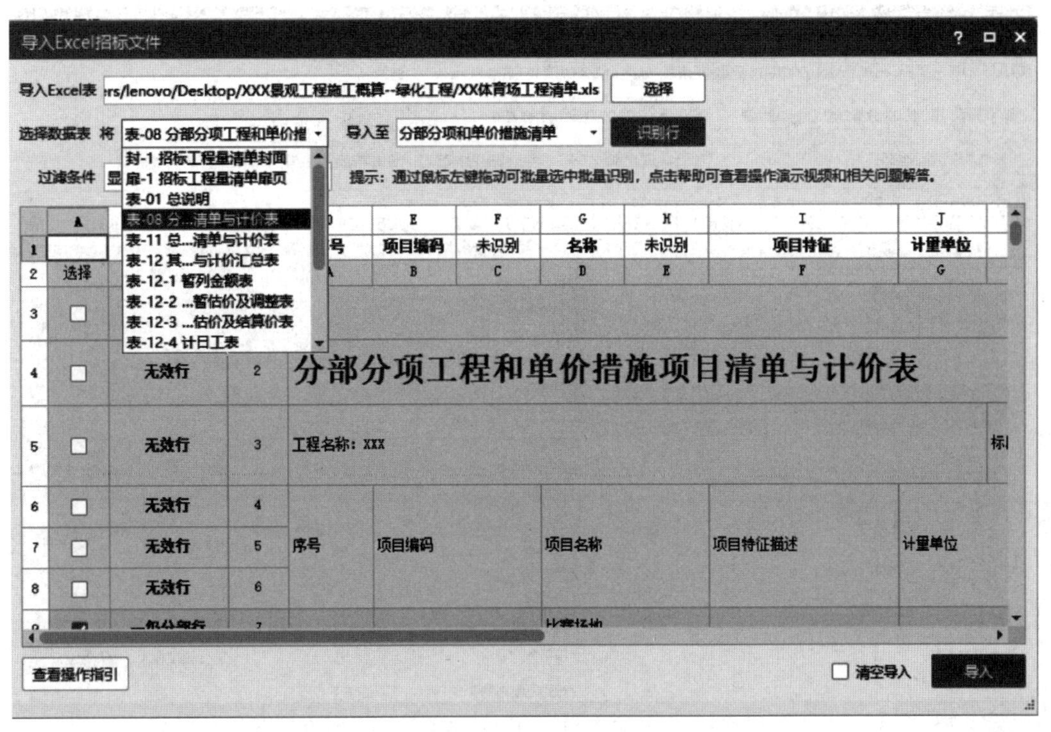

图 7-28

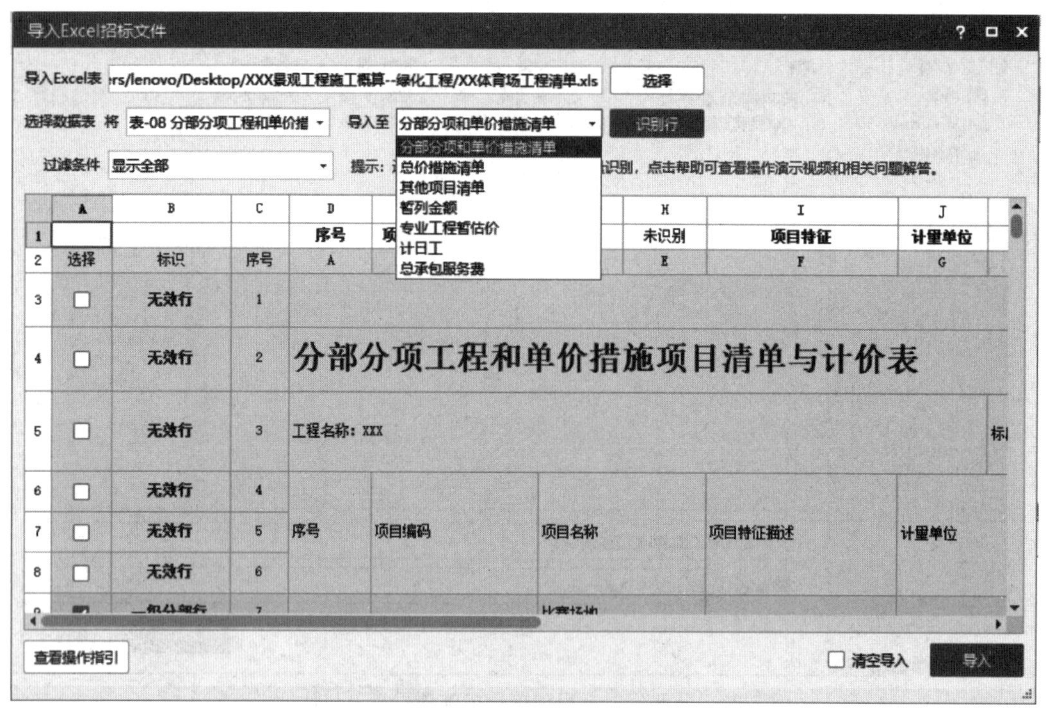

图 7-28 数据表界面

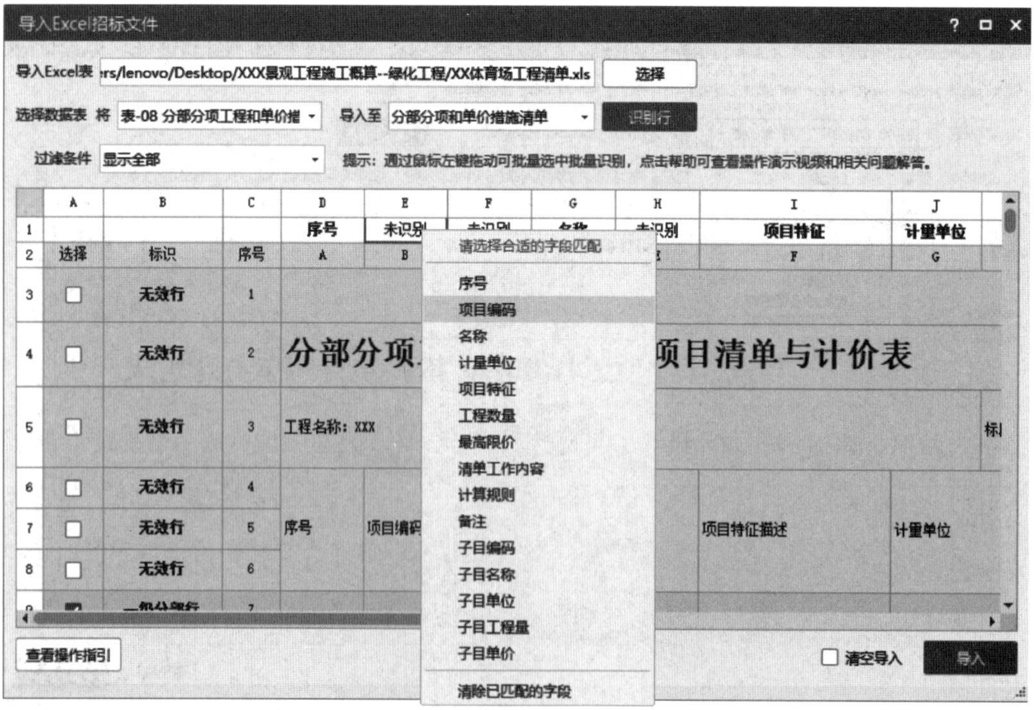

图 7-29 列识别界面

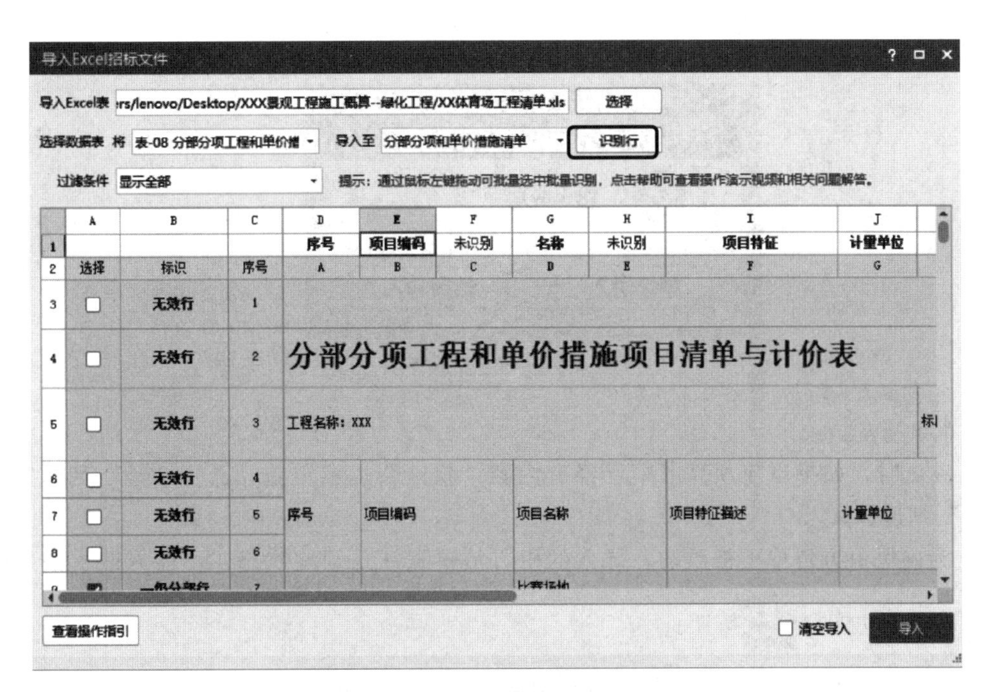

图 7-30　识别行界面

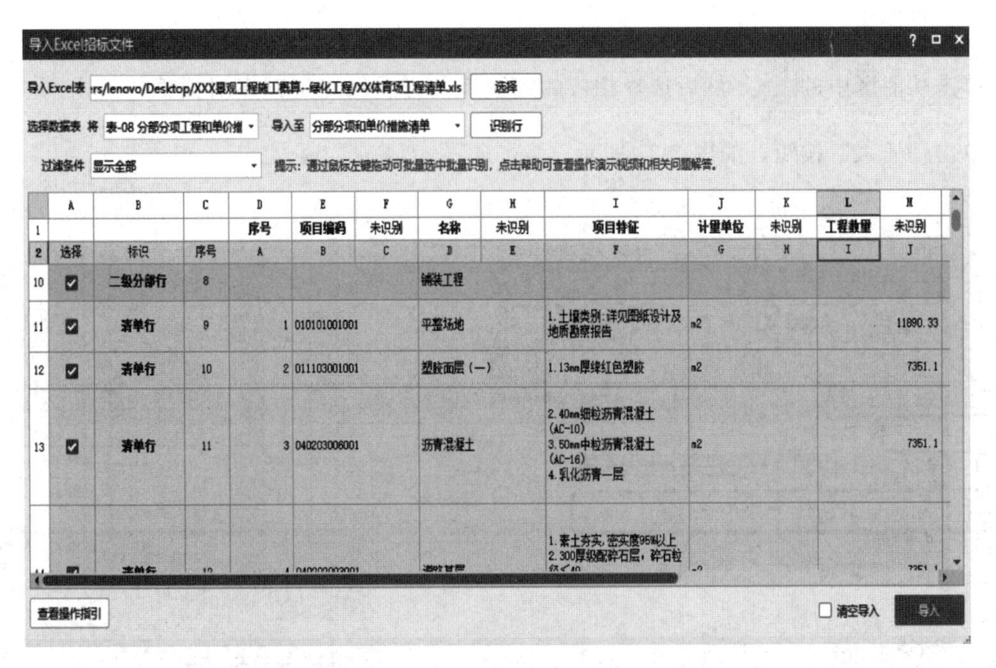

图 7-31

图 7-31　导入完成界面

注意事项：

a. 导入时，如果当前预算书中已经有内容，软件会提示覆盖，选择“是”则覆盖，选择“否”则追加。

b. 为确保甲方清单不被改动，导入的甲方清单默认是锁定状态，不能修改，如果想修改，可以单击功能栏 解除清单锁定 按钮。

二、清单项数据处理

单击【分部分项】页，进行输出定额子目、工程量、综合单价。

1. 定额子目输入

(1) 直接输入

在编码处双击，直接输入定额号，例如 1-28，定额的基本内容会直接显示出来，可以对相应的系数进行调整，如图 7-32 所示。

(2) 查询输入

单击功能区中的 查询，然后选择相应的定额库，之后出现定额库对话框，双击所查找定额或单击“插入”按钮，如图 7-33 所示。

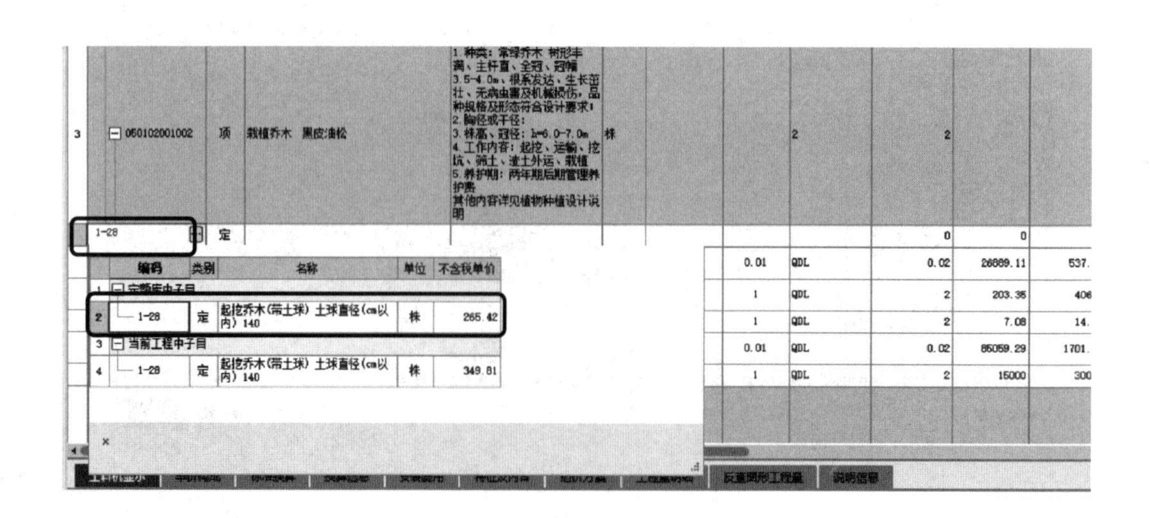

[1-28] 起挖乔木(带土球) 土球直径(cm以内) 140

	换算列表		换算内容
1	土壤类别不同	如为三类土 人工*1.34	☑
2		如为四类土 人工*1.76	☐
3	冬季起挖树木，如有冻土 人工*1.87		☐

	工料机类别	系数
1	人工	1
2	材料	1
3	机械	1
4	设备	1
5	主材	1
6	单价	1

上移　下移　使用技巧　☐ 不再显示窗体　确定　取消

	编码	类别	名称	项目特征	单位	汇总类别	含量	工程量表达式	工程量	单价	合价
3	050102001002	项	栽植乔木 黑皮油松	1.种类：常绿乔木 树形丰满、主杆直、全冠、冠幅3.5-4.0m、根系发达、生长茁壮、无病虫害及机械损伤，品种规格及形态符合设计要求！ 2.胸径或干径： 3.株高、冠径：h=6.0-7.0m 4.工作内容：起挖、运输、挖坑、筛土、渣土外运、栽植 5.养护期：两年期后期管理养护费 其他内容详见植物种植设计说明	株			2	2		
	1-28 R*1.34	换	起挖乔木(带土球) 土球直径(cm以内) 140 如为三类土 人工*1.34		株		1	QDL	2	427.88	855.
	1-349 + 1-350 * 25	换	汽车运苗木 土球规格 120cm以内 5km以内 实际运距(km):30		100株		0.01	QDL	0.02	26889.11	537.
	1-38	定	栽植乔木(带土球) 土球直径(cm以内) 140		株		1	QDL	2	203.36	406.
	1-142	定	树棍桩 四脚桩		株		1	QDL	2	7.08	14.
	1-192 *23	换	水车浇水 针叶乔木或灌木 树高(cm以内) 500 单价*23		100株		0.01	QDL	0.02	85059.29	1701.
	补充主材00…	主	黑皮油松h=6.0-7.0m		株		1	QDL	2	15000	300
				1.种类：常绿乔木 树形丰满、主杆直、全冠、冠幅3.0-3.5m、根系发达、生长茁							

图 7-32　直接输入、系数调整界面

（3）补充定额子目

如果在预算软件定额库中查找不到所需定额，则需要预算工作者自行补充。其方法是：单击工具栏中的【补充】按钮，选择“子目”，如图 7-34 所示。

然后出现如图 7-35 所示对话框，依次填入对话框中的空格。如果需要把该定额子目存入定额库以便下次使用，可以选定后在功能区单击进行保存，也可以右键选择云存档进行保存。

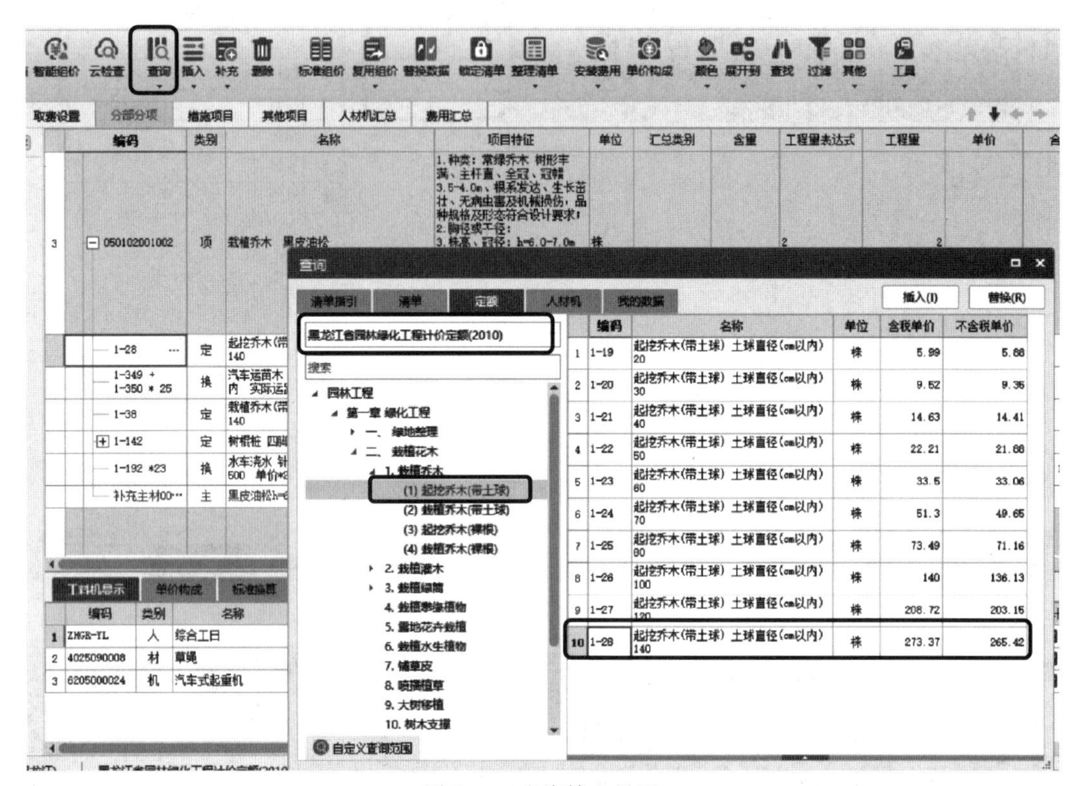

图 7-33 查询输入界面

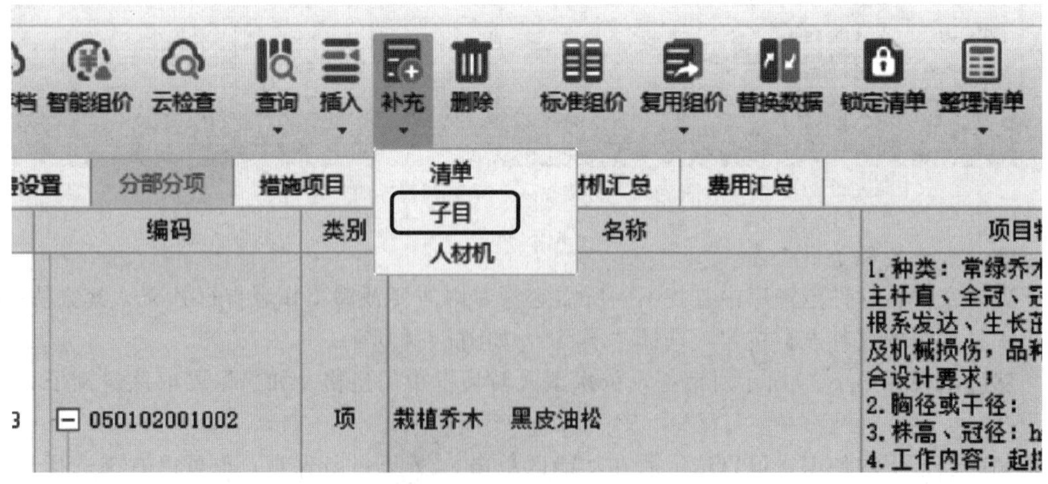

图 7-34 补充定额子目界面

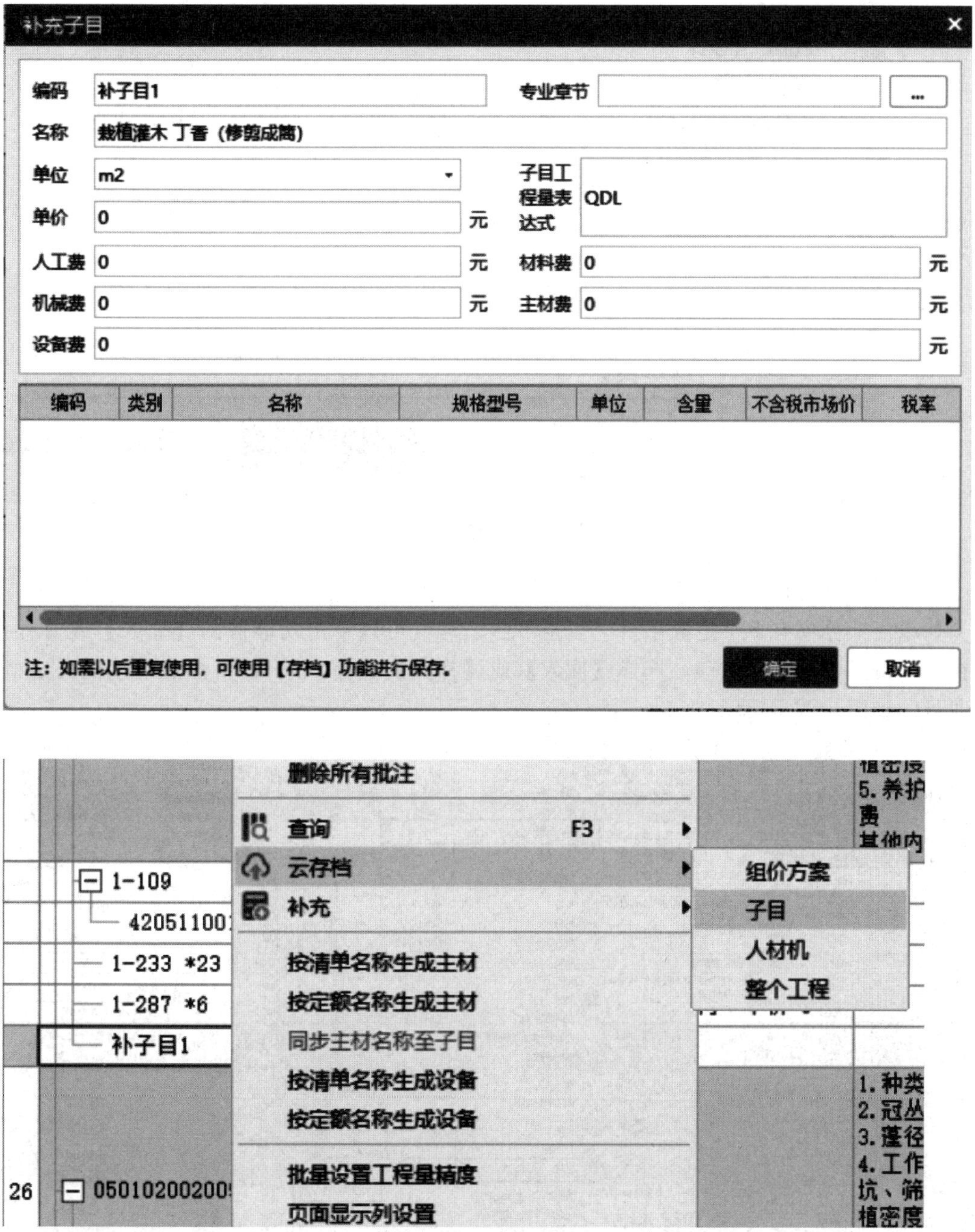

补充子目

编码 补子目1 专业章节 ...

名称 栽植灌木 丁香（修剪成篱）

单位 m2

子目工程量表达式 QDL

单价 0 元

人工费 0 元 材料费 0 元

机械费 0 元 主材费 0 元

设备费 0 元

编码	类别	名称	规格型号	单位	含量	不含税市场价	税率

注：如需以后重复使用，可使用【存档】功能进行保存。

确定 取消

删除所有批注
查询 F3
云存档
补充
按清单名称生成主材
按定额名称生成主材
同步主材名称至子目
按清单名称生成设备
按定额名称生成设备
批量设置工程量精度
页面显示列设置

组价方案
子目
人材机
整个工程

1-109
42051100
1-233 *23
1-287 *6
补子目1
26 050102002005

5.养护费
其他内
1.种类
2.冠丛
3.蓬径
4.工作坑、筛
植密度

图 7-35

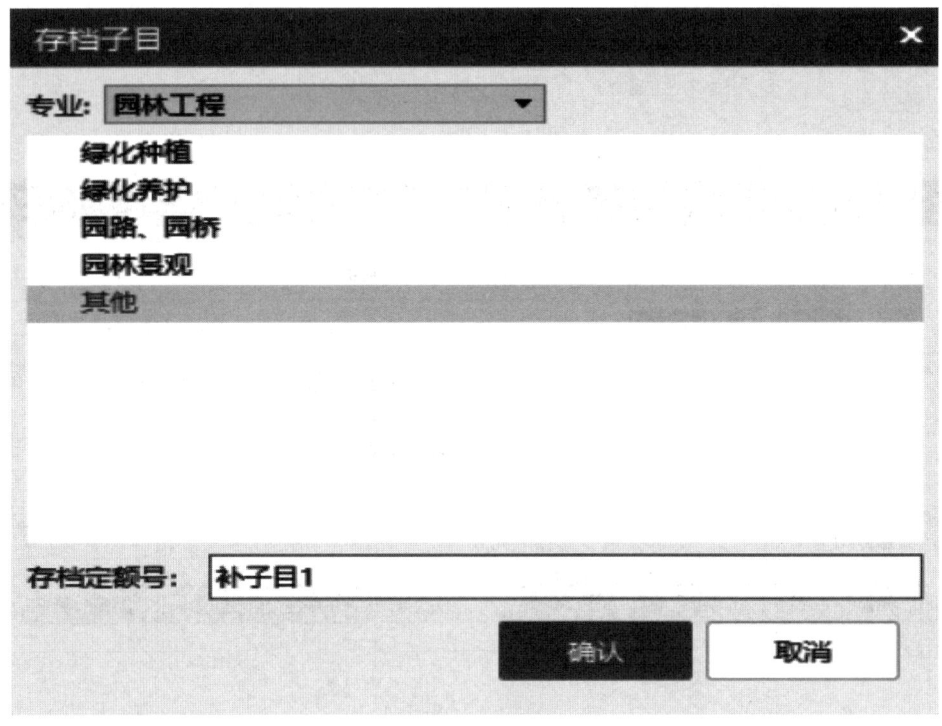

图 7-35　补充子目界面

(4) 增加子目行

如果一个分项有多个定额子目，表格不够填写，可以单击功能区的【插入】或【补充】或在对话框里单击鼠标右键，选择【插入】或【补充】选择“子目”，然后继续输入定额子目即可，如图 7-36 所示。

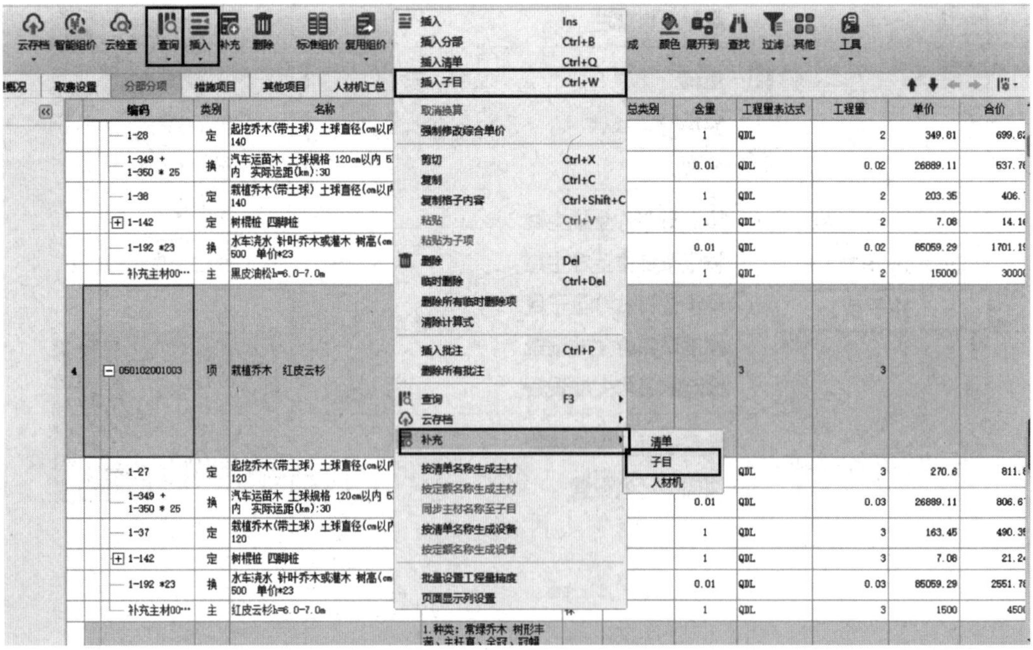

图 7-36　增加子目行界面

(5) 删除子目行

选中要删除的子目行，然后单击功能区的【删除】，或以鼠标右键选择【删除】，然后单击确定，如图 7-37 所示。

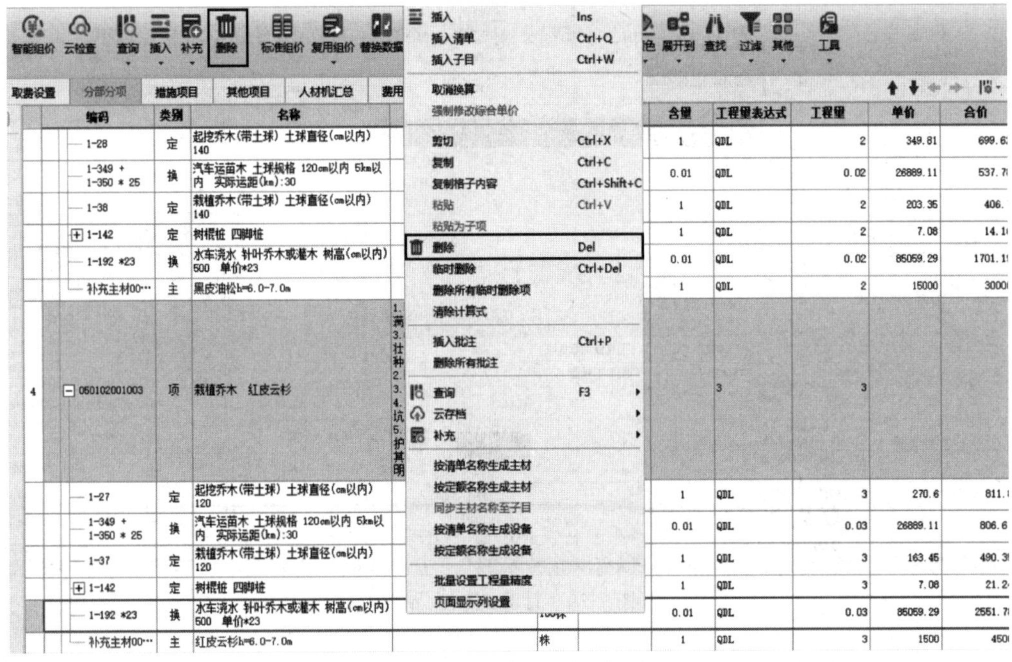

图 7-37　删除子目行界面

2. 定额子目工程量输入

(1) 直接输入

在定额子目对应的工程量处直接输入工程清单中给出的工程数量，按回车键，软件会用清单工程量自动计算转换为定额单位的工程数量，如图 7-38 所示。

	编码	类别	名称	项目特征	单位	汇总类别	含量	工程量表达式	工程量
2	050201001002	项	园路 100*100*60灰色花岗岩劈裂面	100*100*60灰色花岗岩 1.30mm厚花岗岩（承载路面50mm厚） 2.30mm厚1:3水泥砂浆结合层 3.150mm厚C15混凝土（承载路面200mm厚） 4.200mm厚二灰碎石（承载路面350mm厚） 5.素土夯实 铺装方式详见招标图纸 位置：主入口处	m2			34.99	34.99
	2-32	借	人行道整形碾压		100m2		0.01	QDL	0.3499
	2-117	借	石灰、粉煤灰、碎石基层 拌合机拌合 石灰:粉煤灰:碎石(10:20:70) 厚20cm		100m2		0.01	QDL	0.3499
	2-314	借换	人行道混凝土垫层 现拌混凝土 换为【碎石粒径20mm 坍落度35-50 C15 质量比1:3.04:4.37】		10m3		0.015	QDL*0.15	0.52485
	2-338	借	火烧板(花岗岩)铺设 砂浆结合层厚3cm 30×30×5cm		100m2		0.01	QDL	0.3499
3	050201001003	项	园路 300*300*30灰色花岗岩烧毛面	300*300*30灰色花岗岩烧毛面 1.30mm厚花岗岩（承载路面50mm厚） 2.30mm厚1:3水泥砂浆结合层 3.150mm厚C15混凝土（承载路面200mm厚） 4.200mm厚二灰碎石（承载路面350mm厚）	m2			14.8	14.8

图 7-38　直接输入界面

(2) 计算式输入

单击定额子目工程量计算式，出现编辑工程量表达式窗口，输入四则运算式，例如，3＊4＋12，工程量处输出结果24，如图7-39所示。

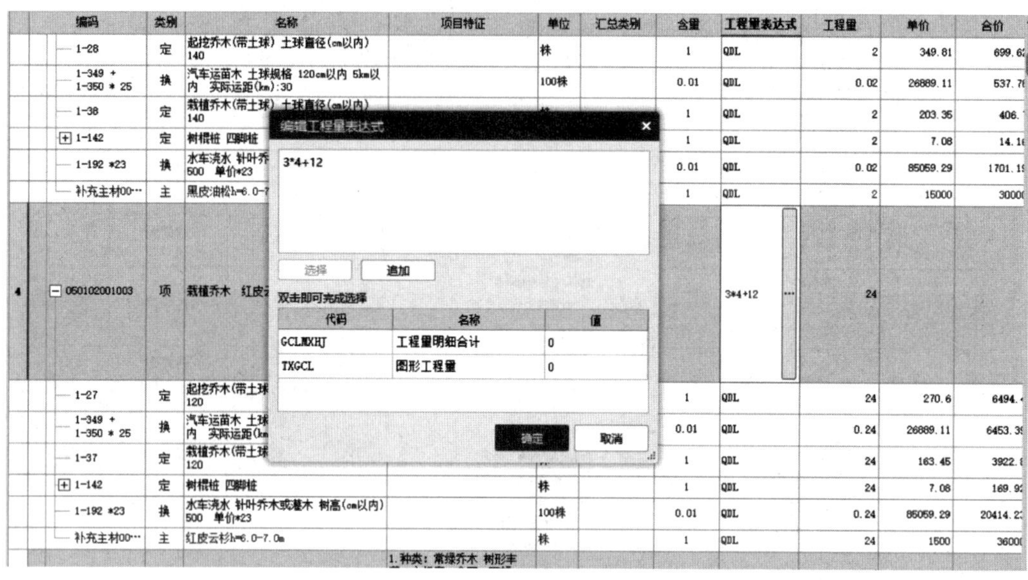

图7-39 计算式输入界面

3. 措施项目费用

在空白处直接输入编码、单击空白处[…]进行选择或插入所需的独立的措施项目定额子目均可，如图7-40所示。

4. 其他项目费用

(1) 暂列金额编辑

① 单击二级导航，选择【其他项目】，在分栏显示区选择【暂列金额】，如图7-41所示。

② 在右边的窗口中，输入暂列项目的名称、单位、金额即可。

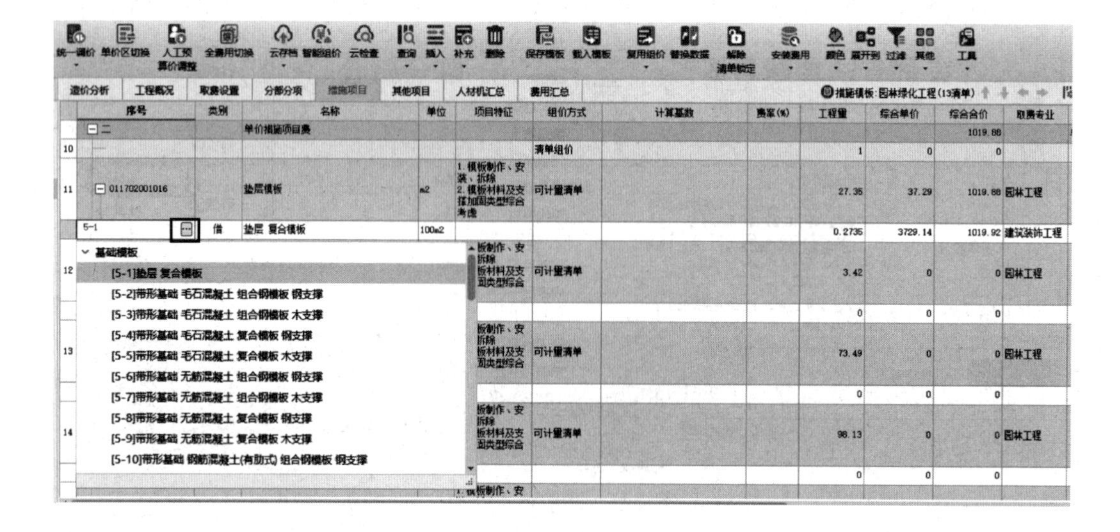

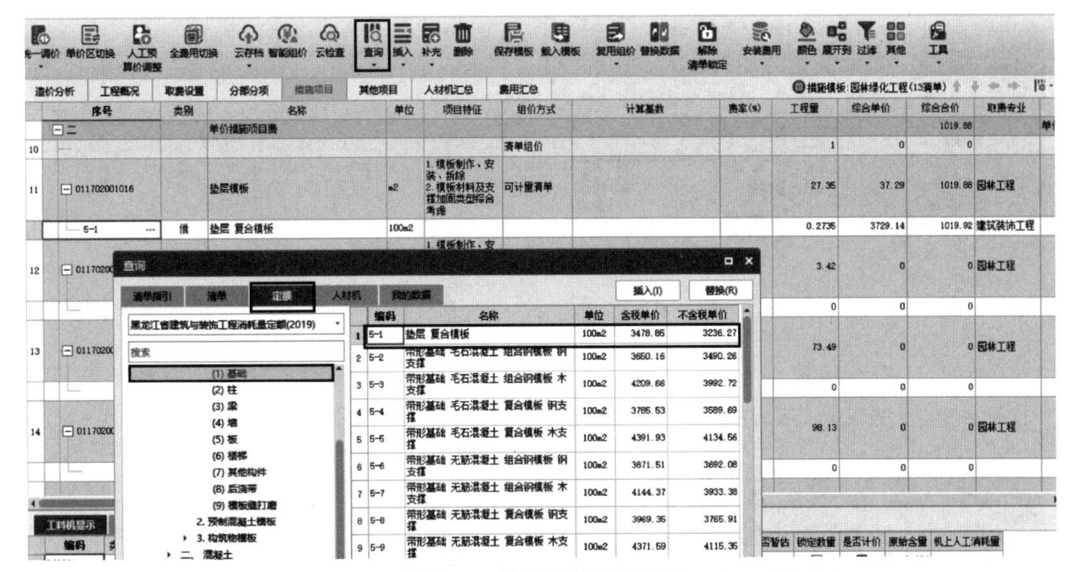

图 7-40　措施项目费用界面

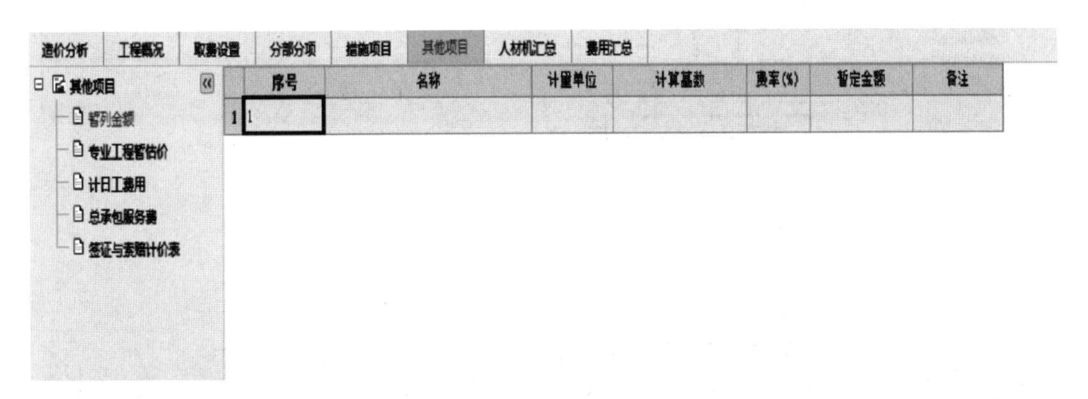

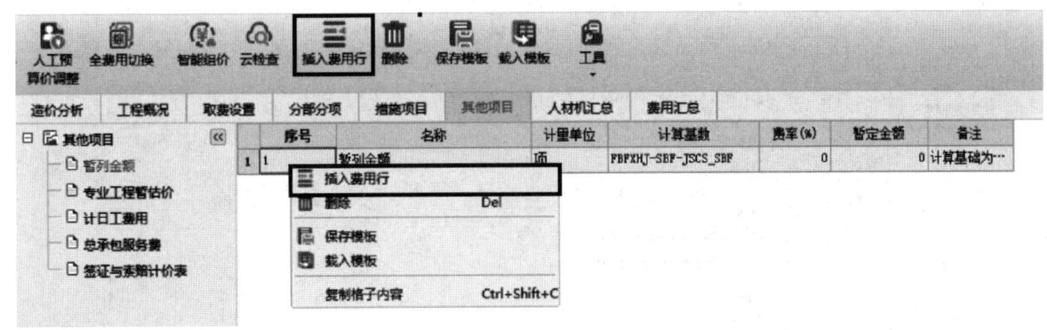

图 7-41　编辑暂列金额界面

③ 如果有多个暂列项目，表格不够填写，可以在右边对话框里点击鼠标右键，选择【插入费用行】或功能区里的【插入费用行】即可。

④ 如果需要删除行，操作同增加行，即先选择需要删除的费用项，单击右键选择【删除】或选择功能区里的【删除】。

(2) 专业工程暂估价编辑

同暂列金额编辑操作，注意如出现下一级内容，需单击【添加为子项】进行编辑，如图 7-42 所示。

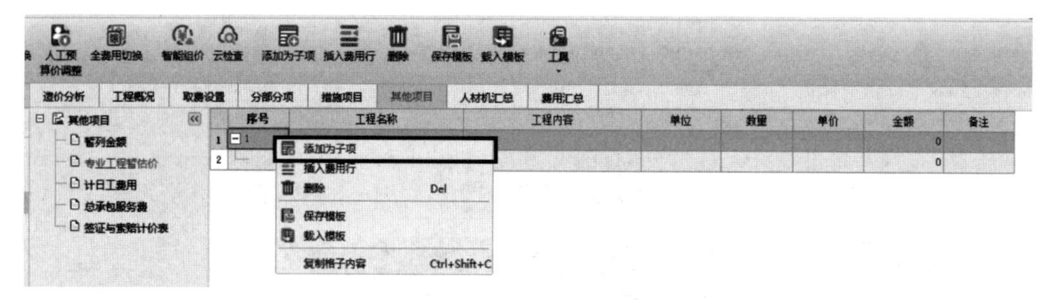

图 7-42　编辑专业工程暂估价界面

(3) 计日工费用编辑

同暂列金额编辑操作，注意插入标题行与插入费用行的差别，如图 7-43 所示。

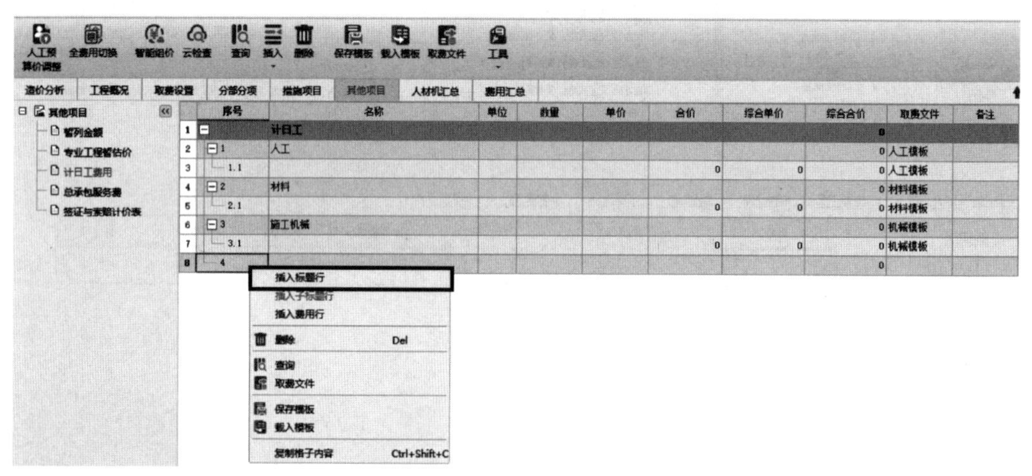

图 7-43　编辑计日工费用界面

(4) 总承包服务费编辑

同暂列金额编辑操作，如图 7-44 所示。

(5) 费率信息的查询

单击所有查询的其他清单项的费率列，例如专业工程暂估价，可直接进行选择，或单击属性窗口的【查询费率信息】，在窗口中选择需要查找的费率，双击即可输入，如图 7-45 所示。

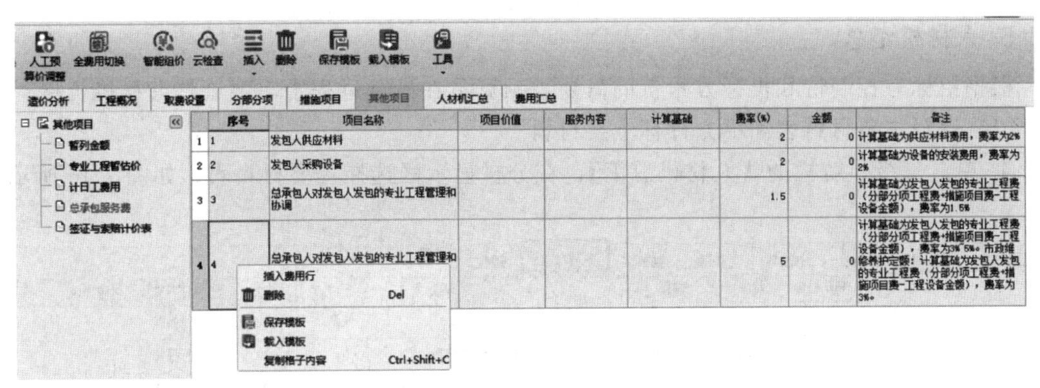

图 7-44　编辑总承包服务费界面

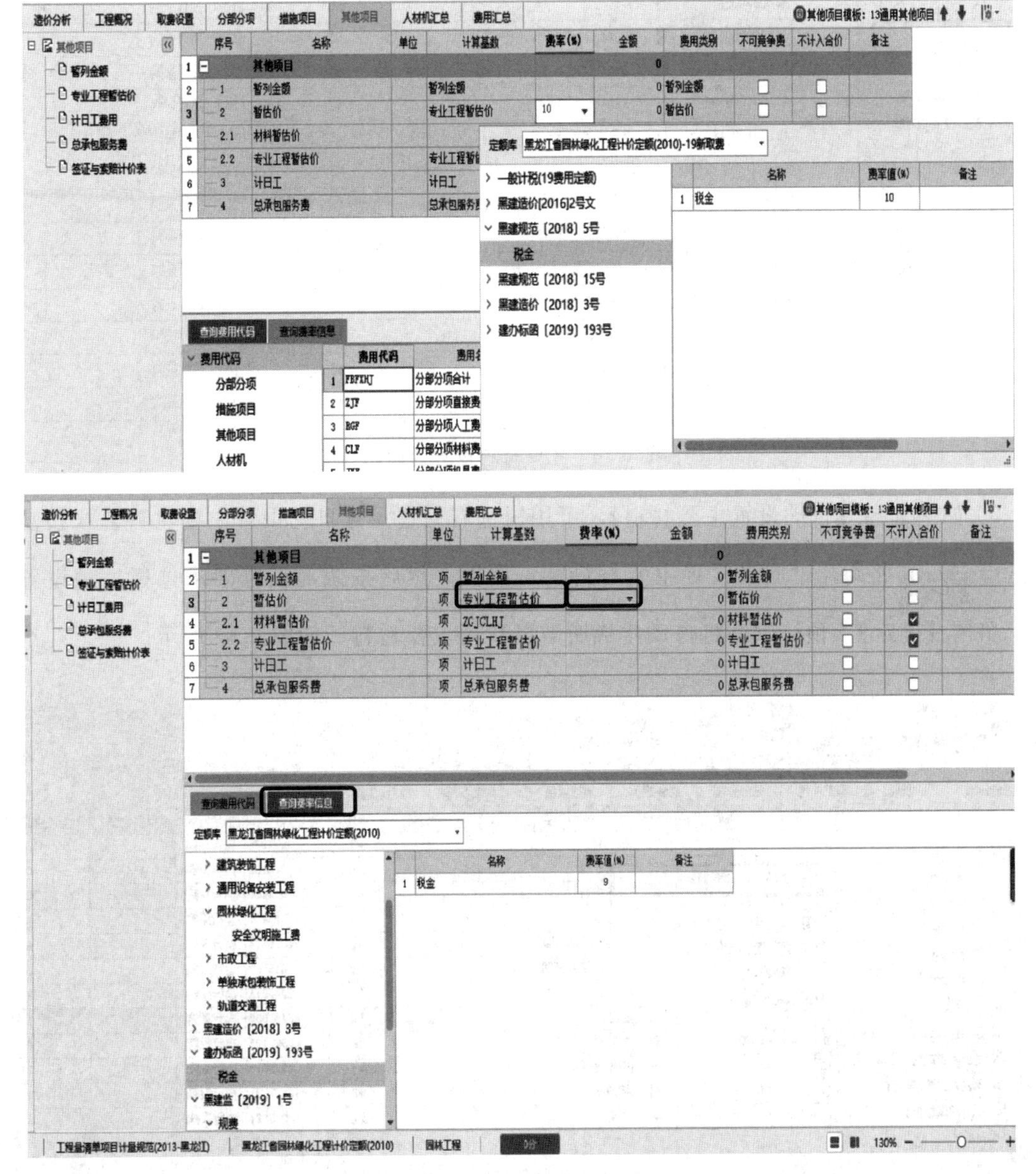

图 7-45　费率信息界面

5. 人材机汇总

根据招标方控制价和投标方报价的需要，预算员在计算过程中需要调整人材机价格。

（1）设置主要材料表和甲方评标主要材料

① 单击二级导航栏的【人材机总汇】，在分栏显示区选择主要材料表，如图 7-46 所示。

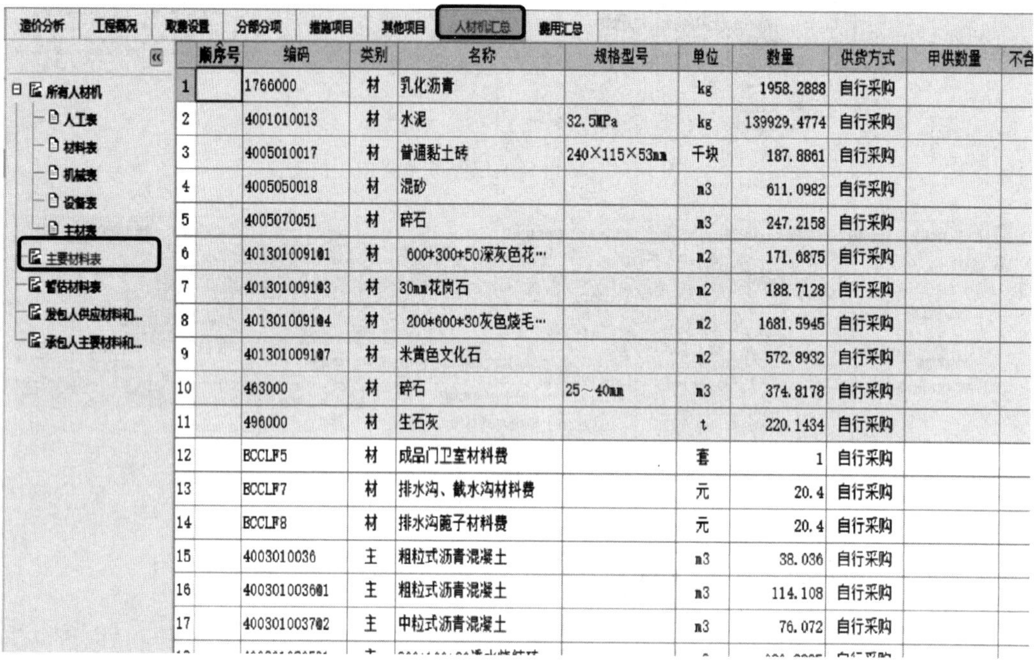

造价分析 工程概况 取费设置 分部分项 措施项目 其他项目 人材机汇总 费用汇总

所有人材机
人工表
材料表
机械表
设备表
主材表
主要材料表
暂估材料表
发包人供应材料和...
承包人主要材料和...

	顺序号	编码	类别	名称	规格型号	单位	数量	供货方式	甲供数量	不含
1		1766000	材	乳化沥青		kg	1958.2888	自行采购		
2		4001010013	材	水泥	32.5MPa	kg	139929.4774	自行采购		
3		4005010017	材	普通黏土砖	240×115×53mm	千块	187.8861	自行采购		
4		4005050018	材	混砂		m3	611.0982	自行采购		
5		4005070051	材	碎石		m3	247.2158	自行采购		
6		401301009101	材	600*300*50深灰色花…		m2	171.6875	自行采购		
7		401301009103	材	30mm花岗石		m2	188.7128	自行采购		
8		401301009104	材	200*600*30灰色烧毛…		m2	1681.5945	自行采购		
9		401301009107	材	米黄色文化石		m2	572.8932	自行采购		
10		463000	材	碎石	25～40mm	m3	374.8178	自行采购		
11		496000	材	生石灰		t	220.1434	自行采购		
12		BCCLF5	材	成品门卫室材料费		套	1	自行采购		
13		BCCLF7	材	排水沟、截水沟材料费		元	20.4	自行采购		
14		BCCLF8	材	排水沟篦子材料费		元	20.4	自行采购		
15		4003010036	主	粗粒式沥青混凝土		m3	38.036	自行采购		
16		400301003601	主	粗粒式沥青混凝土		m3	114.108	自行采购		
17		400301003702	主	中粒式沥青混凝土		m3	76.072	自行采购		

图 7-46 主要材料设置界面

② 如果选择【自动设置主要材料】，可用鼠标右键选择【自动设置主要材料】或在功能区选择 自动设置主要材料，将跳出“自动设置主要材料”对话框，然后按照对话框要求选择一种设置方式，单击【确定】，预算软件将自动生成所需材料为主要材料，如图 7-47 所示。

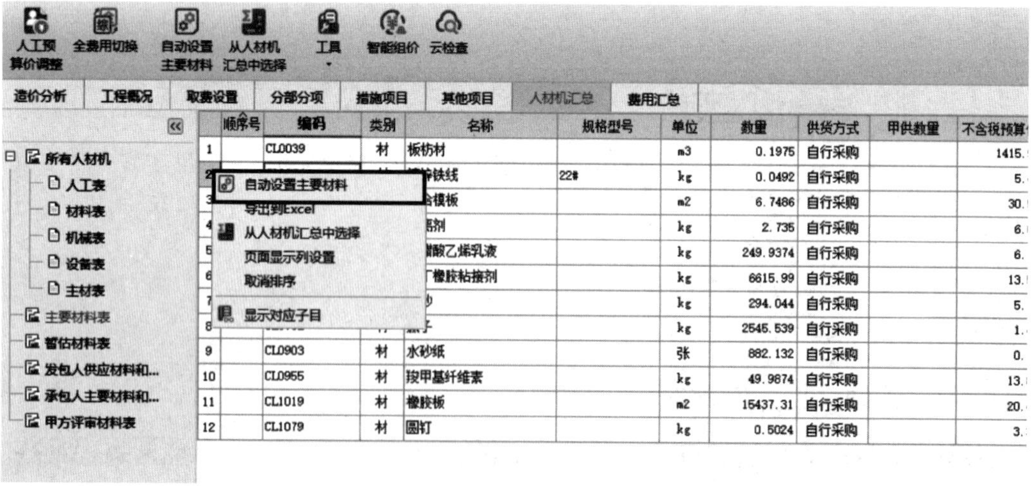

人工预算价调整 全费用切换 自动设置主要材料 从人材机汇总中选择 工具 智能组价 云检查

造价分析 工程概况 取费设置 分部分项 措施项目 其他项目 人材机汇总 费用汇总

所有人材机
人工表
材料表
机械表
设备表
主材表
主要材料表
暂估材料表
发包人供应材料和...
承包人主要材料和...
甲方评审材料表

自动设置主要材料
导出到Excel
从人材机汇总中选择
页面显示列设置
取消排序
显示对应子目

	顺序号	编码	类别	名称	规格型号	单位	数量	供货方式	甲供数量	不含税预算
1		CL0039	材	板枋材		m3	0.1975	自行采购		1415.
2				镀锌铁线	22#	kg	0.0492	自行采购		5.
3				合模板		m2	6.7486	自行采购		30.
4				脂剂		kg	2.735	自行采购		6.
5				醋酸乙烯乳液		kg	249.9374	自行采购		6.
6				橡胶粘接剂		kg	6615.99	自行采购		13.
7				砂		kg	294.044	自行采购		5.
8				子		kg	2545.539	自行采购		1.
9		CL0903	材	水砂纸		张	882.132	自行采购		0.
10		CL0955	材	羧甲基纤维素		kg	49.9874	自行采购		13.
11		CL1019	材	橡胶板		m2	15437.31	自行采购		20.
12		CL1079	材	圆钉		kg	0.5024	自行采购		3.

图 7-47　自动设置主要材料界面

③ 如果选择【从人材机汇总中选择】，可用鼠标右键选择【从人材机汇总中选择】或在功能区选择，预算软件将跳出“从人材机汇总中选择”窗口，在所需人材机设备前打勾，选择完毕，以单击【确定】，预算软件会自动将所选人材机设置为主要材料，如图 7-48 所示。

（2）暂估材料表

同设置主要材料表和甲方评标主要材料，要注意材料号不能为空，单位要一致才能进行关联，如图 7-49 所示。

图 7-48

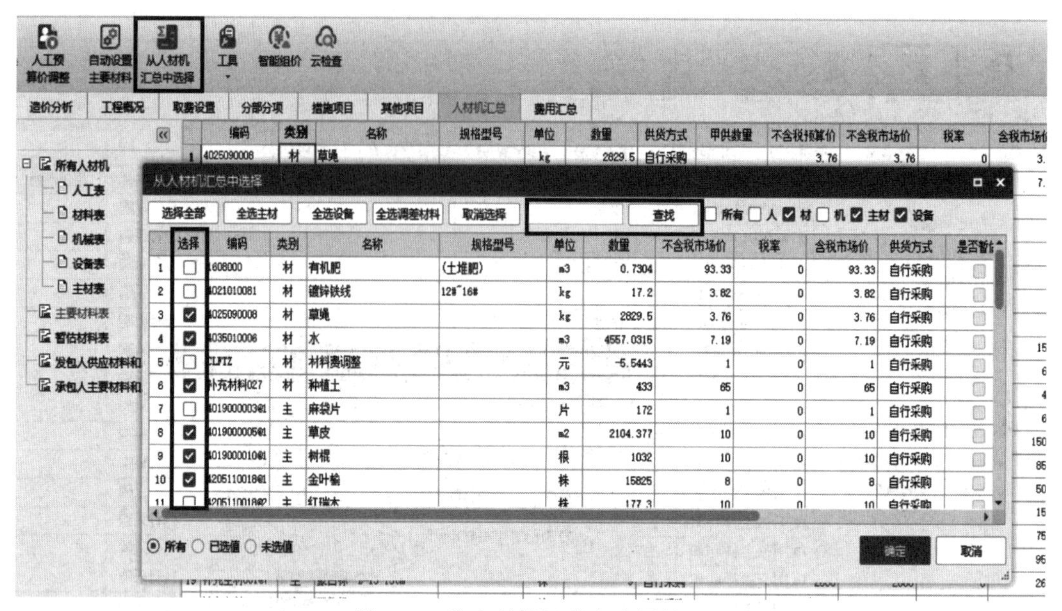

图 7-48　从人材机汇总中选择界面

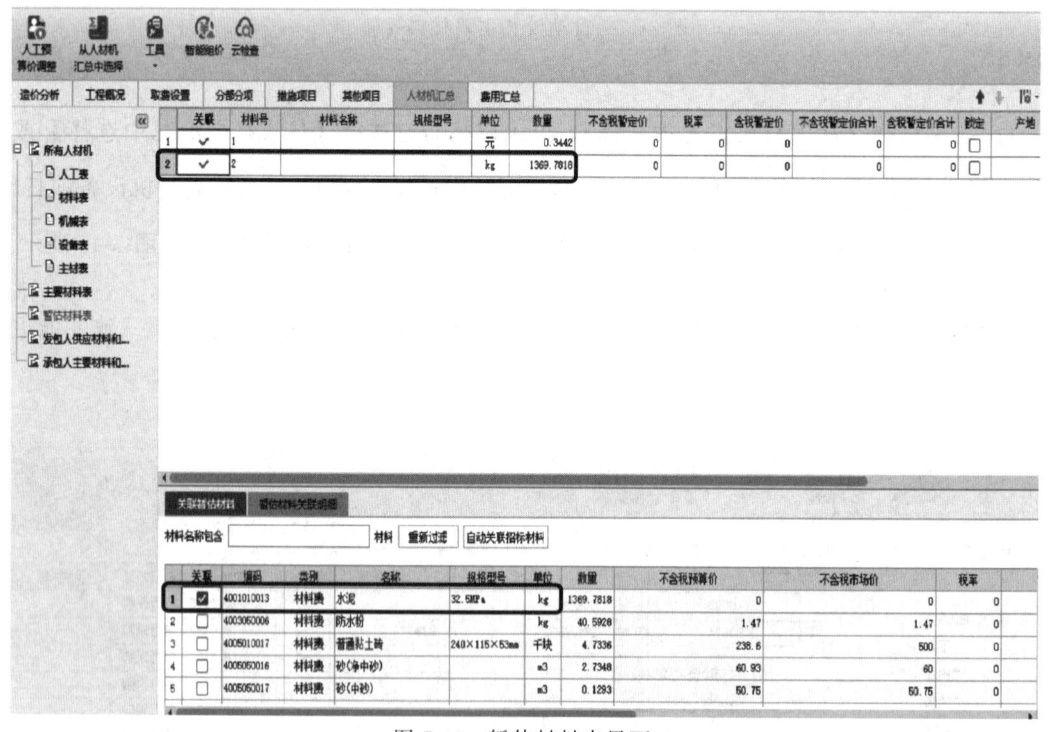

图 7-49　暂估材料表界面

6. 费用汇总

软件中设置了工程量清单的费用构成，如果没有特殊要求可以直接使用。如果需要调整价格，可以自行修改。

单击导航栏中的【费用汇总】，右边出现该界面。如图 7-50 所示。

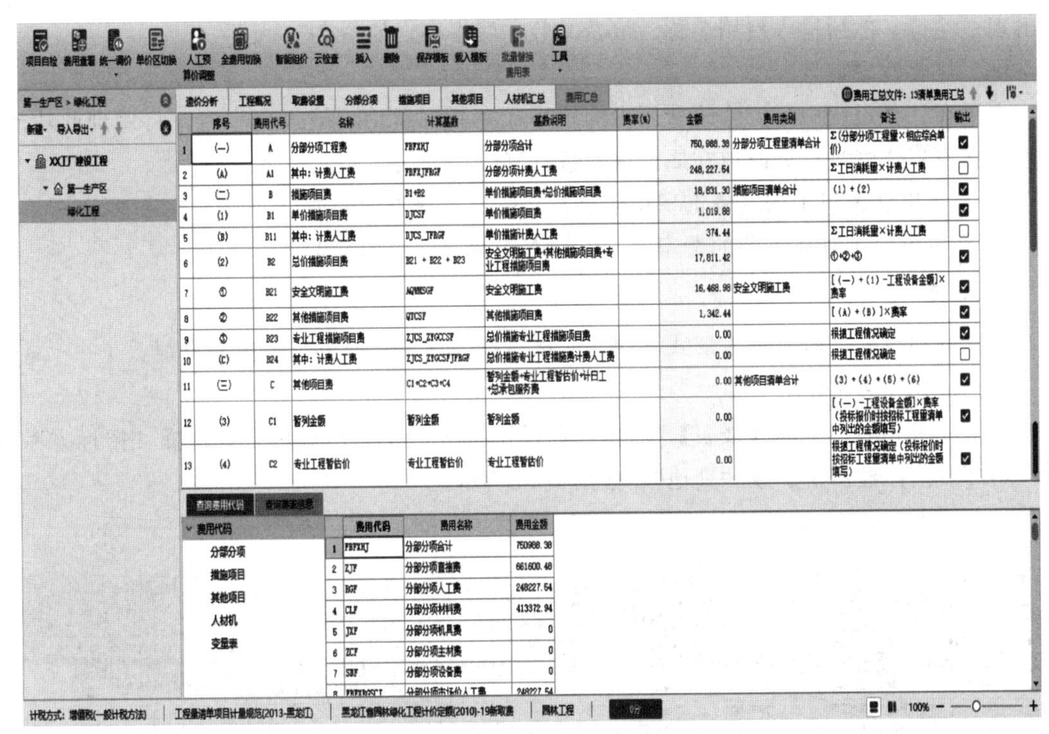

图 7-50　费用汇总界面

（1）删除行

如果需要删除费用项，需选择所要删除的费用项，单击功能区的【删除】或以鼠标右键单击【删除】，如图 7-51 所示。

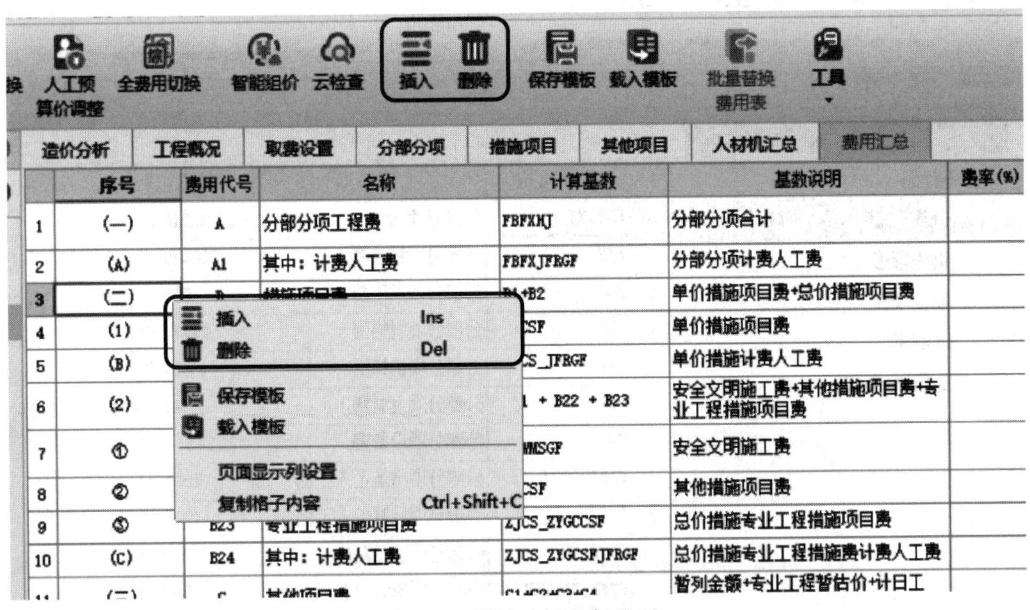

图 7-51　删除、插入行界面

（2）插入行

如果需要添加费用项，可以选中一个费用项，单击【插入】，软件会在此费用项行的上方出现一空行，然后输入费用名称、取费基数、费率等，如图 7-51 所示。

（3）修改费率信息

如果在计算过程中需要修改费用项的费率或在新的费用项输入费率时，将用到此功能。可直接在费率位置进行更改或在属性窗口进行修改：

① 单击属性窗口中的【查询费率信息】会跳出费率查询的窗口，如图 7-52 所示。

② 在右窗口中查找需要的费率值，左键双击会自动套用该费率。

7. 报表

招标方和投标方所需报表形式不同，所以在报表预览之前要选择报表类别。

（1）选择报表类别

单击一级导航栏中的【报表】，右侧界面跳出报表，在分栏显示区处选择“招标方”或“投标方”“招标控制价”或“其他”，如图 7-53 所示。

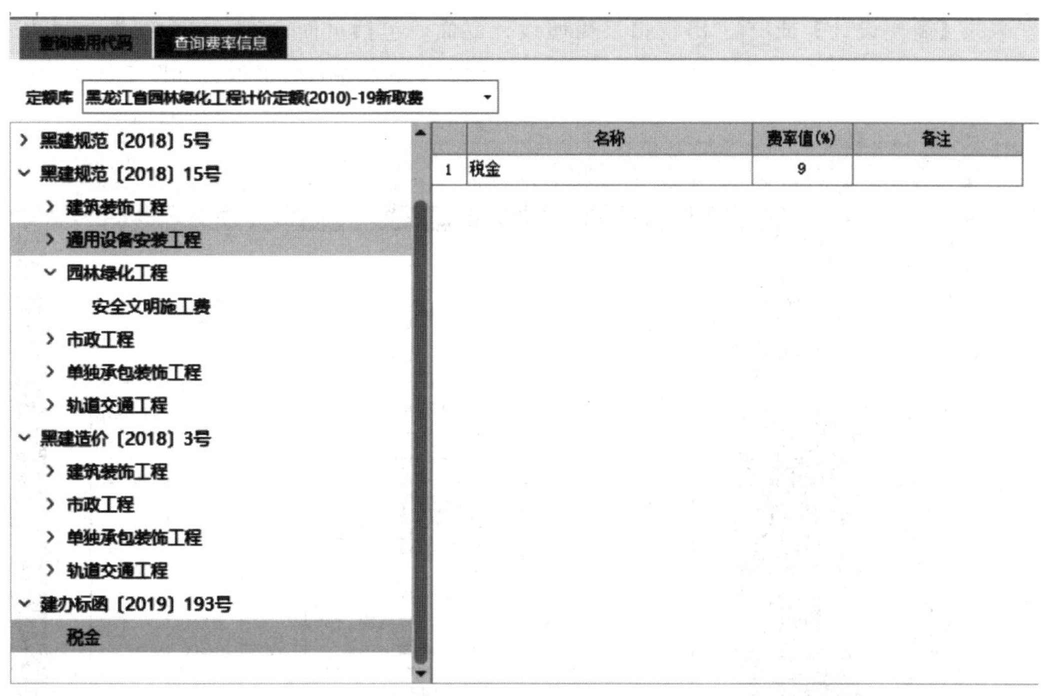

图 7-52　查询费率信息界面

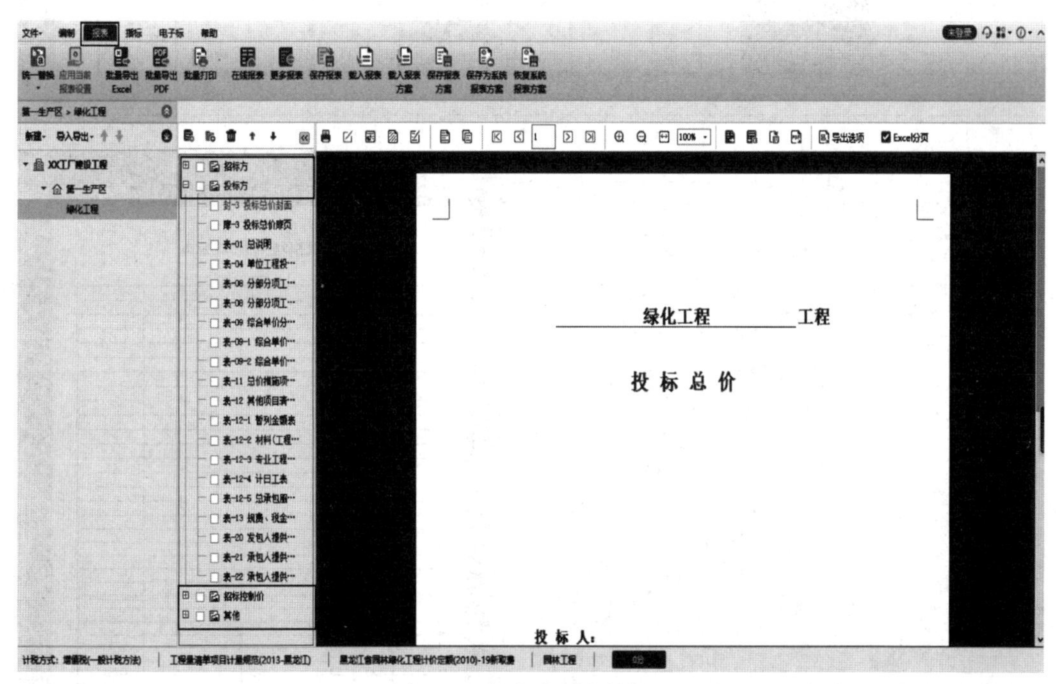

图 7-53　报表类别选择界面

（2）编辑报表

如果需要对报表页面进行编辑设计，可以利用此功能。例如将页面改变打印方向、页边距、页眉/页脚等。

操作方法：

① 简便设计　以鼠标左键选择要编辑的报表，右键单击报表页面，用左键选择出现在对

话框中的【简便设计】或☑，出现报表简便设计界面，包括页面设计（包含线性、页边距、纸张方向等）、页眉页脚、标题表眉（字体）、报表内容等的简单设计修改。如图7-54所示。

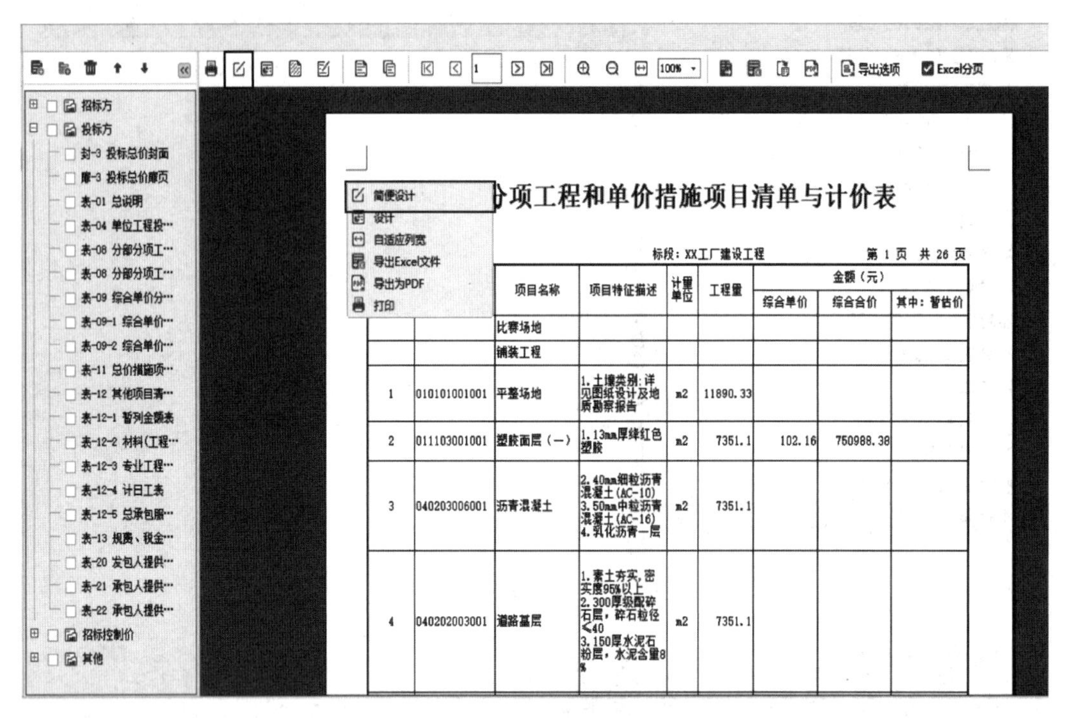

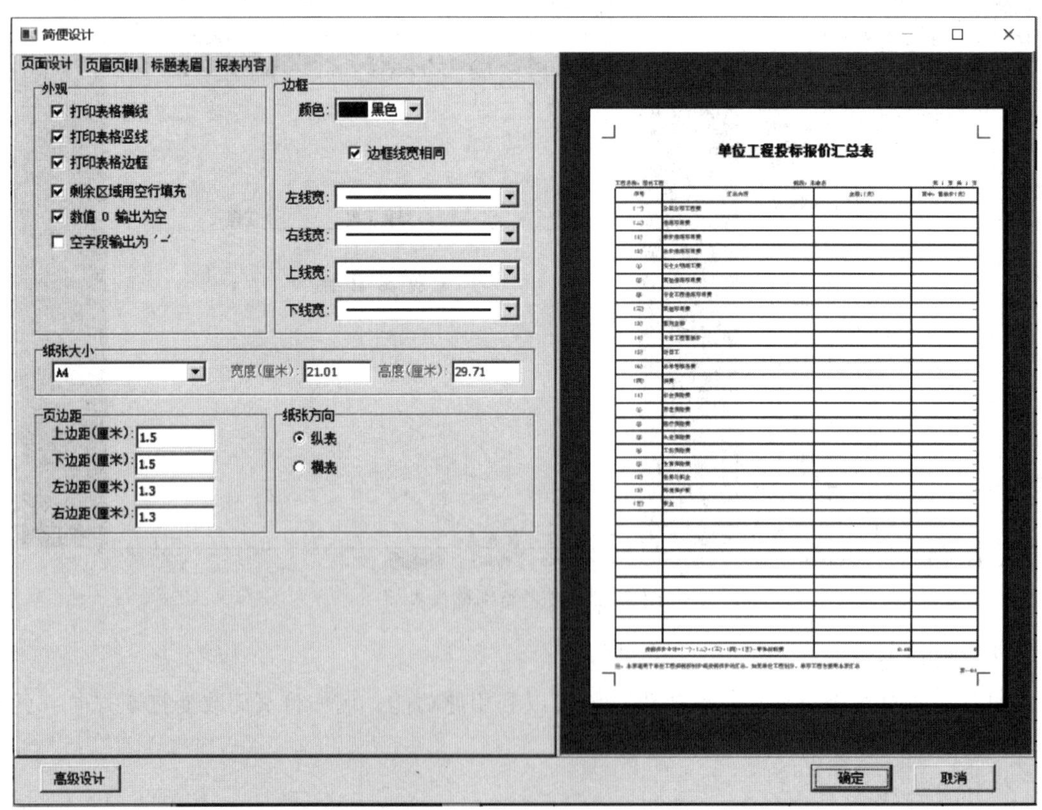

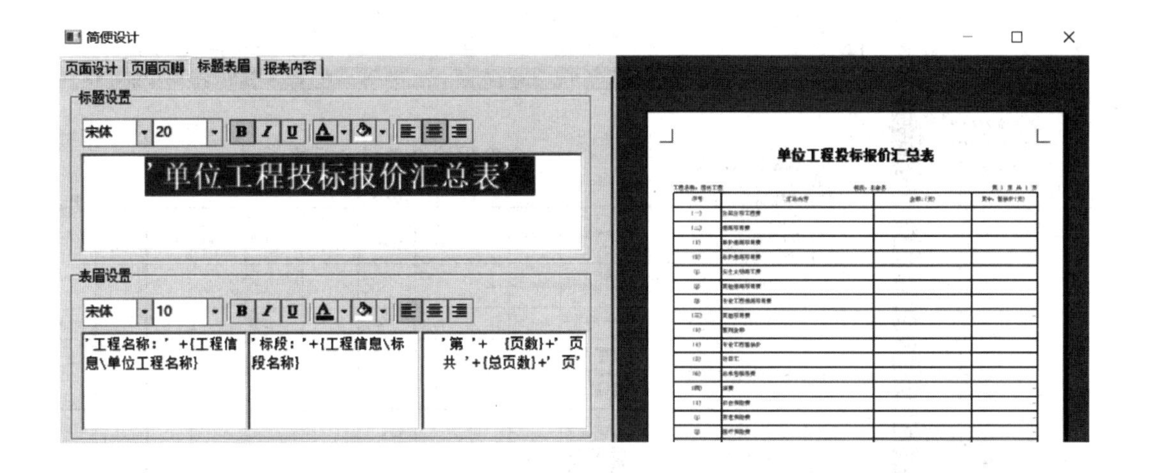

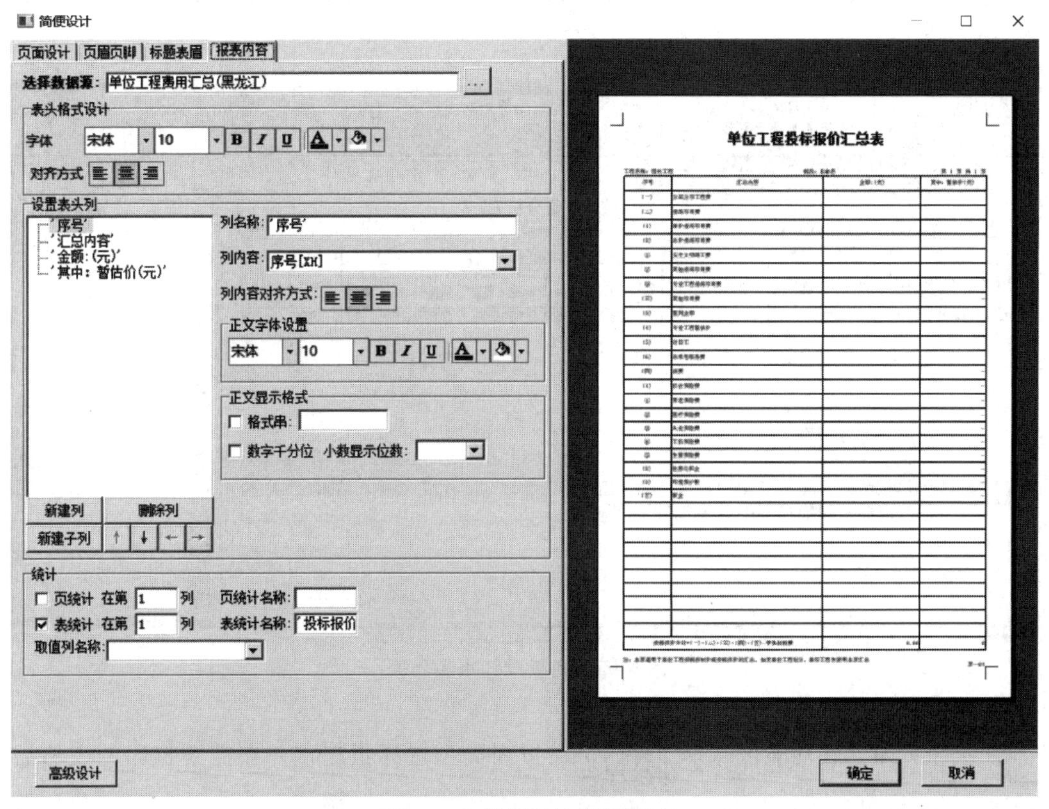

图 7-54　简便设计报表界面

② 高级设计　以鼠标左键选择要编辑的报表，右键单击报表页面，左键选择出现在对话框中的【设计】或▣，出现报表设计器界面，可进行相应的设计修改。如图 7-55 所示。

（3）输出报表

报表输出可以使用【批量打印】【批量导出 Excel】或【批量导出 PDF】，根据具体情况进行选择。

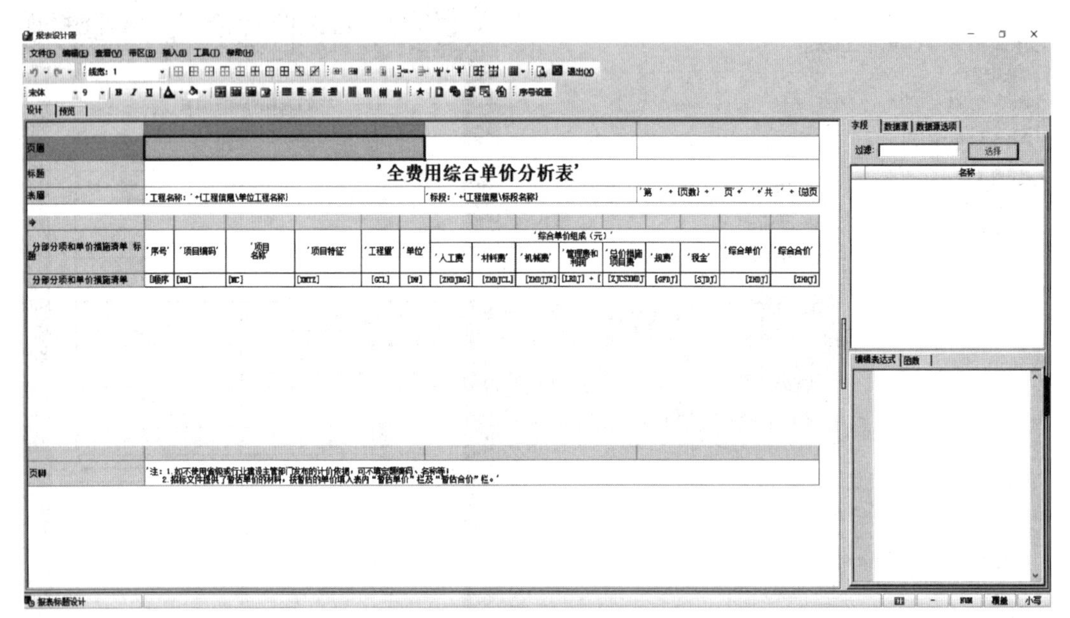

图 7-55　高级设计报表界面

① 批量打印　在功能区选择批量打印，在报表类型选择报表，并在需要打印的表格后方框位置进行勾选，同时可以进行页码位置、打印份数等设置。也可以直接在分栏显示区选择需要打印的表，单击打印按钮，直接打印，如图 7-56 所示。

② 批量导出 Excel（批量导出 PDF）　在功能区选择批量导出Excel（批量导出PDF），在报表类型选择报表，并在需要导出的表格后方框位置进行勾选，进行相应设计后单击确定即可。也可以选择要导出的表，在二级导航处单击导出Excel（导出PDF）导出 Excel（PDF）文件，单击**导出选项**弹出“导出 Excel 设置”，如图 7-57 所示。

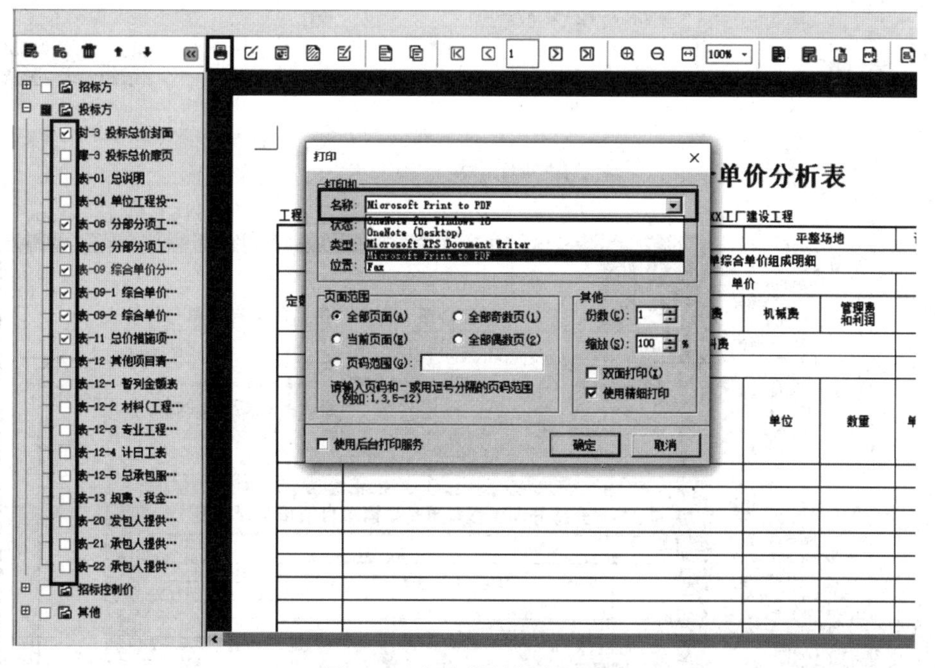

图 7-56　打印设计报表界面

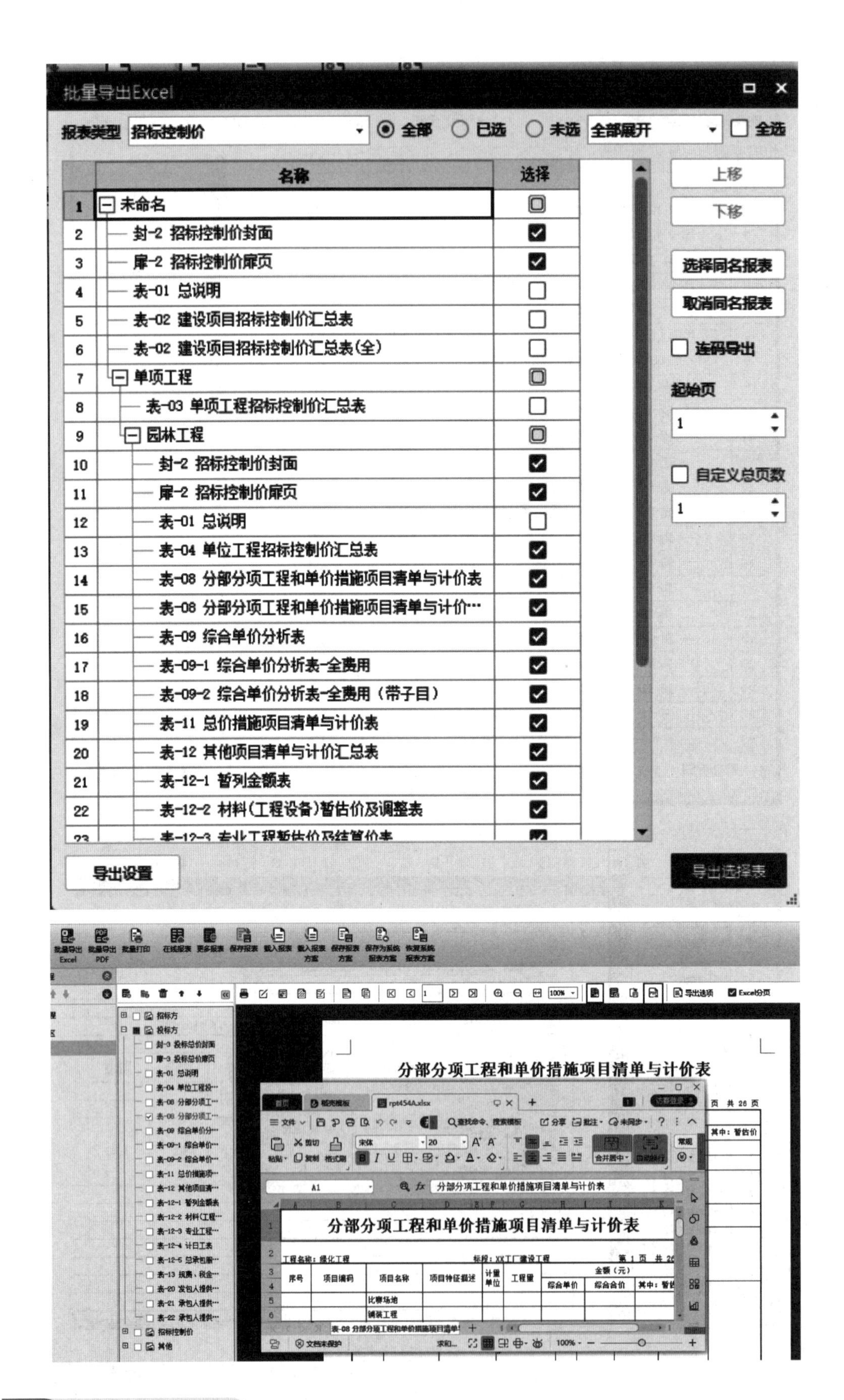
批量导出Excel
报表类型 招标控制价
全部
已选
未选
全部展开
全选
名称
选择
未命名
封-2 招标控制价封面
扉-2 招标控制价扉页
表-01 总说明
表-02 建设项目招标控制价汇总表
表-02 建设项目招标控制价汇总表(全)
单项工程
表-03 单项工程招标控制价汇总表
园林工程
封-2 招标控制价封面
扉-2 招标控制价扉页
表-01 总说明
表-04 单位工程招标控制价汇总表
表-08 分部分项工程和单价措施项目清单与计价表
表-08 分部分项工程和单价措施项目清单与计价…
表-09 综合单价分析表
表-09-1 综合单价分析表-全费用
表-09-2 综合单价分析表-全费用（带子目）
表-11 总价措施项目清单与计价表
表-12 其他项目清单与计价汇总表
表-12-1 暂列金额表
表-12-2 材料(工程设备)暂估价及调整表
上移
下移
选择同名报表
取消同名报表
连码导出
起始页
自定义总页数
导出设置
导出选择表
分部分项工程和单价措施项目清单与计价表

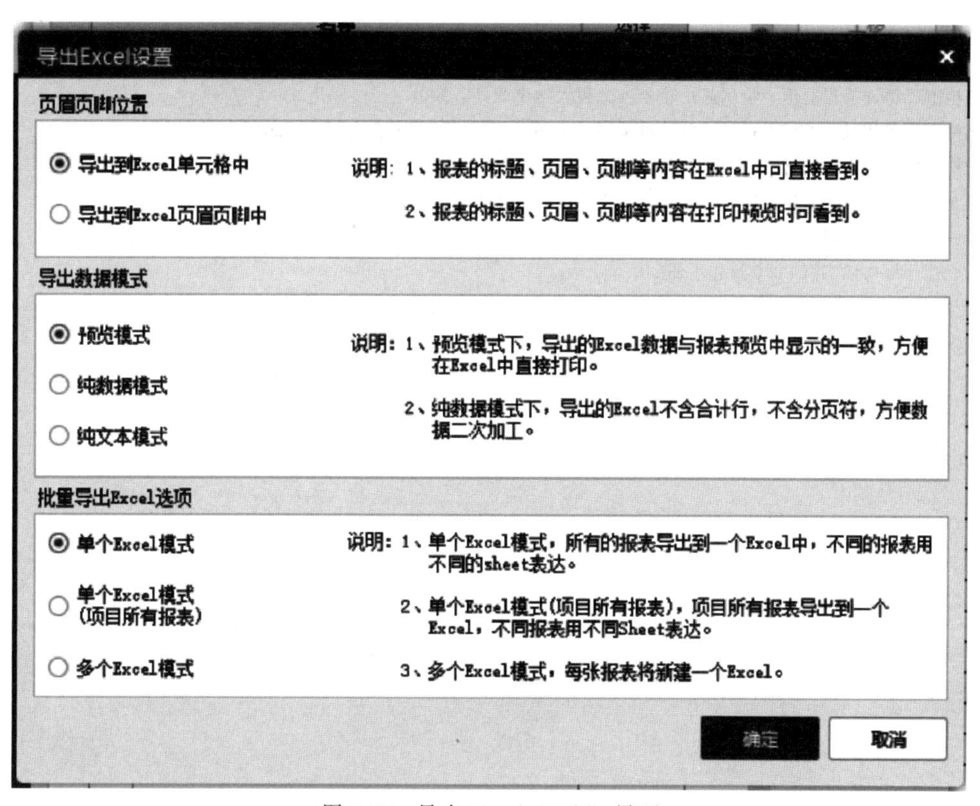

图 7-57　导出 Excel（PDF）界面

参考文献

[1] 王艳玉．建筑工程造价．哈尔滨：哈尔滨工程大学出版社，2007.
[2] 樊俊喜．园林绿化工程工程量清单计价编制与实例．北京：机械工业出版社，2008.
[3] 建设部标准定额研究所．《建设工程工程量清单计价规范》宣贯辅导教材．北京：中国计划出版社，2003.
[4] 黑龙江省住房和城乡建设厅．黑龙江省建设工程计价依据．哈尔滨：哈尔滨出版社，2010.
[5] 董三孝．园林工程概预算与施工组织管理．北京：中国林业出版社，2003.
[6] 广联达计价软件 GCCP6.0 操作手册．
[7] 园林绿化工程工程量计算规范．GB 50858—2013.
[8] 建设工程工程量清单计价规范．GB 50500—2013.